人力資源開發與管理總論

● 姚裕群 · 著

前　言

　　人力資源是當今世界各國高度重視的重要資源，是各國經濟發展和社會進步的重要推動力，可以說是「第一資源」。搞好對這種第一資源的開發利用，當然具有巨大的經濟效益和社會效益，人力資源開發與管理學科也就成為具有宏觀和微觀重要價值的學科。20 世紀 90 年代以來，人力資源問題在全球已經成為熱點，除管理學、經濟學外，心理學以及其他一些學科也把觸足伸向人力資源領域，使得人力資源學科至今方興未艾。據美國刊物近期登載的調查結果，當今美國社會評價得分最高的職業前三位是大學教授、軟體工程師和人力資源經理，這說明，人力資源開發與管理學科已經受到人們的高度重視，在社會生活之中起著重要的作用。

　　教材建設是學科發展的重頭內容之一。目前，人力資源開發與管理的教材方面，品種眾多、相當興旺但魚龍混雜，不少教材是對國外教材與著作的簡單編譯，不少教材缺乏體系性和針對性、適用性，亟需提高水準。

　　70 年代臺灣的經濟起飛，與人力資源的關係密切。1983 年 12 月，我與趙履寬教授合作發表了大陸最早的人力資源專業論文──〈論勞動力資源開發利用的幾個問題〉。而後，我致力於對人力資源開發與管理領域的多方面研究、教育、培訓與有關實踐。1991 年我發表了大陸第一本人力資源專著《人口大國的希望──人力資源經濟概論》、1992 年出版了最早人力資源教材之一的《人力資源概論》，2001 年出版了《中國人力資源開發利用與管理研究》，還出版了《人力資源開發與管理概論》等多部精品教材和多篇論文。我深感規範學科發展和解決教材建設問題的重要性，進一步總結最新的學科成果，完成了這本著作。

　　本教材的特點是：

　　1、突出內容的科學性和教材的規範性。本教材講求體系的合理、知識點的準確、理論觀點的前沿和結構的嚴謹。在內容全面、充實的情況下講求精練和突出要點，達到教材的規範性。這種「內容科學性」和「教材規範性」的特點，有利於老師的「教」與學生的「學」。

2、突出教材對於人力資源開發與管理工作的應用性。本教材從教材內容的選擇上注意涵蓋企業人力資源管理實際操作的內容，從闡述的重點方面注意突出人力資源學科的應用篇章，並對主要章設計了討論案例十則，有利於達到知識的學以致用。

3、突出專業內容的前沿性和理論基礎的扎實。不同章節，分別講述了居於學科前沿位置的理論知識，例如有戰略人力資源管理、平衡記分卡、KPI、勝任力等內容，力求從大的範疇到具體知識點的先進性。本教材還系統闡述了作為人力資源開發與管理基礎的經濟學、社會學、心理學和管理學有關範疇和知識，這也是本課程教材的一個創新。內容的前沿、基礎理論的扎實和體系結構的創新，有利於本教材使用的持久性。

4、突出「理論與實踐結合」、「宏觀與微觀結合」的特點。這兩個結合和知識的貫通，有利於人力資源管理學科、工商管理學科、公共管理與行政管理、經濟管理等學科的教學和實際應用。

　　在此，我對為謀劃和推動本教材問世的台北海洋技術學院彭思舟先生表示衷心的感謝，對大力支持本教材出版的秀威出版公司總經理宋政坤先生和編輯林世玲女士、詹靚秋女士表示衷心的感謝，對為本書提供正文材料的著名管理學專家亓名傑教授和提供案例資料的我的研究生朱振曉表示衷心的感謝，並對為此書精心校改的郭正斌副教授表示衷心的感謝。

　　在 21 世紀全球化的環境下，豐富的經濟管理實踐和人力資源開發與管理實踐，給人力資源學科的發展注入了更加旺盛的活力推動。在不斷發展的社會實踐面前，在龐大的科學知識體系面前，在諸多的專家學者、執教老師面前，在諸多的人力資源經理等實踐家面前，本教材存在很多不足。因此，我希望本教材得到大家的反饋和指正。希望本教材的出版對推動人力資源開發與管理教育的發展起到積極作用，對中華民族的人力資源能力建設事業貢獻些許力量。

姚裕群

2007 年歲末

目　次

第一篇

人力資源開發與管理總論

第一章

緒　論

【本章學習目標】

掌握人力資源的概念和特點等基本範疇

理解人力資源的自然、社會和經濟三大結構

熟悉人力資源思想的發展

瞭解現代人力資源開發與管理的特徵

瞭解人力資源開發與管理的社會環境

掌握人力資源開發與管理體系與環節

瞭解人力資源在經濟發展和企業管理中的作用

第一節　人力資源基本範疇

一、「人」作為資源

（一）要素與資源

　　要進行社會經濟活動，必須以具備一定的資源為前提。所謂資源，是指「種可備以利用，提供資助或滿足需要的東西」[1]。資源，亦即經濟活動要素。

　　英國古典政治經濟學創始人威廉・配第指出，「土地是財富之母，勞動是財富之父」，這說明，經濟科學最初認識的要素有「土地」和「勞動」兩個方面。「土地」要素，代表的是從事社會勞動所需要的物質性資源；「勞動」要素，即是指從事社會勞動所需要的人力資源。「人力」的物質實體，存在於人的身上，自然生命體狀態的「人」是人力資源賴以存在和發揮的條件，是推動物質資源的主體。

　　而後，經濟學在「土地」、「勞動」要素之外，又增添了「資本」、「企業家才能」要素。「企業家才能」實際上是對上面的三個要素或資源進行配置的管理能力。

　　從現代經濟運行及其管理的角度看，經濟活動還有更多的內容，可以分為六個要素或六項資源，這包括：物質資源、勞動要素或人力資源、資本、管理、技術和資訊。

---

[1]　王一江、孔繁敏，《現代企業中的人力資源管理》，1-8頁，上海：上海人民出版社，1998。

（二）「人」成為經濟資源

　　人，是一個具有多種質的規定性的概念。人，有其自然性、生物性，也有其社會性；有其經濟性，也有其政治性。人本身作為勞動力的存在來看，也是經濟運作的對象，由此，「人力資源」的概念就得以成立。

　　沒有人的工作，一切經濟活動都無法進行。但是，存在著「人力」這種資源的情況下，它是否被配置、被運用了？是否配置在合適的崗位上？其自身是否有充足的動力？其工作能力是否能夠得到較充分的發揮？顯然，不同的人力資源自身狀態和對人力資源的不同配置和使用狀態，會產生不同的後果，導致不同的產出、具有不同的效益。應當指出，人力資源是具有意識和思維、具有主體能動特徵的資源，要取得人力資源的最大產出與最大效益，必須從宏觀與微觀方面，在自然、社會、經濟多層面做出努力。

　　在長期的經濟管理的實踐中，人們對勞動、對作為勞動者的人進行著管理，形成了一定的學說，例如 19 世紀末的泰羅制、20 世紀 30 年代的行為科學學說等。20 世紀 50 年代，全球最負盛名的管理學大師美國學者彼特・德魯克[2]從管理學的角度提出人力資源的思想，他指出經理們是具有「特殊資產」的資源，「和其他所有資源相比較而言，惟一的區別就是他是人」[3]。

　　在當今世界，經濟全球化、科學技術迅速轉化為生產力、產業結構大調整和經濟競爭全面加劇。在這種格局下，社會勞動形態發生著多樣的變化，這也要求勞動要素素質的大大提高。人們發現，經濟競爭成敗的根源在於科學技術，科學技術競爭的根源又在於人才，人力資源對經濟發展和社會起著越來越重要的作用。在這樣的情況下，人力資源受到極大的重視，甚至被看作是最根本的資源。

---

[2]　一些著作將其名翻譯為杜拉克。
[3]　趙曙明，《人力資源管理研究》，第 7 頁，北京：中國人民大學出版社，2001。

二、人力資源概念

（一）人力資源的定義

　　人力資源一詞，英文名為「human resource」，是指一定範圍內的人所具備的勞動能力總和，也稱「人類資源」或「勞動力資源」、「勞動資源」。這種勞動能力，構成其能夠從事社會生產和經營活動的要素條件。

（二）人力資源的內容

　　一個社會的人力資源，由下列 8 個部分構成[4]：
　　（1）處於勞動年齡之內、正在從事社會勞動的人口，它占據人力資源的大部分，可稱為「適齡就業人口」。
　　（2）尚未達到勞動年齡、已經從事社會勞動的人口，即「未成年勞動者」或「未成年就業人口」。
　　（3）已經超過勞動年齡、繼續從事社會勞動的人口，即「老年勞動者」或「老年就業人口」。
　　（4）處於勞動年齡之內、具有勞動能力並要求參加社會勞動的人口，這部分可以稱為「求業人口」。
　　（5）處於勞動年齡之內、正在從事學習的人口，即「就學人口」。
　　（6）處於勞動年齡之內、正在從事家務勞動的人口。
　　（7）處於勞動年齡之內、正在軍隊服役的人口。
　　（8）處於勞動年齡之內的其他人口。

　　人口總體中的這 8 個部分統稱為勞動力人口，即人力資源。見圖 1-1。
　　圖中標記①的部分，即人力資源。其中前三部分人，構成了「就業人口」的總體；它們加上第四部分求業人口構成「經濟活動人口」，即現實的社會人力資源供給，這是已經開發、能夠馬上運用的人力資源。後四部分並未構成現實的社會人力資源供給，它們是尚未開發的、處於潛在形態的人力資源。

---

[4] 姚裕群，《人力資源概論》，第 47-49 頁，北京：中國勞動出版社，1992。

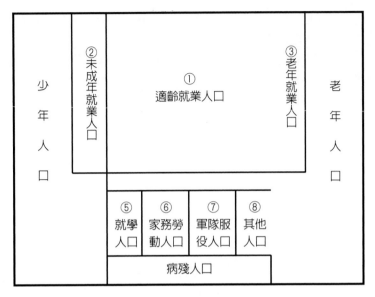

圖 1-1 人力資源構成

三、人力資源的特點

人力資源的實體是人，或者說是附載於「人」這種有思想、有價值判斷的社會動物身上。作為社會經濟資源中的一個特殊種類，有著諸多不同於物質資源的特點。研究人力資源的特點，對於正確和深入把握這一範疇，是非常重要的。人力資源主要具有以下特點：

（一）人力資源的基本特點

1、生物性

人力資源存在於人體之中，是一種「活」的資源，它與人的自然生理特徵相聯繫。這一特點是人力資源最基本的特點。人力資源的生產，基於人口再生產這種生命過程，其接受教育也需要一定的智力自然前提；人力

資源的使用，更受到人的自然生命特徵的限制，如身體疲勞、人體安全、勞動衛生、工作時間等。

從人力資源周期運行的角度看，人力資源的生物性還體現為人力資源的再生性，其再生性是透過人口總體內各個個體的不斷替換更新和「人力資源耗費→人力資源生產→人力資源再次耗費→人力資源再次生產」的過程得以實現的。

2、社會性

人力資源具有社會性。從一般意義上說，人口、人的勞動能力和「人力」這種資源，都是人類社會活動的結果，又都構成人類社會活動的前提。從社會經濟運動的角度看，人類勞動是群體性勞動，不同的人一般都分別處於各個勞動組織之中，這構成了人力資源社會性的微觀基礎。從宏觀上看，人力資源是處於一定社會範圍的，它的形成要依賴社會，它的配置要透過社會，它的使用要處於社會的勞動分工體系之中。

對於人力資源的使用，從直接的角度看，是屬於某一個社會經濟單位的具體的事。但是，社會對於這種活的、能動性資源，提供了開發和管理的外部條件和市場，並在一定程度上構成競爭環境。在經濟全球化的情況下，人力資源、特別是其中高等級的人才資源，已經成為跨越國界而進入全球層次的資源。

（二）人力資源的資源特點

1、智慧性

人力資源包含著智力的內容，即具有智慧性，這使得它具有了強大的功能。因為，人類創造了工具、創造了機器，把物質資料改造成為自己的手段，即透過自己的智力使自身人體官得到延長和放大，從而使得自身的能力無限擴大，推動數量巨大的物質資源，取得巨大的效益。在當今科學技術日新月異、社會已經進入知識經濟時代的情況下，人力資源的智慧性就不僅僅是具有「效益巨大」的優異性，而且關係著國家和用人單位的生死存亡，具有須臾不可離的重要特徵。

　　人類的智力具有繼承性，這使得人力資源所具有的勞動能力隨著時間的推移，得以積累、延續和進一步增強。教育是保證人力資源智慧得以大規模繼承的主要手段。

2、個體差異性

　　人力資源的個體差異性，是指不同的人力資源個體在個人的知識技能條件、勞動參與率傾向、勞動供給方向、工作動力、工作行為特徵等方面均存在一定的差異。

　　人力資源的個體差異性，也伴隨著人力資源需求單位對其的選擇差異。

　　從宏觀的角度看，社會人力資源總體中存在著一定的差異，體現為社會人力資源人群的擇業方向和人力資源市場的分層。

3、時效性

　　人力資源具有時效性，它的形成、生產、開發、使用，都具有時間方面的限制。

　　從個體的角度看，人有生物有機體的生命週期，其作為人力資源能夠從事勞動的自然時間就被限定在生命周期的其中一段。人們能夠從事勞動的青年、壯年、老年不同時期，其勞動能力也有所不同。

　　從社會的角度看，在各個年齡組人口的數量以及它們之間的聯繫方面，特別是「勞動人口與被撫養人口」的比例方面，也存在著時效性的問題。由此，就需要考慮動態條件下社會人力資源總體在形成、開發、分配、使用等各項運動環節的相對平穩性以及合理的超前性。

4、再生性

　　人力資源作為一種生物資源，具有再生性。具體來說，這種再生性是基於人口的生產和再生產從而獲得自身實體的延續、更新和發展，並基於教育、繼續教育、培訓和各種成人教育、社會教育而獲得流動能力的延續、更新和發展。

5、資本性

　　人力資源作為一種特殊的資源，具有資本的特性。因為人力資源是前期投資的結果，能夠在投資經營活動中為投資者帶來收益，這符合資本的

一般特性。這就是說，不僅高層次人力資源（如高級技術專家、高級經理人）具有資本性，而且一般性人力資源存在培訓投資並形成創富價值，也說明它具有資本性。

　　資本存著折舊範疇，就人力資源而言，它所具備的知識技能也像物質資本（如機器設備）一樣，在使用以至閒置的過程中會出現有形磨損和無形磨損[5]。

（三）人力資源的主體特點

1、動力性

　　人力資源的動力性，即其主體推動性。經濟運行的主體，可以劃分為個人、用人單位和社會三個層次，個人是這三方面主體中根本的層次。人力資源之所以作為主體資源，正是因為它具有動力特徵，能夠對於物質資源加以推動、加以運用。人力資源與資本要素、物質要素的關係及其結合，均對經濟的運行及效果產生重大影響，因而也成為用人單位與社會（一般可以把政府看作為其代表）管理行為的重要對象。

　　具體來說，人力資源的動力性體現在「發揮動力」和「自我強化」兩個方面。發揮動力，即人對自身能力或能量的自覺運用，這是人類能動性的重要體現，它對於「人力」這一資源的潛力發揮和由此產生的工作績效，具有決定性的影響。自我強化，即人們透過自身有目的的積極行為，接受教育培訓，努力學習，鍛煉身體，積累經驗，使自身獲得更高的工作能力。

2、自我選擇性

　　自我選擇是人力資源動力性的延伸。「人」具有社會意識，這種意識是其對自身和對外界具有清晰看法、對自身行動做出抉擇、調節自身與外部關係的意識。由於人具有社會意識，由於作為勞動者的人在社會生產中居於主體地位，使得人力資源具有了能動的選擇性。人作為主體性資源，在構成勞動供給與否和勞動供給的投入方向方面，是有著自主決定權與選擇偏好的。「選擇的意義在於選取所偏愛的方案」，上述決定權與選擇偏好表

5　趙書成，《人力資源開發研究》，第 18-19 頁，大連：東北財經大學出版社，2001。

現為：個人「想不想或要求不要求就業」、「到什麼崗位上去就業」和「就業時間多長、工作強度多大」。[6]

人力資源的自我選擇性，大量體現在其流動性上。

3、非經濟性

非經濟性即人作為生產要素的供給，除了追求經濟利益之外，還有非經濟方面的考慮。人的職業選擇、勞動付出往往與職業的社會地位、工作的穩定性、晉升機會、管理特點、工作條件、個人興趣愛好、技能水平等非經濟、非收入因素相關聯。在經濟水平比較低的社會，人們重謀生，對非經濟的考慮較少、要求較低；在經濟水平比較高的社會，「衣食足而知榮辱」，人們對於非經濟利益的考慮就會較多，強度也較大。

在市場經濟體制下，用人單位追求利益最大化，必然受到其雇用對象的「人」的非經濟因素的制約。在宏觀層次上，政府要顧及社會就業、公民收入與消費、社會保障等問題，因而也必然在一定程度上考慮人的非經濟需求。

四、人力資源運動

（一）人力資源運動的概念

所謂人力資源運動，是指人力資源的經濟運動。與物質資源運動相比，人力資源運動有共性也有特性。其共性，即人力資源作為一種資源，是一種客體、具有對象性；其特性，即它是作為主體資源，自動地參與總體運動過程的各個環節。

從資源運動的過程來看，包括生產（形成）、發掘、配置、使用四個環節。這裏，把人力資源與「礦產資源」這一典型的物質資源加以對比，看其運動過程。

---

[6] 安東尼‧德‧雅賽，《重申自由主義》，第 75 頁、80-83 頁‧北京：中國社會科學出版社，1997。

我們知道，礦藏是經過自然界長期物質運動，在一定環境下，由內外部多種條件的作用形成的一種化學元素的積累。由大自然所生產的一定品位的礦石，是資源存在的表現形態。人們對礦藏資源加以採掘，使之從地下埋藏的潛在形態，轉變為現實的可供人類使用的礦產品。礦產品按其種類、數量、品位狀況，分別被送到各個需要礦石的加工地、冶煉廠，即實現了該資源的配置。最後，工廠的機器開動，各種礦石分別被各生產單位的工藝過程所吸收、所消化，生產出製成品，即得到利用，從而完成其運動過程。人力資源的運動過程與以礦藏為典型的物質資源運動過程也是相同的。

（二）人力資源運動環節

1、人力資源生產

一個新的生命出生，經過十餘年的生長、發育、接受教育，成長為具有一定體質、智力、知識、技能的人，即具備了各種勞動能力的人。這對於社會經濟運動來說，可以成為一種資源，即人力資源。這就是人力資源的生產過程。

2、人力資源發掘

人力資源存在於兩種不同條件之下：一種是已經進入經濟活動領域的資源，即「現實人力資源」，它表現為在業人口與求業人口的總和，換言之，表現為一個社會的人力資源供給即「經濟活動人口」。一種是尚未進入經濟活動領域的資源，即「潛在人力資源」，它表現為具有一定的勞動能力，但尚未謀求職業的在學人口、家務勞動人口等非可供勞動力人口。潛在人力資源即尚未開發的人力資源，現實人力資源即已經開發的人力資源。

潛在人力資源向現實人力資源的轉化，一般是一定的主體對其的資源性質進行認識和做出使用的決策，這也就是人力資源的發掘過程。

3、人力資源配置

社會將不同的人力資源，根據不同的需要，投向不同的部門、地區、職業，這就是人力資源的分配過程。具體來說，這體現在用人單位招聘人

員和個人選擇職業的人力資源初次配置上，也體現在用人單位的人員調配和個人的職業流動上。

4、人力資源使用

各個經濟活動部門、單位對自己擁有的勞動者的能力加以發揮、運用，使其完成本單位的經濟活動任務，即人力資源的使用過程。其成果，是創造了各種產品和勞務，即創造了社會財富。

在對人力資源生產、發掘、配置、使用的過程中，存在著諸多的對其的開發利用與管理問題。在對這些問題的研究和解決過程中，形成了現代人力資源開發利用與管理學科。

第二節　人力資源結構

一、人力資源自然結構

（一）人力資源年齡結構

1、不同年齡階段的人力資源

人的青年期，處於身體繼續發育以至成熟的階段，智力水平在這個階段也大幅度提高。其特點是他們的勞動能力正在增長，進行職業定向與職業選擇，開始加入和適應社會勞動。儘管這個時期可能其職業勞動能力並不高，但是其使用年限比較長，學習能力比較強，適應性比較好，流動性比較強，因而開發的潛力比較大。

人的成年階段，體質、智力都達到比較穩定的高峰階段，是一生中的黃金時代。作為成年的人力資源，其勞動能力最強，技術水平最高，生產管理經驗也比較豐富，創造發明在這個時期也最多，正所謂「年富力強」。這是人力資源效用最高的時期。

人的老年階段，體質、智力都開始下降，生理上處於衰退期。一般老年人力資源的勞動能力，特別是實際操作方面的能力已經不如以往，但是其長期積累的各方面知識、經驗都比較豐富，具有一定的代價性。

2、人力資源年齡結構的意義

一個社會的人力資源，其總體的年齡界限是男性 16～60 歲，女性 16～55 歲。從與從事社會勞動有關的自然生理特徵方面看，人力資源還可以劃分為青年、成年、老年三部分。對於人力資源的年齡劃分，青年為 16～25 歲，成年為 26～50 歲（男性人口）歲或 26～45 歲（女性人口），老年為 50 或 45 歲以上。同一總體內不同年齡的人力資源的比例，構成人力資源的年齡結構。人力資源的年齡結構，是由人口的年齡構成特別是勞動適齡人口的年齡構成所決定的。

一般說來，一個社會的人力資源年齡構成比較年輕，即青年人力資源的比例大、老年人力資源比例小，是比較有利於社會經濟發展的。一個社會的人力資源老化，即青年人力資源比例比較小、老年人力資源比例比較大，這個社會就會面臨人力資源減少以至供不應求，從而影響社會經濟的正常發展。但是，如果青年人力資源比例過大，而且在短期內增長得比較快，又可能形成人力資源的總供給量超過社會的需求總量，影響其中一部分人獲得勞動崗位。

在微觀經濟單位，組織成員的不同年齡結構導致素質背景的不同，因而對於組織的效用可能相差巨大。因為，不同年齡特徵的人力資源，其知識技能內容的結構不同、特點不同、積累多寡不同，其工作能力特長不同，其思想理念不同，其行為風格不同，等等，這導致了具有不同年齡結構（即使專業結構、職位結構完全相同）的同類型組織，在經營決策、管理模式、工作風格和員工關係等方面會有巨大的差異。

（二）人力資源性別結構

1、性別結構的內容

男性與女性在生理方面存在很大的差異，這使他們在從事社會經濟活動和對不同職業的適應能力方面都有很大的不同，這必然影響社會人力資

源的供給與使用狀況。一般來說，男性人力資源的勞動能力強、參與率高、適應性強、參加社會勞動的年限長、家務勞動的負擔少、流動性強。女性人力資源在上述方面有一定的缺陷，但也有從事醫學、教育、服務、語言等方面工作的優勢。

在正常的情況下，人口總體的性別比例和各年齡組的性別比例，特別是勞動年齡組的性別比例，基本上是均衡的。但是，在一些特殊情況下，如戰爭、大規模遷移等，可能會發生人口性別比例失調的問題，這必然要影響到人力資源的性別結構、影響其供給。例如，前蘇聯在第二次世界大戰中損失了約 2000 萬人口，其中的大部分都是成年男性人口，這使其人力資源供給受了幾十年的影響。

2、女性人力資源的開發利用

女性人口的從業狀況在不同國家、不同時期則各有不同，因此，加強對女性人力資源的開發和利用，解決好婦女就業問題與獲得職業後的工作問題，具有重要的經濟和社會意義。

婦女的勞動參與率和就業率取決於許多因素，諸如社會對人力資源需求總量、社會需要的具體勞動崗位、女性的生理特點、婦女的受教育程度與技能狀況、家庭的收入與消費狀況、家務勞動及其社會化程度、男性人力資源的供給量，以及社會風俗習慣、政治考慮等。教育在擴大婦女就業方面起著至關重要的作用。

二、人力資源社會結構

（一）人力資源教育結構

人力資源的狀態和效能具有重大的差異。一般來說，人力資源在體質方面的差異不會很大，其差異主要就在於「智力」方面，這體現在勞動力人口、特別是經濟活動人口的受教育水平上。通常來說，人力資源的教育結構是以文化程度劃分的「文盲、小學程度、初中程度、高中程度、中專程度、大學以及大學以上程度」各個等級勞動力人口的比例。

　　此外，社會勞動者的職業技能不同等級的比例，也是人力資源教育結構的一個延伸和具體化。

　　一般來說，經濟越發達，需要的高教育水平人力資源數量越多、比例越大。但是，又不能脫離現實需要，簡單地認為高等級人力資源數量越多越好、比例越大越好。因為超越了社會經濟客觀需要的過多的高等級人力資源，不能充分發揮其作用，不僅浪費一部分高質量人力資源、降低高教育等級人力資源效用，並且浪費社會與個人的教育投資。由於高質量人力資源不同類別之間的替代性較差，合理的人力資源教育結構還要求與社會的職業結構協調。否則，此長彼短，就可能造成人力資源結構性失業的浪費。

（二）人力資源職業結構

　　職業，是人們所從事工作的種類，是人力資源的生活方式。職業是有著不同門類的。我國古代將職業分為「士、農、工、商」四大階層，人們所說的「三教九流」、「三百六十行」也是對職業結構的形象概括。職業因其不同的勞動內容、不同的勞動工具、不同的勞動方法、不同的勞動對象以及不同的勞動條件和環境，而存在著很大差異，因而也就有了職業的分類，有了人們的社會職業評價和對職業的不同選擇。

1、職業的社會階層結構

　　從社會的角度看，職業分類是根據工作內容、工作方法、工作對象和工作環境的特點而劃分的。按照國際勞工組織的 ISCO 標準，職業分為十個大類，在其大類下面還分為若干層次和不同種類。這種職業結構反映了人們的社會選擇，也反映了一定的經濟、社會、文化發展狀況。這十個大類是：
　　（1）立法者、高級官員和經理；
　　（2）專業人員；
　　（3）技術員和助理專業人員；
　　（4）職員
　　（5）商店、市場銷售及服務人員；
　　（6）服務人員；
　　（7）農業、漁業熟練工工人

（8）設備和機器操作員和裝配工；

（9）基本職業

（10）不能按職業分類的其他人員。

　　這十類職業，可以進一步歸結為體力勞動和腦力勞動兩大類別。人類社會的發展，是一個腦力勞動性職業比重不斷加大的過程；在腦力勞動者中，教授、工程師、律師、醫生、高層行政管理人員等高級部分比低級部分的增長更快些。在體力勞動內部，生產性人員逐漸減少，服務性人員比重有所增加，一些簡單、繁重的工種被淘汰，體力勞動中的技術性、含有腦力性成分的職業在增加，並出現了大批工人技師性的工作，「藍領」的顏色正在變淺。

　　從從業者社會地位和社會關係的角度，職業可以分為以下七個部分：

（1）專門職業人員、政府官員、高級經理階層；

（2）雇主、一般經理與管理人員；

（3）白領人員；

（4）熟練工人，即技術性較強的工人與領班；

（5）半熟練工人，即技術程度略差的機器操作工人、司機等。農民、商業服務業人員一般也屬於這個類型；

（6）非熟練工人，即一般從事無技術工作、尤其是重體力勞動和髒差環境工作的人員；

（7）家庭服務與個人服務人員。

三、人力資源經濟結構

（一）人力資源產業結構

　　人力資源產業結構的第一個層次是三大產業的結構，其下一個層次是包括 10 多個部門的結構。產業結構的轉移是一種歷史趨勢，在經濟社會迅速發展的情況下各國的產業結構都有著明顯的變動。這決定了經濟社會發展的大格局，也決定了各國人力資源開發利用與管理的基本面貌。自覺地進行產業結構的調整，是開發利用好人力資源的最基本任務之一。

1、第一產業人力資源的結構變動

產業結構變遷的一般規律，首先是由第一產業（廣義農業）流向第二產業和第三產業，然後由第一產業、第二產業流向第三產業。

農業勞動生產率的大幅度提高，是第一產業人力資源向第二、第三產業轉移的前提。由於農業勞動生產率的提高，使農業總產量大幅度增加，而市場對於農產品需求量的增加是有限的。農業生產率提高後，可以節約從事農業生產的人力資源，這就使在農業就業的人員相對比例下降。隨著農業生產率的進一步提高，在農業就業的絕對人數也開始減少。從發達國家走過的歷程看，人力資源在第一產業就業的比例一般是以每年 0.5%的速度減少的。

第一產業人力資源向第二產業、第三產業結構轉移的途徑主要有兩種：一種是脫離農村，向大中型城市（特別是工業城市）流動，這是世界上大多數國家的道路。另一種是在農村「就地消化」或者轉移到小城鎮，這是中國努力實踐的城市化道路。在農村「就地消化」，可以從事農業機械修造，對農產品綜合加工，利用當地資源進行工副業生產，發展農村服務事業、文化教育事業，等等。

2、第二產業人力資源的結構變動

人力資源在第二產業就業的比例是與工業的迅速發展相聯繫的，一般經過相當長時間的增長，達到 40～50%的高水準後又有所下降。這是因為，隨著工業有機構成的提高、先進技術的應用和傳統工業部門的淘汰等，工業勞動生產率大幅度提高，工業物質產品數量極大，從而在工業部門就業的人力資源人數減少，工業就業的比重由提高到逐步下降。

3、第三產業人力資源的結構變動

從世界各國發展規律的角度看，第三產業人力資源的比重，是一直呈現上升趨勢的。第一產業、第二產業的勞動生產率提高，具備了其人員富餘和向第三產業轉移的可能。實際上，第三產業就業比重的增加，在第二產業就業比重還在增加的時候就已經開始了。隨著人力資源在第一產業比重的大幅度下降和在第二產業的比重由增加到減少，在第三產業就業的比重就大大提高。在經濟發達國家，第三產業就業的比重已經達到 50%以上，多的甚至高達 70%以上。

　　第三產業就業比重高，一般來說是一國經濟發達的表現。因為，流通、消費事業發展，科學、文教、衛生事業發展，服務性部門增加，人們社會活動增加和政府管理職能加強等等，都是第一產業、第二產業部門物質生產發展帶來的結果。

（二）人力資源地區結構

　　人力資源的地區結構，即人力資源在不同地區的分佈，它可以從行政區劃、經濟區劃和自然地理區劃等不同方面區分。人力資源的地區結構，基本上取決於人口的地區分佈。研究人力資源的總況及其年齡結構、性別結構、質量結構等等，都要以人力資源的地區分佈為基礎；實現人力資源年齡、性別、質量結構的合理化，也都離不開人力資源的地區合理分佈。

　　為了達到人力資源合理分佈的目標，要基於各地區經濟發展的短期和長期需求與人力資源的現實狀況，對人力資源進行規劃。此外，還應該考慮人口與人力資源在總量方面和地區間分佈的變動，從而對人力資源進行合理配置。

（三）人力資源城鄉結構

　　人力資源的城鄉結構也是人力資源經濟結構的一個重要方面。人力資源城鄉結構是由人口的城鄉分佈所決定，並且受到城鄉間人口流動的影響，它反映了一個社會經濟發展的總體水平，反映了該社會農業部門和非農業部門發展的狀況。

　　農村以從事農業經濟活動為主，城鎮以從事非農業——即第二產業、第三產業為主。城市和農村的人力資源供給，是滿足城市和農村經濟活動所需要的條件；人力資源在城鄉間的流動，則是調節人力資源在城鄉分佈的途徑。

　　人力資源城鄉結構的變化，以農村人力資源進入城市為主要流向。應當指出，農村人力資源流入城市，既要符合城市經濟發展的需要，也要以農業勞動生產率提高為前提。否則，過多的農村人力資源流入城市，會造成對城市就業的壓力，同時也可能使農業人力資源不足，對於城鄉的經濟發展和人力資源的合理利用都是不利的。

　　中國大陸自 20 世紀 90 年代以來，出現了大規模農村人力資源向城市流動、且存在較大盲目行為的「民工潮」問題。為此，政府進行了多方面的調節，以促進農村勞動力進城的有序化。2005 年以來，務農的經濟收益有較大的提高，而打工的工資低、勞動條件差，很多外出打工者紛紛返回農村，致使福建、廣東等地區出現了「民工荒」的現象。

第三節　人力資源思想發展與相關學科

一、人力資源管理思想的演進

　　在不同的歷史條件下，有著對「人」的不同認識，從而形成不同的管理學說。對人的管理及開發利用的思想發展，可以分為以下幾個時期：

（一）傳統勞動管理時期

　　西方國家早期的工廠制度產生後，就出現了勞動管理的內容。該時期管理活動的特點是關注分工、關注效率，把人作為機器的附屬品。到了 19 世紀，以大規模市場、資本密集和官僚制為特徵的經濟組織出現，勞工的工作條件和工資待遇下降，資方和工頭對工人採取高壓驅動和粗暴管理的手段[7]，不僅勞動問題大量出現，勞資之間衝突加深還導致巨大的社會影響。這就使得對雇用勞動的管理具有了勞動關係或產業關係管理的特徵。

（二）泰羅制科學管理時期

　　19 世紀末至 20 世紀初，美國具有技工履歷的總工程師泰羅（F. W. Taylor）運用科學原理對企業中的人的勞動進行了研究，包括操作方法研究、工作時間測定，在此基礎上形成了著名的「泰羅制」或「科學管理」制度。儘

---

[7] 王一江、孔繁敏，《現代企業中的人力資源管理》，第 1-8 頁，上海：上海人民出版社，1998。

管在泰羅制中已經運用了科學，但在泰羅制的管理思想中，「人」是一種隸屬於機械體系、類似於活的機器的對象，這樣的學說是講求工作規範但缺乏人性色彩的管理學說[8]。

（三）人際關係與行為科學管理時期

20 世紀 20 年代至 30 年代，美國學者梅約（Elton Mayo）等人在霍桑電器工廠進行研究試驗中，發現了「人」的心理和行為因素對生產率影響巨大，因而產生了與泰羅制科學管理學說相反的「人際關係」管理學說。在這一時期，「人」得到承認和重視，成為組織中具有情感性的管理對象，該時期的學說認為「人性善」、承認人的需求和人際關係，把搞好組織中的人際關係與合作、提高勞動者士氣和加強對員工的重視作為管理的重要內容。該學說的人性色彩相當強，也是第一次重視人的存在、把「人」本身提到管理高度來認識。

而後的 20 世紀 50 年代，「行為科學」的理念和學說被提出，其注意力從維護良好的人際關係方面進一步提高到對企業組織中人際關係的科學分析上。行為科學運用和發展了社會學、心理學和組織理論的成果，進行了人性研究（X 理論、Y 理論等）、需求研究、激勵研究、組織行為研究、團體動力研究、領導行為研究等多方面的研究。

（四）新人際關係與泛人力資源管理時期

在管理科學的發展歷程中，20 世紀 70 年代以來，現代管理科學迅速發展，學說流派眾多，分支不斷繁衍，具有了「管理科學叢林」的時代特徵，形成了現代的一般系統管理理論[9]。在現代管理的實踐中，則體現為權變管理思維加多種現代管理手段的綜合運用。

近幾十年，越來越多的組織都認識到：要搞好自身的經營和在競爭中取勝，就要努力用好「人」，充分開發和利用人力資源，搞好對於人力資源

---

[8] 關淑潤主編，《人力資源管理》，第 24-26 頁，北京：對外經濟貿易大學出版社，2001。

[9] 孫耀君主編，《西方管理學名著提要》，第 19-22 頁，南昌：江西人民出版社，1998。

的管理。於是，新的用人理念迅速普及，人力資源和人才資源得到重視，「人」不僅成為經濟－技術－社會系統中的一種必不可少的複雜因素，而且成為組織財富的源泉甚至成為造就組織本身、決定組織興衰生死命運的資源。這一時期產生了相當多的具有非常明顯人性色彩的管理學說，它們注重員工的成長與發展機會，構成新人際關係學說[10]。這些學說既成為與人力資源管理實踐有關的管理理論基礎，其中的不少內容也構成人力資源管理的直接內容。

　　該時期的管理實踐發展，也越來越向人力資源管理方面傾斜：一方面，人力資源管理的領域逐步擴大、檔次得以提高，這是自身內容的對外泛化，例如對員工的職業生涯管理；另一方面，許多原來不屬於人的管理的內容，也進入了人力資源管理的內容，這是管理學在人力資源管理具體領域的泛化，例如「人力資源會計」或「人力資本會計」、對經理的選拔與能力開發等。這種人力資源管理的泛化，是人力資源在組織中的戰略地位、效益源泉和重要工具的綜合反映。

（五）人力資源開發利用管理時期

　　與微觀的人力資源管理學說並行發展的，是宏觀的人力資源開發利用學說。20 世紀 60 年代，著名的人力資本即人力投資理論被提出，得到一定的重視。（人力投資理論問題的內容詳見本書第三章，這裏不贅述。）80 年代以後，宏觀的人力資源開發利用學說得到很大的發展，這些涉及了理論經濟學、國民經濟管理學以及教育學、公共政策學等廣闊的領域，大大豐富了人力資源生產與使用的理念基礎。

　　當今社會是知識經濟和資訊化的社會。在經濟生活全球化、科技進步高速化、資訊交流瞬息化、組織模式多元化、勞動形式多樣化的條件下，社會經濟格局變化巨大，組織之中的雇用關係、分配關係、產權關係也正在發生著根本性的變革，這使得人力資源理念有了進一步的強化。從總體上看，當今社會，從各個國家到諸多的經濟組織，都已經比較普遍地把人

---

[10] 〔英〕安德澤傑·胡克金斯基，《管理宗師——世界一流的管理思想》，第 23-53 頁，大連：東北財經大學出版社，1998。

力資源開發利用和管理作為最重要的工作內容之一，並正在把「人」放到最核心的地位。

二、相關學科對人力資源學科的影響

（一）組織行為學的影響

20 世紀 30～40 年代，以研究人的個體心理特徵、群體關係和組織發展變革的組織行為學開始發展起來。20 世紀 50 年代中期以來，其體系得到了全面發展，圍繞組織變革和發展的影響因素、結構、模式等相關理論不斷推陳出新，如組織的生命周期理論、組織變革階段理論、組織成長理論等，在這些理論中都包含著人在其中所起的作用，如高層管理者如何培養，員工如何組織化而與企業目標協同。從 20 世紀 80 年代至今，團隊精神、學習型組織、T 敏感訓練、Z 理論、企業文化建設、員工滿意度、工作再設計等等許多思想融入到人力資源管理體系中。

（二）管理學的影響

作為重要應用學科的管理學，在 20 世紀後半葉伴隨著其他社會科學和自然科學領域的各個學科的發展而得到了飛速發展，其思想也是多不勝數，形成「管理科學的叢林」。80 年代以來至今，新的學說或思想五花八門，林林總總，其主要內容為：一是關於組織本身創新的如組織的再造工程、無疆界的組織、超越界限的組織管理等等；二是關於組織間相互關係的如資源依賴理論、種群適應性理論、協作網路理論、戰略聯盟理論等等。這些思想理論以及實踐應用體系都是圍繞人類的共同目標為主線而進行研究的。提升企業人力資源管理職能部門的地位和作用，進行企業戰略性的人力資源管理，將人力資源管理納入企業長遠性、戰略性活動中，將成為人力資源管理學科重點研究的領域。

（三）制度經濟學的影響

以研究企業與市場、企業與企業之間關係為主要內容的制度經濟學在 20 世紀 80～90 年代備受學者的關注。較熱門的理論有代理理論、契約理論和交易成本理論，其核心內容是圍繞以契約形式而建立的企業間各種資本權力之間的博弈。表現在人力資本與貨幣資本的權力之爭上，其結果又決定了企業契約的結構和內容，即決定了企業的治理結構和制度安排。企業家、高層管理者、員工是否有權利參與以及如何參與企業剩餘價值的分配和企業剩餘價值來源中人力資本所創造的比例如何確定等問題，已經成為制約或推動企業發展的關鍵因素。相應地，激勵與約束機制的建立和完善也就成為制度運行方面的重中之重。

（四）勞動經濟學的影響

勞動經濟學與人力資源開發與管理的關係一直是人們非常關注的焦點，兩者的關係密不可分。中國在計劃經濟體制下沿用的是蘇聯的勞動經濟學體系，一個主要特點是勞動經濟即為勞動管理，也就是說，勞動經濟與人力資源管理是混為一體的。改革開放以來，大陸學者逐步引進西方勞動經濟學和管理學的學說與教材，20 世紀 90 年代以來勞動經濟學界較多採用美國的學科模式，傳統的企業勞動管理也轉變為今天的人力資源管理。在管理學與經濟學分開成為一級學科的大背景下，人力資源管理也和勞動經濟學區分開，成為一個有著巨大的市場需求和學術發展潛力的管理學分支。人力資源管理學科迅速發展，得到認可並成為熱門學科，越來越多的大專院校開設這一專業，人力資源管理在企業及政府部門中的重要作用也日益凸顯出來。勞動經濟學則成為人力資源管理學說的一個重要理論基礎和分析工具。

目前，勞動經濟學在向經濟分析的方向發展，勞動經濟學學者們運用經濟學的理論和方法研究人力資源管理所面臨的人員招聘、績效考核、培訓等管理流程問題，強化了二學科的結合。

（五）社會學的影響

20 世紀 80 年代中期以來，對於社會網路和組織制度的社會學研究蓬勃發展。社會學家們提出了一系列問題：處於社會結構中的人的經濟行為如何受其影響和反影響，如何看待人們所建立的各種社會聯繫的緊密程度、信任程度、相似程度、參與者的中心性；如何分析和評價社會網路中尤其是企業中的科層制度、相關利益者的利益等，這些問題是現實中的企業管理者們應該認識到並加以解決的首要問題。這些問題被借鑒到人力資源管理學科中來，成為人力資源管理學科的一種思想基礎，也提供了解決人力資源管理問題的思維範式。

（六）心理學的影響

在當今的管理理論和實踐中，人力資源的管理和開發問題已經成為理論界和企業家們關注的熱點問題。然而，由於人力資源問題的複雜性，無論在理論研究層面上，還是在管理實踐層面上，都還存在著諸多值得進一步思考和探討的課題。作為一門直接以人為研究對象的學科，心理學在人力資源管理和開發中發揮獨特的作用。首先，心理學內容和技術已經大量應用于人力資源開發與管理，如能力素質測評、職業人格、工作動機、行為、激勵、考核、培訓等等。進而，作為以個體心理活動規律和機制為研究對象的學科，心理學在介入人力資源問題時表現了個體關懷的思維特徵。所謂個體關懷，有兩層含義：一是心理學是從微觀的層面上來選擇或理解問題的，比較關心企業管理各個環節上與人有關的具體問題；二是心理學是以人為中心來思考和解決人力資源問題的，對人身上存在的弱點和不足持較為寬容的態度，天然地具有人性化關懷的傾向。在當今的人力資源研究中，許多課題，如員工激勵、工作壓力、職業倦怠、職業生涯設計、組織公正感、心理契約、組織承諾、組織公民、印象管理、學習型組織等都是屬於或基本上屬於心理學範疇的研究領域或主題，也相當符合心理學個體關懷的「口味」，可以說心理學正在人力資源開發與管理領域「大有作為」著。

總之，人力資源開發與管理學科的發展受到不同學科的影響，同時，不同的學者對人力資源開發與管理的研究角度和不盡相同。有的學者是從

經濟學、管理學角度研究的，而有的學者是從心理學、教育學等學科入手的，所研究內容的大的領域可以統稱為研究人力資源管理，但具體的內容，就有所側重、各不相同了。

第四節　人力資源開發與管理活動

一、人力資源開發與管理宏觀環境

按照 PEST 分析法，我們從總體上把影響人力資源開發與管理諸多的宏觀環境，歸結為政治、經濟、社會、技術四個基本方面。

（一）政治因素（Politics）

一個國家的政治制度、經濟社會發展規劃、經濟政策和產業政策、社會法制狀況、國家的勞動立法、政府人力資源開發利用與管理及有關方面的規章制度、工會發展狀況等等，對組織的人力資源開發與管理都有一定的影響。

（二）經濟因素（Economy）

經濟因素對於人力資源開發利用與管理的影響是直接的，也是非常重大的。具體來說，一個國家的經濟增長水平、各個產業的發展狀況、社會投資狀況、就業狀況、通貨膨脹狀況、進出口狀況、社會工資水平與收入差距情況、市場與居民消費狀況等等，都對人力資源開發與管理有著影響。特別是經濟競爭因素對於人力資源開發與管理影響更大，因為競爭狀況直接決定了各個組織的人力資源開發思想理念與用人模式。

（三）社會因素（Society）

　　人是生活在社會中的，社會的文化價值觀與人的職業觀念、道德水平等，都會對人力資源開發利用與管理產生影響。例如，具有「忠」文化的日本，在組織管理中就有終身雇用、年功序列工資、家族主義和企業工會制。

（四）技術因素（Technology）

　　一個社會的技術水平因素，對人力資源開發與管理也有著一定的影響。因為技術本身首先就和人力資源一起構成生產要素，在組織的資源配置中成為相互關聯的一對，組織可以就此進行選擇與替代。進而，技術的進步要求組織提供教育培訓，以提高現有人力資源的素質，或者對其個體進行更新。在技術更新速度快的情況下，還會導致人力資源的較大流動。此外，現代技術的發展，直接為人力資源開發與管理提供了先進的手段。

二、人力資源開發與管理微觀環境

（一）人力資源開發與管理市場環境

　　微觀組織的人力資源開發與管理活動，是從市場中獲得人力資源開始的，一個社會的人力資源市場狀況也就成為各個組織進行人力資源開發利用與管理的前提條件。進一步來說，組織的人力資源市場格局，即組織處於買方市場還是賣方市場，對其人力資源開發與管理的工作內容、組織機構、理念模式、管理手段和技術方法的選擇，都有重大的影響。

（二）人力資源開發與管理組織內部環境

　　在組織內部，也有多種影響人力資源開發與管理的因素，包括一個組織的結構、組織制度與組織文化、組織的發展戰略、業務性質特點、組織的員工結構、領導者的水平和管理風格、組織內部的勞動關係因素等等。

例如，在一個從事市場營銷工作的組織，採取目標管理模式比出勤打卡制度約束就更為適宜。

三、現代人力資源開發與管理的特徵

從社會經濟活動細胞——組織的角度看，現代的人力資源開發與管理具有以下基本特徵：

（一）人力資源開發與管理立意的戰略性

人力資源在現代組織中的職能和作用至關重要，因此，管理學家和管理實踐者將人力資源管理、市場管理、財務管理和生產管理視為企業的四大運營職能。在當今世界市場領先和市場營銷人員比重很大的情況下，在虛擬生產方式出現後對管理的要求非常強的情況下，在技術競爭非常嚴酷和技術作用重大的情況下，經營管理人才、技術人才的作用進一步增加，人力資源開發與管理的作用就更為重要，許多組織的經營層把人力資源看作是「第一資源」，把人力資源開發與管理工作放在組織戰略的高度。由此，人力資源開發利用與管理部門的地位也隨之日益提高，可以說已經處於組織戰略的高度，並能夠在一定程度上參與組織的決策。

（二）人力資源開發與管理內容的廣泛性

隨著時代的發展，人力資源開發與管理的範圍日趨擴大，其內容在泛化。現代組織的人力資源範疇包括相當廣泛的內容，除去以往的招聘、薪酬、考核、勞資關係等人事管理內容外，還把與「人」有關的內容大量納入其範圍。諸如機構的設計、職位的設置、人才的吸引、領導者的任用、員工激勵、培訓與發展、組織文化、團隊建設、組織發展等等。

（三）人力資源開發與管理對象的目的性

傳統的勞動人事管理，是以組織的工作任務完成為目標的，員工個人是完成組織任務的工具。現代人力資源開發利用與管理，則是在強調員工的業績、把對人力資源的開發作為取得組織效益的重要來源的同時，也把滿足員工的需求、保證員工的個人發展作為組織的重要目標。這就是說，在現代組織中，人力資源不僅是組織運作的要素和工具，其本身也已經成為組織本身的目的，即這樣的管理是「為了人」。

可以說，人力資源本身成為人力資源開發與管理工作的目的，是現代管理中人本主義哲學的反映，它有利於人力資源開發利用與管理工作產生飛躍，也有利於用人組織取得巨大的效益。

（四）人力資源開發與管理主體的多方性

在傳統的勞動人事管理之中，管理者是專職的勞動人事部門人員。這種管理主體往往刻板化、行政化，而且往往與其管理對象——員工處於對立狀態。在現代的人力資源開發利用與管理活動中，管理主體由多方面的人員所組成。在這一格局下，各個管理主體的角色和職能是：

(1) 直線經理。各個部門的管理者即「直線經理」（link manager），他們從事著大量的日常人力資源開發利用與管理工作，甚至是組織人力資源開發利用與管理工作的主要內容。

(2) 人力資源部門人員。組織人力資源部門中的人員，除了在積極從事自身的專職人力資源開發利用與管理工作外，而且作為組織高層決策的專業顧問和對其他部門進行人力資源開發利用與管理工作指導的技術專家，並對整個組織的人力資源開發利用與管理活動進行協調和整合。

(3) 高層領導者。許多組織的高層領導相當重視和大量參與人力資源開發利用與管理，在組織的宏觀和戰略層面上把握人力資源開發利用與管理活動，有時還直接主持人力資源開發利用與管理的關鍵性工作，例如參與人才招聘、進行人事調配、決定年終分配等等。

(4) 一般員工。在現代組織中，廣大員工不僅以主人翁的姿態搞好工作、管理自身，而且以主人翁的角色積極參與管理，並且在諸多場合發揮管理者的作用，例如在全面質量管理（TQM）中對其他人員錯誤的糾正、對自己的上級和同級人員的考核打分等等。

（五）人力資源開發與管理手段的人道性

在人力資源概念提出後，人們對「人力」或勞動要素的看法增加了「人」的屬性（Human）。與以往的人事管理相比，對人力資源的開發與管理是以人為中心的，其方法和手段有著諸多的人道主義色彩。諸如員工參與管理制度、員工合理化建議制度、目標管理方法、工作再設計、工作生活質量運動、自我考評法、職業生涯規劃、新員工導師制、靈活工作制度、員工福利的選擇制等等。

（六）人力資源開發與管理結果的效益性

傳統的勞動人事管理，是作為完成組織行政工作的執行性工作，在勞動人事管理中缺乏經濟觀念。在現代組織中，人們普遍有著經濟衡量理念和管理活動的效益原則，注重投入和產出的關係。有著大量現代理論知識和實踐經驗的經營管理者，把人視為高於其他資源的最有價值的資產，認識到「人是資本，對人力資源的投入越大，回報就越高」。由此，經營管理者就把人力資源開發與管理放在重要的和經常性工作的位置上，願意對人力資源投入、對人力資源開發與管理活動進行投入，以期取得較高的業績回報。

進一步來說，經營管理專家和管理學家認識到人力資源開發與管理的效益，還從多方面進行管理創新和理論創新，以充分發揮人力資源的創富價值，例如德魯克提出的目標管理（MBO）、彼得‧聖吉塑造各階層人員的學習型組織、提高工作生活質量、6σ 管理等等。

為了對這種創富價值進行分析和管理，人力資源會計也應運而生並獲得一定的發展。

第五節　人力資源的作用

一、人力資源是社會經濟活動的前提

　　人力資源構成社會經濟運動的基本前提。從宏觀的角度看，人力資源不僅在經濟管理中必不可少，而且它還是組合、運作其他各種資源的主體。也就是說，人力資源是能夠推動和促進各種資源實現配置的特殊資源。因此，人力資源成為最重要和最寶貴的資源。

　　社會勞動是由不同部分的分工、協作所組成，社會總勞動的下屬層次是產業、部門、企業、崗位、職業的專門形態勞動。社會中的各個產業、各個部門、各個企業、各個崗位，對於人力和物力都有著自己特定的要求。例如，電子業需要技能較高的工程師、技術工人和精度較高的原料、零件；鋼鐵業需要龐大的設備和具有相當水平的技術人員；服務業需要的物質設施相對較少而主要依靠人的勞務。不同種類的經濟活動對物質資源的要求各有差異，或多或少，甚至或有或無，但對人力資源的要求則必不可少。因此，人力資源成為宏觀國民經濟運動和微觀企業經濟管理的必需性資源、根本性資源，缺少了人力資源，經濟活動就無從談起。

二、人力資源是經濟增長的主要動力

　　經濟的高速持續增長，是財富得以增加、國家得以繁榮、社會得以進步的根本，經濟增長問題是受到世界各國政府和許多經濟學家重視的問題。

　　研究經濟增長問題的經濟學家一致認為，「知識的進展」是 20 世紀經濟增長的最主要因素。所謂知識進展，主要是對人力資源進行投資、開發，使社會勞動者的文化水平和專業理論、專業技能提高，具有更高的運用物質資源的能力。據美國經濟學家丹尼遜的計算，在美國長達 60 年的國民收入增長中，「增加投入量」的比重在下降，「提高產出率」的比重在上升。

進一步分析可以看出，投入方面比重下降，主要在於物力因素，尤其是資本；產出方面比重增加，主要在於人力因素（即「知識進展」）。這一結果也表明，國民經濟增長的主要潛力，正在於人力資源方面。

三、人力資源是經濟全球化下競爭的核心

20世紀後期以來，經濟全球化的進程加快，國際間的人才競爭日益激烈。這種競爭的加劇，是由於當代經濟正在轉化為以知識經濟為核心的新經濟，在經濟增長中貢獻重大。世界各國紛紛發展高科技和高新技術產業，全球範圍對人才的需求都大大增加，90年代以來作為高科技支柱的優秀人才日感匱乏。在這種情況下，各國除加速培養本國人才外，也加緊了對世界人才的爭奪。

當今世界正在走向資訊社會。從各國經濟社會發展的趨勢看，在人力資源和人才資源方面的競爭日益激烈。目前，世界各國普遍將關注的焦點集中到人力資源的開發利用上，注重培養大批科學家、技術專家、經營管理人才和企業家，以力求成為新的歷史時期全球範圍競爭中的勝者。「人才爭奪世界大戰」的形勢，對各國的人力資源開發，特別是優秀科技人才的培養、吸引和使用提出了嚴峻的挑戰。對此，要積極應對，要主動加入全球領域的人才競爭。作為發展中國家的印度正在異軍突起，在二、三十年後將成為世界軟體第一大國，這給了我們以很大啟示，值得學習和借鑒。

四、人力資源是塑造現代組織的關鍵

組織是由作為員工的個人所構成。對於「人」的培養、對於人力資源的開發與管理，可以使組織取得較優的業績，還能使組織形成和增加人力資源儲備。進一步來說，對於人力資源的開發管理，能夠從多方面塑造人力資源，使其大大提高素質，推動現代組織的發展。可以說，要塑造在經濟全球化、科學技術迅速進步和高度競爭條件下的現代組織，必須依靠一大批高質量的人力資源。

　　不僅如此，一個組織中有著大量具備現代素質的人力資源，必然會使組織本身趨向於現代化。實際上，不少現代人力資源開發與管理措施，本身就是塑造現代組織的主要手段，例如員工靈活化、培訓、員工持股計劃、期權期股制度等等。

　　現代管理學認為，員工是組織的主體，是組織的主人，是組織的內部顧客，即成為組織的「上帝」，組織的目標與員工的利益和目標是一致的。因此，搞人力資源開發與管理也就是在搞好組織建設，是在塑造新型的、有強大競爭力和生命力的現代組織的關鍵，是企業「基業長青」的根本因素。

【主要概念】

人力資源人力資源總量人力資源結構職業分類 PEST 分析法人力資源運動

【討論與思考題】

1、分析人力資源的概念與運動環節。

2、分析人力資源的特點，並將其與物質資源和一般生物性資源進行對比。

3、應當從哪些方面分析人力資源的結構？

4、人力資源開發與管理活動主要有哪些方面？影響其開發利用與管理的環境都包括哪些？

5、如果你作為一名公司經理或醫院院長，你如何管理本單位的員工？如果你是人力資源經理或人事處長，你如何管理本單位各部門的員工？

6、搞好人力資源開發與管理對經濟社會發展有什麼作用？

第二章

人力資源開發管理的經濟學基礎

【本章學習目標】

掌握人力資源的數量界定和影響因素

掌握人力資源質量的內容和影響因素

理解人力資源投資概念與人力投資專案劃分

瞭解人力投資各項目的內容與收益

掌握人力投資決策分析

理解人力資源供給與需求原理

掌握人力資源供求關係的三類型

第一節　人力資源數量和質量

一、人力資源數量

（一）人力資源的數量界定

　　人力資源數量，指的是構成勞動力人口的那部分人口的數量，其單位是「個」或者「人」。勞動力人口，即具有勞動能力的人口。

　　通常可以對人口進行「勞動年齡」的劃分，在勞動年齡上、下限之間的人口稱為「勞動適齡人口」或者「勞動年齡人口」。勞動力人口的數量與勞動適齡人口的數量大體一致。我國現行的勞動年齡規定為：男子 16～60 歲，女子 16～55 歲。

　　在勞動適齡人口內部，還存在著一些喪失勞動能力的病殘人口，計算時應當扣除。在勞動適齡人口之外，存在著一批具有勞動能力、正在從事社會勞動的人口，計算時應當補充。在計量人力資源數量時，要對上述兩種情況加以修正。因此，人力資源的數量即一個國家或地區的範圍內，勞動適齡人口總量減去其中喪失勞動能力的人口，加上勞動適齡人口之外具有勞動能力的人口。

（二）影響人力資源數量的因素

1、人口總量及其再生產狀況

　　由於勞動力人口是人口總體中的一部分，人力資源數量及其變動，首先取決於一國人口總量及其透過人口的再生產形成的人口變動。各國的人口總量就決定了其人力資源數量的基本格局。

　　從動態大角度看，人口總量的變化體現為自然增長率的變化，而自然增長率又取決於出生率和死亡率。在現代社會，人口死亡率變動不大，處

於穩定的低水平狀態，人口總量和勞動力人口數量的變動，主要取決於人口基數和人口出生率水平。

2、人口的年齡構成

人口的年齡構成是影響人力資源數量的一個重要因素．在人口總量一定的條件下，人口的年齡構成直接決定了人力資源的數量，即：人力資源數量＝人口總量×勞動年齡人口比例。

人口年齡構成的變化，一般都會影響到人力資源的數量，這也表現為人口金字塔的變形。調節人口年齡的構成，需要對人口出生率和自然增長率進行相當長時間的調節。

3、人口遷移

所謂人口遷移，即人口的地區間流動。人口遷移由多種原因造成。在一般情況下，主要因素在經濟方面，即人口由生活水平低的地區向生活水平高的地區遷移，由收入水平低的地區向收入水平高的地區遷移，由物質資源缺乏的地區向物質資源豐富的地區遷移，由發展前景小的地區向發展前景大的地區遷移。

就一般情況而言，人口遷移的主要部分是勞動力人口的遷移，這會造成局部地區人力資源數量的增減和人力資源總體分佈的改變。特別是出於經濟原因的人口遷移（例如移民墾荒），可能絕大部分都是勞動力人口，對人力資源的數量影響巨大。

二、人力資源質量

（一）人力資源質量及其意義

人力資源質量，即人力資源的質的規定性，這是區別不同的人力資源個體和總體的最關鍵方面。

人力資源的質量，即體現在勞動要素個體及群體身上的創造社會價值的能力。它的最直觀表現，是人力資源或勞動要素的體質水平、文化水平、專業技術水平以及心理素質的高低（如人們常說的「情商」）、道德情操水

平等等。此外，人力資源的質量還可以採用每萬人口中接受高等教育的人數、小學普及率、中學普及率、專業人員占全體勞動者比重等經濟社會統計常用指標來表示。

與人力資源的數量相比，其質量方面更為重要。人力資源的數量能反映出可以推動物質資源的人的規模，人力資源的質量則反映可以推動哪種類型、哪種複雜程度和多大數量的物質資源。一般來說，複雜勞動只能由高質量人力資源來從事，簡單勞動則可以由低質量人力資源從事。經濟越發展，技術越現代化，對於人力資源的質量要求就越高，現代化的生產體系要求人力資源具有極高的質量水平。

從人力資源內部替代性的角度，也可以看出其質量的重要性。一般來說，人力資源質量對數量的替代性較強，而數量對質量的替代作用較差，甚至不能替代。例如，一個高等級技術工人可以完成幾個低等級工人的工作量，而許多低等級技術工人共同工作，也無法完成高等級的複雜操作。

（二）人力資源質量的內容

1、人力資源能力質量

人力資源能力質量，即作為推動物質資源、從事社會勞動的能力水平高低。它體現在知識（一般知識與專業職業知識）、工作技能、創造能力、對崗位的適應能力、流動能力、從事組織管理工作的能力等水平上。知識與技能水平是人力資源能力質量中最主要、最為人們所關心的方面。

人力資源的知識水平，一般採用人力資源受教育程度以及全社會人口受教育程度指標來表示。通常以文盲、小學、初中、高中、大學以上各個層次的人力資源比例或人口比例來計算。

人力資源的技能水平，一般以人們接受專業教育、職業教育程度來反映，或者以人力資源隊伍中的工人技術等級及比例、專業技術人員職稱及比例來反映。

2、人力資源精神質量

人力資源的精神質量，亦即思想素質、心理狀態，它是人力資源質量總體中極為重要、又常常被人們忽視和遺漏的方面。實際上，人力資源的

精神質量是其素質總體中的靈魂，如同一種「軟體」，其能力質量則相當於「硬體」。其原因在於它是人的工作態度和動機，成為人們從事社會勞動的動力系統。人力資源的精神質量包含思想、心理品質以至道德因素，因而成為影響人力資源群體關係、影響組織的凝聚力、影響微觀和宏觀經濟效益的重要因素。

（三）影響人力資源質量的因素

人力資源的質量，主要受以下幾個方面的影響：

1、遺傳、其他先天和自然生長因素

遺傳因素、其他先天因素和自然生長因素，是造就人力資源質量的物質基礎。

2、營養因素

營養是人體正常發育的重要條件。營養也是人體正常活動的重要條件。人們進行體力勞動和腦力勞動，必然消耗各種養分，需要從外界攝取補充，以維持人力資源的原有質量水平。

3、教育培訓因素

教育是人類傳授知識、經驗的一種社會活動，是一部分人對另一部分人進行多方面影響的過程，這是賦予人力資源一定質量的最重要、最直接的手段。透過學習，受教育者可以獲得從事社會勞動所必需的知識，形成一定的技能，使體質、智力水平有所提高，從而促進人力資源形成和質量提高。

教育是極為重要的社會活動，它對人力資源素質有著決定性的影響。經過科學實證研究並取得共識的觀點是：先天遺傳與後天教育對人的素質都有重要影響，二者相比，後天教育因素比先天因素更重要、影響更大。

4、人力投資的成本與收益比例

人們為了能走上高質量的工作崗位，要付出一定的學習費用，這就是人力投資。同樣，他們也會放棄馬上可得到的一定收入和工作機會，因為

這是低收入，而他們有著更高的預期收入。這些直接成本和「機會成本」將要在以後高質量勞動崗位上的高工資中收回，並且取得投資的「利潤」——更高的工資。當預期的收益率大時，人們就樂於花費金錢、花費時間接受教育，以提高個人素質，增強自身在勞動市場上的競爭力。

5、經濟與社會發展狀況

一般來說，在經濟發達國家，人們的文化素質高、體質健康、觀念開放，人力資源供給的質量較好；在經濟落後和貧困的國家，人們的文化水平低、體質較差、觀念封閉，人力資源供給的質量較差。

實行市場經濟的國家，競爭的利益與壓力使人們致力於提高素質，並迅速捕捉市場需求信號而自動形成供給。在這些國家，高質量的人力資源能得到高收入，知識不僅是力量，而且往往也是財富。

6、人的主觀能動性

人的主觀能動性是一種精神素質，它會從多方面對人力資源質量產生影響。這是因為，作為人力資源的人為提高自身體質、智力水平而付出的努力，一般都會產生一定效果。透過自我努力，人們能夠鍛鍊身體，提高身體素質，積極學習，提高智力水平，掌握多種知識技能，從而使人力資源質量得以提高。

三、人力資源總量

人力資源作為一個經濟範疇，具有量的規定性和質的規定性，即包含數量和質量兩個方面的內容。人力資源作為某個人口總體所具有的勞動能力的總和，其總量也就是數量、質量二者的乘積。即：

人力資源總量＝勞動力人口數量×質量

人力資源總量，是一個極其重要的範疇。對於一般經濟活動來說，都需要一定的數量和質量的人力資源來從事。人力資源的數量可以滿足經濟活動的數量要求，而具有特定質量水平的供給則可以完成一定難度的經濟

活動。高質量的人力資源對經濟活動更為重要。具體來說，人力資源數量與質量有著以下關係：其一，「複雜勞動等於倍加的簡單勞動」，即高質量的人力資源可以創造出大大多於同等人數低質量者的財富；其二，高質量的人力資源具有較高的操作能力，能夠完成許多同等人數低質量者的低水準工作，對低質量者替代性強；其三，低質量的人力資源操作技能差，不能完成高質量者的工作，對高質量者根本沒有替代性。

　　需要注意的是，要獲得高質量的人力資源，就要付出較大的生產成本；而且高質量人力資源又具有稀缺性，如果這種資源的供給不被需求所吸收，就會對個人與社會造成巨大浪費。

第二節　人力資源投資

一、人力資源投資基本範疇

（一）人力資源與人力資本

1、人力資源成為投資對象

　　人力資源作為一種客體，也是經濟投資的對象。對於人力資源投資（簡稱為「人力投資」），是一條重要的經濟原則，它歷來為經濟學家所重視。

　　古典經濟學家亞當‧斯密在《國富論》一書中就曾指出，應當把人所獲得的有用的能力列入固定資本的範圍。其後，馬歇爾也把教育看作「國民投資」，認為它是社會財富的主要源泉。馬克思對於勞動力生產、人口、教育、醫療衛生等進行了多方面的分析，指出勞動力自身也是生產的對象，勞動力的生產是以生活資料為前提、在對生活資料的消費中實現，教育使得勞動力質量提高、「改變形態」和「具有專門性」，醫療衛生保證人們的健康，其費用等於勞動力的「修理費」，等等。這些奠定了科學的人力投資理論的基礎。

　　20 世紀以來，人類對於人力投資的認識逐步深化。1924 年，前蘇聯經濟學家斯特魯米林發表了《國民教育的經濟價值》一文，是人力資本研究

的首項成果。1935 年美國學者沃爾什發表了《人力的資本觀》，提出了人力資本的概念。60 年代，美國經濟學家、諾貝爾經濟學獎獲得者西奧多‧舒爾茨和加裏‧貝克爾等人多方面研究了人力資本問題，建立了人力資本範疇，形成了人力資本理論。

2、人力資本概念

人力資本是現代經濟學的一個重要概念，國內外不同的學者對此有不同的理解。舒爾茨認為，人力資本是相對於物質資本或非人力資本而言的，是指體現在人身上的可以被用來提供未來收入的一種資本，是指個人具備的才幹、知識、技能和資歷，是人類自身在經濟活動中獲得收益並不斷增值的能力。貝克爾則進一步把人力資本與時間因素聯繫起來，認為人力資本不僅意味著才幹、知識和技能，而且還意味著時間、健康和壽命。可見，所謂人力資本，就是指凝結在勞動者身上的知識、技能和體力等存量的總和，這種資本只能透過教育、培訓、保健、交流以及實踐的總和等途徑來獲得，是能夠使價值增值的特殊資本。

（二）人力資源投資的特點

1、影響人力資源投資的因素眾多

投資不僅要受社會、經濟、文化、家庭的影響，而且更重要的是取決於個人先天的智商、偏好、行為與性格特徵等多方面的因素。

2、人力資源投資具有多元性

人力資本投資取向受諸如社會經濟體制、個人及家庭收入、企業管理方式等多種因素的影響。人力資本投資者包括個人，企業和政府等，是多元的。

3、人力資源投資者與投資對象交織

人力資本載體自己是天然的投資者，又是被投資的對象，所以，投資者與投資對象集中於承載者一身，這一點與物質資本投資有著顯著的區別。

4、人力資源投資含有時間投入形態

人力資本是一種時間密集型的資本，所以時間也就自然成為人力資本投資的投入資源。

5、人力資源投資具有相繼性

由於人力資本投資需要花費的時間較長，所以呈現出明顯的階段上的相繼性，即後期投資必須以先前的投資為基礎或前提條件。

二、人力資源投資專案與收益

美國經濟學家舒爾茨認為，對人力資源的投資，包括6個方面：（1）保健措施；（2）在職訓練；（3）正規的初等、中等和高教教育；（4）在企業之外的成年人教育專案；（5）個人及家屬為適應就業機會的變動而進行的遷移；（6）人口再生產（它構成人力資源的代際再生產）。按照舒爾茨的理論，可以把人力投資歸結為「保健、教育（包括訓練）、流動、人口」四大方面。舒爾茨還指出，對於人的消費支出，有的屬於投資性支出，有的是純消費支出（二者區分較為困難），但大部分支出是兩種性質兼而有之。一般來說，對人力投資的增加也帶來了人們收入的增加。

（一）人口生產投資

1、人口生產投資的內容

人口生產投資，即人們的「生活開支」部分。具體來說，是指人的各項生活開支總和減去其中教育培訓、衛生保健開支的部分。這是因為，教育培訓支出和衛生保健支出，歸屬於人力投資中的另外專案，要進行單獨的計算。

2、人口生產投資的收益

人口生產的經濟效益，一方面是對全部人口的生活投入，另一方面是部分人口的生產產出。但是，由於某個時期的人口生活費用投入，並不導致即時勞動人口的生產產出，由此，同一時期的投入與產出之比，不能準

確反映真實效益，某個時期的投入及以後相應的產出之比的方法，在計算上也存在困難，因此應該從一般意義出發，衡量理論上的「可能生產量」或「預期生產量」。人口生產的經濟效益可以體現為下述理論公式：

$$人口生產經濟效益 = \frac{人口預期生產量}{人口生產費用}$$

（二）教育投資

1、教育投資的內容

教育的對象是人，教育的基本功能是培養社會勞動者，透過教育費用的支出，使人的勞動能力形成和提高，創造出較多的社會財富從而取得經濟效益。這樣，教育就具有了「生產」的性質，其費用就成為一種投資。

教育投資主要有以下來源：國家用於教育的財政支出；國家和地方財政分配給各產業、行政部門經費中用於教育的開支；企業、事業單位自行支付的教育、培訓費用；個人和社會團體辦學投資及對教育部門的資助；個人接受教育花費的學習費用；等等。諾貝爾經濟學獎獲得者、美國經濟學家舒爾茨指出，一個人為接受較高教育而犧牲可能獲得的收入，這種「放棄收入」，是一種「機會成本」，它也構成教育費用的內容。

2、教育投資效益公式

教育投資效益的理論公式為：

$$教育投資效益 = \frac{教育投資帶來的產出量}{教育投資}$$

教育投資包括各種教育費用的總和，有時也可以用一個社會人口平均受教育年限來反映。教育投資帶來的產出量，可以將其他因素固定後看增加教育費用後的產出增加量或者不同教育投資的產出量差額。

教育投資中不同專案的效益具有差異性，例如普通教育投資收益較遲，而在職培訓收益較快；中小學教育投資對象廣泛但資金集約度較低，大學教育投資對象數量較小，而資金集約度高，等等。要取得教育投資的

較大收益，需要根據各等級人力資源供求的具體情況和資金量，予以恰當的分配，形成合理的投資結構。

用人單位的培訓費用，尤其是在職培訓費用，是一種投資巨大、回報很多的人力投資。

（三）人力保健投資

1、人力保健投資的內容

人力保健，即對人力資源採取各種措施，以保持其健康水平。人力保健投資，包括醫療衛生費用和勞動者勞動衛生、安全保護費用兩部分。這部分費用維持和恢復了人力資源的勞動能力，是一種具有「修理」或「養護」性的費用，可以認為它是對人力資源在使用過程時的附加投資。

2、人力保健投資的效益

人力保健投資效益的理論公式為：

$$人力保健投資效益＝\frac{衛生保健和勞動保護取得的收益量}{衛生保健和勞動保護費用}$$

這一公式可以從衛生保健投資和勞動保護投資兩個方面分別計算。

（四）人力流動投資

1、人力流動投資的內容

對於人力流動，有關專家主要關注的是不同地域間的流動部分，即人力遷移。因為在某一地域內部，人力資源從某一崗位移動到另一崗位，一般不涉及人力投資問題，而在不同地域流動，則需要支付用於遷移的安家費等費用。

人力流動對於流出地域來說，可能造成一定的經濟損失，也可能由於提高其勞動效率並減少工資支付而取得收益；對於流入地域來說，能夠得到本地區缺少的人力資源，使自己的經濟活動得到保證，創造社會財富，

取得經濟效益。特別是高質量的人才資源，可以使其不花費以往投入的大量人力資源生產費用（人口生產與教育費用）。二者相抵，流入地域的效益會大於流出地域的損失，即一般來說對總體經濟效益有利。

2、人力流動投資的收益

人力流動投資效益的理論公式為：

$$人力流動投資效益 = \frac{人力流入地域新增效益 - 人力流出地域損失的效益}{人力流動費用}$$

或者為：

$$人力流動投資效益 = \frac{人力流入地域新增效益 + 人力流出地域取得的效益}{人力流動費用}$$

人力流動投資所得的效益，可以看作是人力資源與總體經濟資源配置狀態改善的收益，其支付費用是較小的，而取得的收益可能非常大。

（五）人力資源投資收益

人力投資的效益問題比較複雜，這裏從總體的角度，分析其特點：

1、收益者與投資主體的非一致性

對於人力投資，可以由社會、企業或個人三者中的某一方分別承擔，也可以是兩方或三方共同投入，而收益一般來說三方都能獲得。例如國家義務中小學教育所支付的費用是屬於社會方面，但人們接受教育後，獲得較高的能力，不僅取得社會收益（促進國民總產值、國民收入的提高），也使企業利潤、個人收入增加，社會並由此取得較多的稅收，即一方面投資三方收益。這個特點也可以稱為收益的廣泛性。

2、收益取得的遲效性與長期性

對人力投資的主要部分——人口生產費用和教育費用，一般要在相當長時間以後才發生作用，得到收益。對人口最初投資的收益，則要花費長達

20 年左右的時間。這就是人力投資收益的遲效性。但是，對於人力的投資，可以發揮相當長的經濟功用，在較長時間內維持其收效。

3、不同內容投資的收益差異性

對於人力投資的不同方面——人口「生產」與「再生產」、正規教育、在職訓練、成人其他教育、衛生保健、勞動保護、人力流動等不同專案，同量投資取得的效益量會有較大差異，同期投資取得收益的時間早晚和延續期限也會有較大差異。

4、投資收益的多量性

與對物力投資相比，人力投資的收益具有較大性或多量性。很多宏觀、微觀的統計資料都能說明這一點。因此，對人力的投資被認為是最為合算的投資。

5、投資收益的廣泛性

對人力資源投資，如舒爾茨分析，直接帶來人們生活水平的提高，可以說是直接取得社會效益。此外，用於教育、衛生保健、勞動保護、人力流動等方面的投資，還可以提高人的教育水平，從而提高人的社會地位，有利於社會平等、改善勞動者的工作環境、減少疾病對人的危害、增加勞動者自主性等，在多方面有利於人的發展和人類社會的進步，具有多方面的效益。這就是說，對於人力資源的投資，不僅可以取得經濟效益，而且有著多方面的非經濟收益。

三、人力資源投資決策

在進行人力資源投資時，如果投資對象選擇不當，將難以取得預期的投資經濟效益。因此，在進行人力資源投資決策時，必須對投資對象進行科學的選擇。

（一）普通教育投資的分析

人們在接受各級中、小學教育及大學教育等方面的支出稱為普通教育投資。其中小學、初中階段，理論上不需要考慮機會成本，而以直接成本為主，即只考慮接受教育期間發生的學雜費等費用支出。而中、高等教育的投資成本與初等教育不同的是，既包括直接成本也包括間接成本。間接成本是一種機會成本，是指因繼續上學而可能放棄的工資收入。此時，教育投資的成本可以表述為：$Cc=Ca+Cb$（式中：cc──教育投資的總成本；ca──直接成本；cb──機會成本）。

而接受教育後預期新增加的經濟收益可以表述為：$Sc=Sb-Sa$（式中：sc──由於接受更高等級的教育，就業後每年可以增加的收益；Sa──放棄更高等級的教育而選擇就業後每年的收益；Sb──接受更高等級的教育後每年的收益）。

在進行成本和收益的比較時，需要將其貼現到當期。以 18 歲高中畢業後繼續接受高等教育至 22 歲畢業，此後就業並工作至 60 歲退休為例，教育投資的成本現值為：

$$PVC = \sum_{i=18}^{21} \frac{C_{ci}}{(1+r)^{a-18}}$$

工作後全部增加的收益的現值為

$$PVB = \sum_{i=18}^{22} \frac{S_{ci}}{(1+r)^{a-22}}$$

（式中：PVc──成本現值；PVB──收益現值；r──貼現率；i──年齡）。

從純經濟的角度來分析，只有當 $PVC > PVB$ 時，人們才會選擇繼續接受更高等級的教育。但是，由於非經濟因素的影響，包括個人的性格、愛好等因素均會使人們對這種收入的增加值具有不同的價值判斷，這會影響到人們對增加的經濟收益的偏好。

（二）在職培訓投資分析

這裏所說的在職培訓是指企業為提高員工技能、勞動熟練程度等人力資本存量，為提高企業勞動生產率而對員工所進行的培訓，培訓的主體為企業。在這種情況下，企業將考慮培訓投資成本與投資收益的關係，並依此進行培訓投資決策。

企業的培訓投資成本同樣也包括直接成本和機會成本兩部分。直接成本一般為培訓員工所需要的費用投入，而機會成本則包括員工參與培訓期間對工作所造成的負面影響，如產量下降所造成的損失等。培訓投資成本可以表述為：$C'C=C'a+C'b$（式中：$c'c$——培訓投資的總成本；$c'a$——直接成本；$c'b$——機會成本）。

企業在職培訓的經濟收益則主要表現為經過培訓的員工所可能帶來的勞動效率的提高，可以表述為：$VMPb-VMPa$，其中：$VMPa$——培訓前的邊際產品價值；$VMPb$——培訓後的邊際產品價值

從純經濟的角度來看，企業將對培訓前後邊際產品價值的差值與培訓成本在貼現後進行比較，而只有

在：
$$\sum_{j=1}^{n} \frac{(VMP_{bj} - VMP_{aj})}{(1+r')^{j}} > \sum_{j=0}^{m-1} \frac{C'_{j}}{(1+r')^{j}}$$

（式中 n——預期工作年限；m——培訓年限；r'——其他最佳投資選擇的收益率）的情況下，企業才會選擇進行在職培訓投資。以上 r' 值定為其他最佳投資選擇的收益率的原因在於，企業既可以投資於人力資本，也可以投資於其他物質設備，所以必然要在這之間進行權衡，並選擇投資回報率較大者。當預期邊際產品價值與成本相當時的 r' 值為在職培訓的收益率。

（三）醫療保健投資分析

醫療保健投資從其功能上可以分為醫療投資和保健投資。醫療投資是指為維持和延長生命所進行的投資，在一定程度上具有「強制性」，如對疾病的治療是為了減輕病痛恢復健康。這種投資往往具有不可選擇的特點。

　　而保健投資則具有較大的靈活性，並且同樣包括經濟收益和非經濟收益兩個方面的內容。醫療保健投資使人們體魄強健、精力旺盛，壽命和勞動參與年限也相應延長，從而促進了人力資本的形成和積累。

（四）就業遷移決策分析

　　影響勞動者就業遷移的決策因素大體上可以分為內因和外因兩部分。內因主要包括年齡、性格和教育程度等。一般而言，年輕人的流動性大，而年齡較大的人，流動性較弱。從性格方面來看，冒險精神、開拓精神較強的人更傾向於透過就業遷移來尋求新的發展機遇。教育程度也在很大程度上影響就業遷移的決策，高素質的勞動者，流動性相對較強，作為一種稀缺資源，客觀上更容易找到新的發展機會，所以，更易做出就業遷移的決策。

　　從外因來看，影響就業遷移決策的因素主要包括收入水平、職業評價、工作環境等。其中，預期收益則是影響就業遷移決策的重要經濟因素。一般而言，遷移後的經濟收益高於遷移前的經濟收益而且其差額高於遷移費用時，才可能做出遷移的決策。

第三節　人力資源供求

一、人力資源供給

　　人力資源供給，是指就經濟運動而言，已經開發的、馬上可以投入經濟活動的人力資源，是一個國家或地區社會勞動者與正在謀求職業者所具備的勞動能力的總和。它又分為宏觀供給和微觀供給。

（一）人力資源微觀供給

　　從個人的角度看，人力資源供給是以自己「勤勞」的付出或「閒暇」的犧牲為代價的。對於這種付出或犧牲，人們要以工資收入作為報償。這就是說，個體人力資源供給取決於工資，工資是「勞動」要素的報酬，人

力資源供給數量與社會工資水平之間存在著一定的相關關係。在這裏，人力資源供給不僅僅是全社會勞動力的人數（就業者＋失業者），還包括人們從事勞動的時間因素。

圖示如下（見圖 2-1）：

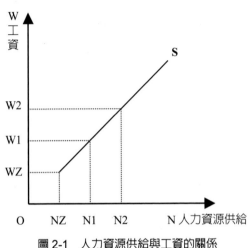

圖 2-1　人力資源供給與工資的關係

當工資水平處於 W1 時，社會上相應就有人力資源供給 N1；工資水平提高，W1 上升，N1 則右移，即增加供給量；工資水平降低，W1 下降，N1 則左移，即減少人力資源供給量。當 W1 下降到 WZ 極點時，即工資僅僅處於人們維持基本生活的低水平時，人力資源供給就處於一個很低的維持量 NZ。

（二）人力資源宏觀供給

從宏觀的角度著眼，全面研究人力資源供給，更為重要。宏觀人力資源供給的基本數量特徵，與微觀人力資源供給的特徵完全對應，即「人力資源供給與工資的對應關係」：工資水平越高，人力資源供給也越多；工資水平越低，人力資源供給也越少。

進一步來說，全社會人力資源的素質總體狀況及其結構，加之其自由選擇的總體結果，構成了宏觀人力資源供給的數量和方向。

（三）影響人力資源供給的因素

從現實的人力資源角度看，影響人力資源供給的因素主要有以下幾點：

1、工資水平

在市場經濟體制下，人力資源有著充分的自我選擇性和流動性，這比較清晰地表露在「經濟活動人口」的擇業行為上。社會學與管理學的大量研究表明，在人們的各項擇業意願中，工資收入一般都是居於首位的。

2、勞動參與率

所謂勞動參與率，是指參與勞動活動的「經濟活動人口」與總人口的比例，也稱勞動力參與率。勞動參與率的公式為：

$$勞動參與率 = \frac{經濟活動人口}{人口總量} \times 100\%$$

$$= \frac{就業人口 + 失業人口}{人口總量} \times 100\%$$

一個社會的經濟活動人口數量和勞動參與數量，取決於該社會人口的數量和勞動年齡人口願意就業的程度。而人們的就業願望程度又取決於教育的發展、經濟水平的高低和社會習俗等諸多因素。

3、勞動時間

人力資源供給總量，是人力資源供給人數與勞動時間的乘積。例如，100個人全日工作的供給量與200人的半日工作供給量是相同的。

從宏觀的角度看，經濟越發展，人們越重視閒暇，勞動時間就有所減少。工作時間的縮短，是社會進步的反映。19世紀至20世紀，世界勞工在為實現每天8小時工作制而鬥爭。當今世界發達國家普遍實行周40小時以下的工作制，許多國家還對公務員及勞工實行年休假制度，這實際上減少了人力資源的供給數量。

4、人力資源流動

一個社會就業人員內部的流動，會改變人力資源與物質資源的結合狀態，從而導致人力資源使用結構的改變，這對人力資源的供給方向會產生一定影響。當就業結構發生重大變化時，還可能對人力資源的供給數量產生影響，例如農業勞動生產率大幅度提高，從事農業生產的人力資源數量減少後，其多餘部分就轉向城市，轉向工業、服務業等非農產業，這實際上等於增加了其供給的總量。

二、人力資源需求

（一）人力資源需求的根源

所謂人力資源需求，即一定範圍的用人主體對於人力資源所提出的需求。從理論上講，人力資源需求是一種派生需求，也稱為「引致需求」，它是由人的消費所引起、所派生出來的。當社會存在著購買力，即有了一定的真實的、具體的、有效的消費要求，才會有社會生產；有了生產的組織活動，才有對人力資源的需求（即進行雇用）。由此我們可以看出，人力資源需求根源於社會消費，消費才是用人單位使用人力資源的根本原因。

（二）微觀人力資源需求

1、工資水平對人力資源需求的影響

這裏我們以企業為代表，進行基本分析。假定物質要素不變，人力資源需求的數量就是由用人單位購買這一要素的成本——工資水平變動所決定。見圖 2-2。在通常情況下，工資水平越高，企業所需要的人力資源數量就越少，即 W1 時，人力資源的需求量為 N2；工資水平越低，企業所需要的人力資源數量就越多，即當 W1 移到 W2 時，人力資源的需求量就從 N1 擴大到 N2。

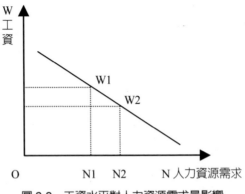

圖 2-2　工資水平對人力資源需求量影響

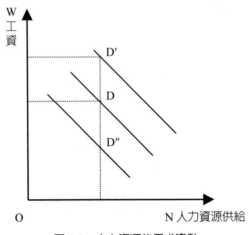

圖 2-3　人力資源的需求變動

（三）宏觀人力資源需求

　　從全社會的角度看，人力資源的總需求不是由社會上所有企業的人力
資源需求簡單地加總而成；邊際生產率理論雖然是各用人單位人力資源需
求的科學反映，但它不能說明社會勞動總需求。從宏觀角度看，一個社會
的經濟發展水平，決定了其居民總體消費水平，決定了經濟總需求水平，

這從根本上決定了所引致的人力資源總需求數量，也與人力資源需求的質量有關。工業化、自動化、資訊化程度高的發達國家，主要需要具有較高文化科技素質，受教育時間長的「白領工人」，需要大批具有較強技術創新能力和經營管理能力的科技專家與管理人員。

三、人力資源供求關係

（一）供過於求類型

人力資源供過於求類型，即人力資源的供給數量大於社會對它的需求數量。這種類型表現為一個社會的就業不足，存在著相當數量的失業人員或求業人員，此外還有「在職失業」、「停滯性失業」、「潛在失業」等形態。這是對社會人力資源的閒置浪費。

造成人力資源供過於求的原因，可能是由於資本缺乏、物質資源供給不足，可能是由於人口和人力資源數量過多、增加過快，可能是由於生產下降，或者是由於技術進步、資本集約而排斥已經吸納了的人力資源。

（二）供不應求類型

人力資源供不應求類型，即人力資源供給的數量小於社會對它的需求數量。這種類型表現為一個國家或地區缺乏勞動力，結果是影響其正常的經濟活動，使經濟增長受到一定限制。人力資源的供不應求，通常產生於生產持續發展、經濟持續增長的情況下。當生產大幅度發展，而人口、人力資源增加速度卻比較慢時，就可能出現人力資源供不應求的現象。

當某個地區、部門或用人單位感到人力資源供給趨緊時，即人力資源供給趕不上對人力資源的需求增量時，應該分析這種擴大的人力資源需求是否能透過各單位勞動效率提高，或者透過「物」對「人」的替代，即提高資本——勞動的比例和採取自動化技術來滿足。

（三）供求均衡類型

人力資源供求均衡類型，即人力資源供給與社會對人力資源需求達到基本一致的狀態。這種平衡應當包括數量、質量、職業類別等方面的內容。人力資源供求平衡，除了宏觀上的平衡，還要在結構上和微觀上達到平衡。

一個社會人力資源的供求關係，也表現為這個社會人力資源與物質資源兩種資源供給的數量、質量、種類等方面的關係。這樣，人力資源供求平衡與否，就表現為「人」的供給與「物」的供給是否平衡。

現實生活中的目標，是達到人力資源供求的基本平衡。人力資源供求基本平衡的標誌是：要求就業的人絕大部分都能夠得到就業崗位，不存在長期的大量求業人口；同時，不存在長期大量缺乏人力的部門、行業。少量人力資源處於短期失業狀態，是經濟正常運行條件下不可避免的，這種現象的存在不能認為是對供求平衡狀態的打破，而是供求實現結合過程所要付出的代價。

【主要概念】

人力資源數量人口遷移人力資源質量人力資源素質機會成本人力資源總量人力投資人力資本人力投資專案教育投資放棄收入人力資源供給人力資源需求人力資源供過於求人力資源供求均衡

【討論與思考題】

1、影響人力資源數量及質量的因素有哪些？
2、試說明人力資源質量的內容及其意義？
3、影響人力資源質量的因素有哪些？
4、什麼是人力資源需求？什麼是人力資源供給？
5、人力資源投資有哪些專案？其收益有哪些特點？

第三章

人力資源開發管理的社會學基礎

【本章學習目標】

掌握人力資源權利的內容

瞭解國際勞工組織對勞動者權利的保護內容

瞭解人力資源與組織的關係

理解人力資源與組織互動的內容

理解人力資源與市場經濟各主體的關係

瞭解政府的人力資源職責

第一節　人力資源的權利

一、人力資源權利的內容

（一）人力資源的基本權利

在市場經濟條件下，作為社會勞動者的人力資源應當具有以下方面的基本權利：

(1) 自由就業、擇業權。用人單位在選擇雇員時，應以平等的地位簽署勞動合同。用人單位不得向勞動者收取入職押金，不得強制求業者接受用人單位的條件。

(2) 得到適當的勞動條件權。用人單位應當為勞動者提供必要的勞動安全衛生條件，不得任意延長工時、強迫勞動者加班加點。

(3) 合理工資權。勞動者有要求按勞付酬的權利。雇用單位不得違反契約克扣工資和拖延工資，必須執行各地政府規定的最低工資。

(4) 享受社會保險權。用人單位必須參加社會保險，為本單位的勞動者投保。

(5) 組織與參加工會權。在企業中應當建立工會組織，雇主不得反對和限制勞動者參加工會。

(6) 其他權利。如員工的知情權、參與民主管理權、提請勞動爭議仲裁與法律解決的權利等。

（二）人力資源權益保障的主要內容

從現實的角度看，對於作為社會勞動者的人力資源權益進行保障的主要內容有：

1、獲得職業——權益保障的基礎

就業、獲取工作崗位是勞動關係形成的第一步，是勞動者權益實現的基本和基礎內容。沒有就業的實現，勞動關係和勞權便無從談起。由此，人的就業權也就是在雇用單位不被非法解雇的權利，是用人單位必須重視和遵守的。

2、勞動報酬——權益保障的核心

勞權保障的核心是勞動報酬，勞動報酬是構成勞動關係的物質基礎和物質聯繫。勞動者就業的直接目的是要獲得勞動報酬，組織使用勞動力的交換條件是付給勞動者勞動報酬。實際上，企業具有人力資源權利的意識，採取激勵的方式對待員工，往往能夠取得很大的經濟效益。

3、社會保險——權益保障的重點

社會保險是保障勞動者在不能正常工作的情況下的基本社會權益的一種社會經濟制度。社會保險制度是現代社會的社會保障的核心內容。建立和實行有效的社會保險制度，是勞動者的社會權益有效地得到保障的重要措施，也是社會經濟和社會勞動關係能否健全和穩定發展的重要保證。對於用人單位來說，好的社會保險狀況也是凝聚員工、提高員工士氣和提高經濟效益的手段。

二、國際勞工組織的權利觀

國際勞工組織（ILO）是代表各國勞工普遍利益的聯合國專業性機構，其會員是由各國的勞動者（工會）、雇主與政府三方組成。該組織對勞動者的權利和地位給予了高度關注，在其章程和著名的《費城宣言》中，確認了一系列處理勞動關係和保護勞動者權利的原則，包括集體談判的原則、同工同酬的原則、結社自由的原則、反對種族歧視的原則等，並在其一系列公約和建議書中做出多方面保障勞動者權利地位的規定。

　　國際勞工組織的公約包括三個層次：第一層次是體現其根本宗旨的公約，第二層次是政府勞動行政工作的專業性公約，第三層次是對於特殊困難群體（如殘疾人和婦女）進行保護和幫助的公約。

　　國際勞工組織的公約在哪一個國家被批准通過，就等同于該國的勞動立法。

　　具體來說，國際勞工組織的公約及建議書中所提倡的勞動者權利包括：人的勞動權利；免除強迫勞動的權利；人的平等就業權利（指不受各種歧視的就業權利）；受到勞動安全衛生保護的權利；獲取公平報酬的權利；合理工時和享受休假的權利；接受培訓的權利；享受失業、養老、工傷、醫療等社會保險的權利；自由結社的權利；合法進行經濟鬥爭和罷工的權利；提起勞動糾紛訴訟的權利；女性勞動者與未成年勞動者受到專門保護的權利等等。

第二節　人力資源與組織

一、人力資源與雇用者基本關係

　　在市場經濟體制下，作為人力資源的勞動者與雇主之間，有著既對立又共存的關係。這種對立和共存的關係，決定了人力資源的實際地位和各方面的權益。

（一）人力資源與雇主的對立關係

　　作為人力資源的勞動者與雇用者（包括各種公立與私立、國內與外企、企業與用人單位）之間的對立關係，根源在於人力資源個體向雇用者讓渡自己的勞動，雇用者對人力資源發放與其勞動相應的報酬。實際上，「對立」既有平等性也有不平等性。

1、對立中的平等關係

雙方之間存在平等關係的原因是：在雙方的交換中，雙方各自進行經濟計算，趨「利」避「害」：雇用者想工資付得少而產量、利潤高，勞動者想工作幹得少而工資高，即雙方都想在這種交換中獲取更多的利益，作為雙方都接受的結果應當就是平等的；此外，勞動者與雇用者又都是在法律面前完全平等的兩個主體。

2、對立中的不平等關係

雙方之間存在不平等關係的原因，其一是勞動者和雇用者共居於同一個社會組織中的不同層次，科層制組織先天就有著上級領導和下屬服從的關係。其二是雇用者有著「趨利」的本性，為了節約人工成本和獲得更高的產出，有時會透過非人道的、以至非法的手段進行管理，這更加劇了雙方的對立，甚至會引起勞動爭議以致衝突、鬥爭。其三是由於勞動者與雇用者在市場上的稀缺程度不同，這種市場環境也影響到他們在組織中的地位。就一般情況而言，人力資源是過剩的而雇用者是稀缺的，因此求職者和已經就業的工作者就處於不利的地位。但也有人力資源具有非常高的技能、經驗因而稀缺的情況，這時他們就會處於有利的地位。

（二）人力資源與雇用者的共存關係

作為人力資源的勞動者與雇用者之間，又有著共存以及互利的關係。因為雙方是同時存在的：沒有勞動者，企業就不能進行生產，雇用者就不能獲得利潤；沒有雇用者，勞動者就不能獲得工作崗位，沒有工資收入。這樣，雙方必須統一，必須保證經濟活動的進行。缺少了勞動者或雇用者某一方的合作，不僅對方會受到損失，自己也無法取得收益。因此，這種經濟活動使雙方都得到利益，使他們成為從社會索取利益的利益共同體。

勞動者與雇用者雙方合作、致力於經濟發展，「共存」就可以帶來「共榮」的成效。在生產增長、效益提高的情況下，企業才能增加利潤，勞動者才能多得工資。國外學者對此給予過形象的比喻：當一個餡餅比過去做得大時，若按以前的比例切，每個參加分配的人都能比過去得到的多。

　　因此，關鍵是把「餡餅」做大。要想把「餡餅」做大，從根本上說是依靠雇員的勞動。正因為如此，雇用者也就開始自覺地為搞好勞動關係、提高勞動者的積極性而努力。

二、人力資源與組織的互動

　　人力資源作為一個活躍的經濟要素，是組織的整體與構成細胞之間的關係，而且與組織之間存在著一種互動的關係。一方面，組織對個人是有著一定的約束和導向的，個人要受到規章制度的約束和限制、受到管理者的指揮、由組織的目標導向。組織中的每一個員工也都會對組織的工作以至組織自身產生這樣那樣、或多或少的影響，其影響狀況取決於作為個體的人，也取決於組織管理。

　　如果每個人都把自己的能力發揮得很好，並且相互之間能夠配合得很默契，那麼整個組織就會有很好的成績，整體的效能還會遠遠超過個人能力簡單相加的總和，用公式表示，即「$1+1>2$」。反之，如果在一個很散亂的組織中，大家不懂得配合，經常內部發生矛盾，那麼整個組織的能力就得不到很好的發揮。這時，整體的效能反而會小於個人能力的簡單相加之和。用公式表示，即「$1+1<2$」。

（一）組織對人的約束與導向

1、組織約束的必然性

　　組織對與人力資源是有著一定的約束和導向的。個體的人力資源在特定的工作組織中，必然受到規章制度的約束和限制，必然受到組織中的管理者的指揮，必然受到組織目標的導向，也必然受到組織的氛圍和文化潛移默化的影響。正如在學校，學生雖然可以有自己的想法，但是學校的校規、班裏的班規卻是一定要遵守的。因此，人力資源個體在一定的組織中，應該做什麼、不能做什麼，是受制於組織的約束，其存在於組織中不是由自己的主觀意圖所決定的，而是由組織的客觀需要所決定。

2、組織約束的變化

在科技競爭、人才競爭的情況下，人力資源、人才資源的概念應運而生，新的用人理念迅速普及。諸多組織都認識到：要搞好自己的經營，要在競爭中取勝，就要充分開發和利用人力資源，就要搞好對於人力資源這一最寶貴財富的管理。在這種社會經濟關係發生著巨大變革的時代，組織之中的雇用關係也正在發生著根本的變革——由對立正在轉變為越來越多的合作。這使得雇主雇員身份混合化、模糊化，也使得組織的管理理念產生進一步的變化，開始把員工放在中心，把人力資源作為組織發展的立足點。因此，組織對人的約束越來越讓位於利益的導向、前途的吸引，從過去的分享制進一步發展到現在的員工持股計劃，這反映出現代組織對於員工更多的是「金手銬」式的軟性、誘導性約束，是員工和組織利益的一體化，而不是強制性的制度約束。

（二）人力資源對組織的影響

由於組織是由人構成的，組織和人力資源的關係是整體和個體的關係，因此，組織中的每一個人力資源個體也都會對整體產生這樣那樣、或多或少的影響。人力資源對於組織影響的大小、效果的正負、時效的長短，取決於作為個體人力資源的能力狀態、態度動機和能力發揮時的情境，取決於一個組織中人力資源的結構，還取決於一個組織的總體經營管理水平和對於人力資源的配置狀態，取決於各層次領導者對於每個人力資源個體的認識評價是否科學、準確、深入，使用是否科學、公正、合理。

無疑，組織中人力資源個體的優秀素質、在組織中的良好工作狀態以至良好的職業生涯境遇，會為組織贏得未來。組織為了贏得未來，就必須獲取優秀的人力資源和給人力資源個人以積極的發展空間。

（三）人力資源與組織的心理契約

人力資源個體與組織之間，存在著一定的心理契約。根據艾齊奧尼的分析，當組織運用自己的權力和手段對員工進行管理的時候，員工就會採

取相應的對策,從而形成了一定的關係,這構成艾齊奧尼矩陣。該矩陣說明,組織的管理是因,員工對組織的態度和行為是果。詳見下圖:

組織所採取的權力－因

員工對組織態度－果		強制型	實用型	規範型
	離心型	●	✕	✕
	計較型	✕	●	✕
	道德型	✕	✕	●

圖 3-1　艾齊奧尼矩陣

在該圖中,組織採取「管卡壓」等強制型手段時,得到的是員工的對立和離心離德。組織採取雙方自願的雇用合同,以獎酬換取員工工作,得到的是員工「一切按合同辦事,維持經濟性交換關係」的計較型態度。組織採取規範型管理,以崇高的宗旨、目標和價值觀吸引人自願加入,得到的則是員工「不計報酬,全心奉獻」的努力工作精神。上圖中的「✕」處,為員工不可能的反應,亦即不存在心理契約[11]。

因此,組織只有以良好、規範的辦法進行管理時,才能形成良好的組織文化,也才能夠建立良好的心理契約,真正得到員工的回報。

三、組織與人力資源的整合

(一)人力資源素質與組織凝聚力的關係

從組織的角度看,如果要達到預定目標,必須依靠組織成員的努力。而組織成員本身的素質和組織對成員的凝聚力,是決定組織目標能否順利

---

[11] 王一江、孔繁敏,《現代企業中的人力資源管理》,第 1-8 頁,上海:上海人民出版社,1998。

實現的兩大因素。「人力資源素質」與「組織凝聚力」這二維因素的組合，可以構成四種狀況。見下圖：

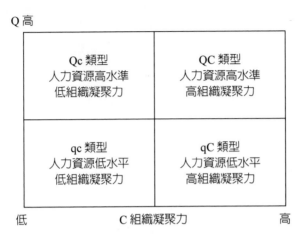

圖 3-2　人力資源素質與組織凝聚力

因此，根據組織的人力資源素質與組織凝聚力不同狀況，就應當採取相應的「提高人力資源素質」或「增強組織凝聚力」的不同措施，以達到組織的目標。

（二）人力資源結構、素質與組織凝聚力的關係

人力資源是個複雜的客體。組織除了要解決人力資源素質與組織凝聚力這兩個基本問題外，還要考慮到組織中的人力資源結構問題，還要看構成組織的「細胞」是否是組成「器官」和「系統」的最合適的「元件」，是否有益於組織的運行。詳見圖 3-3：

在一個組織招聘失誤、技術更新淘汰人力、經營目標調整和組織本身績效變革等情況下，組織的既有人力資源可能成為錯配的要素，需要在更大的環境——社會人力資源市場中「吐故納新」，或者在組織內部透過培訓等方式對人力資源加以改造。

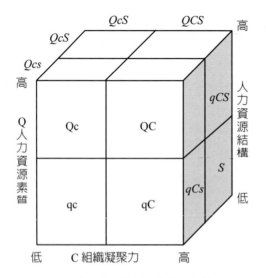

圖 3-3　人力資源結構、素質與組織凝聚力

（三）現代組織的人力資源理念

　　人，歷來是組織的重要構成要素，是組織管理工作的主要對象。從對人的管理發展歷史看，人從早期附屬於機械、類似於機械的對象，變為組織之中具有情感性的管理對象，而後變為社會經濟系統中的一種複雜因素，進而在當今人力資本時代又變為造就組織財富甚至造就組織本身的資源。「得人才者得天下」，由於人力資源、尤其是關鍵人才在組織中的特殊作用，人才爭奪戰日益激烈。

　　當前，在經濟活動全球化、科技進步高速化、資訊交流瞬息化、組織模式多元化、勞動形式多樣化的趨勢下，現代組織的人力資源理念已經開始把人放在中心，把人作為立足點。當今的組織已經普遍地把員工的利益以至員工的生涯發展，做為管理工作中必不可少的內容。

第三節　人力資源與社會

一、市場經濟主體

　　「市場經濟」的內涵，從經濟運作關係的角度看，是「國家調控市場、市場引導企業」，即有著三個主體。但是，如果從社會的角度看，不能不承認市場經濟的主體還有「人」的因素，而且是多種「人」的因素：人構成社會生產者，也構成社會消費者；人構成社會發展的終極目標，更是經濟運作的主體和主角，例如企業家有配置資源方面的作用，個人創業也有解決就業問題的作用。

　　於是，市場經濟的運作又多了一個客觀存在的實體——人，人力資源。因此，在市場經濟體制下，實際上存在著國家、市場、企業、個人四種要素和四個運動主體。企業在這裏不僅是最主要的用人單位，也是各種用人單位的典型和代表。國家、市場、企業、個人這四個主體之間互相連接，形成了六對關係。這四個要素和由之所形成的六對關係，就構成現代市場經濟體制的社會結構。

二、市場體制下的社會關係

　　市場經濟體制下「四主體」之間所形成的六對關係，具體來看包括以下的內容：

（一）國家調控市場

　　（1）國家運用經濟槓杆（如稅收、銀行利率、信貸等）、法律、法規、經濟政策、自身經濟實力（國有企業和國有控股企業）、經濟組

織（如商會）和行政機構（如工商行政管理局、稅務局），對市場運行進行引導、控制、服務、監督，以調節宏觀經濟的運行。

(2) 國家對人力資源配置的基本原則、方向做出規定和指導，從根本上決定了勞動市場的格局。值得注意的是，市場不僅僅是經濟概念，勞動市場更有其社會內容。

(3) 國家對市場體制下人力資源的運作制定規則，如就業資格、雇用制度（如訂立合同）、最低工資標準、職業介紹管理規定、以勞動安全衛生標準法、雇用工資指導線等等。

(4) 國家直接從事基礎性的即低層次勞動市場的運作，如政府舉辦公益性勞動市場機構，從事免費的就業服務、就業指導等。

（二）市場引導企業

(1) 企業作為經濟單位，它的收益取決於市場。市場需求是企業取得收益的動力（因為市場上有某種產品或勞務的需求，企業進行生產，就可以取得利潤），市場上需求的變化、競爭對手的狀況、人力資源的擇業標準和傾向，都構成企業的壓力。

(2) 企業的行為總目標，是在市場上尋求利益最大化。企業在提供市場需要的產品和勞務、可以取得贏利的條件下，還考慮盡力節約各種成本和節約人力資源的使用。

(3) 在健全的經濟體制下，企業的擇員行為是由市場直接引導的。企業自由選擇各項生產要素包括人力資源要素，市場（包括各種要素市場）的變化會影響企業的活動，影響企業對要素的選擇。市場上求職者的擇業意願、價格要求（即對工資的要求）和素質狀況等，對企業的擇員也產生一定的影響。

(4) 企業經營者在社會經濟生活中具有重要作用，以至對整個市場也產生重要影響。「企業經營者與產權所有者的關係」，本身就是一種體制因素，解決好企業經營者（以至各種經濟單位、社會組織的「經營者」）方面的問題，是有效地協調和整合各種生產要素的重要內容。

（三）國家對企業

(1) 從理論上講，市場經濟下的國家與企業關係是「國家調控市場、市場引導企業」，國家是不直接管理企業的。在理想的市場經濟狀態下，國家主要管經濟政策、產業發展方向、宏觀總供求、經濟環境、發展戰略，並直接管少量關鍵部門和企業。

(2) 政府也會「管」一些企業，如公共交通等部門。但市場制度下不是政府對企業進行全面控制，而是將人力資源的使用權交給企業，使它們成為真正的經營活動主體、資源配置主體和人力資源雇用主體。

（四）國家對個人

(1) 國家要保證每一個社會成員的生存權，保證每一個成員基本生活需要的滿足，這一般透過最低工資和社會救濟等途徑來實現。國家要保證有就業要求者就業的實現，要透過調節社會的勞動要素供求、提供就業門路、進行工作安置、從事就業服務、限制企業解雇等途徑達到。教育培訓是國家提高人力資源個體就業能力的重要手段。

(2) 國家透過法律和社會管理活動，達到平等的社會目標。平等，意味著個人發展的障礙、不同的個人在身份上的歧視和「等級」性都不存在。與各種用人單位相比，勞動者、尤其是求職者一般是弱者，國家則透過勞動法、有關的法律法規方針政策和行政管理活動等途徑來保障他們的合法權益。

(3) 國家透過經濟體制的選擇、透過經濟政策和社會政策的運用，特別是工資政策與福利政策，刺激和調動人力資源的工作動力、就業動力尤其是自我創業動力。

（五）市場與個人

(1) 健全的勞動市場，是公開、平等、全面、高效的市場，它應當具有完善的勞動就業服務功能和較高的求職實現率。

（2）人力資源市場是有著不同層次的。從國內外的情況看，從總體上可分為一般的勞動市場或普通勞動力（尤其是技工）市場與高級人員市場（或人才市場）。一般來說，人才資源有著比一般的人力資源大得多的競爭優勢，是有一定的「賣方壟斷」傾向的；而普通的勞工階層，則往往處於相對不利的和被雇用單位「買方壟斷」的地位。

（3）市場體制是競爭體制，它不僅給人以機會，而且導致優勝劣汰和兩極分化。人力資源市場體制要求求職者個人素質與觀念的提高，它鼓勵人向上，鞭策不努力、素質低的人上進。

（六）企業與個人

（1）企業與作為人力資源主體的個人雙方之間，存在著平等關係。首先，雙方在市場相互選擇的地位是平等的；其次，企業錄用求職者就業後，在勞動過程中個人與所在組織具有平等的地位與權利、義務；最後，企業與個人進行平等的價值交換，即勞動付出與工資報酬相交換。

（2）企業與人力資源個人之間具有法律關係。雙方透過法律契約關係聯接在一起（這體現為勞動合同），雙方的矛盾、爭議、衝突，以法庭為最終裁決機構。

（3）人力資源個體對所在的企業負責，承擔應完成的工作，承諾有關的義務（如對企業商業秘密和知識產權的保護），並要有一定的職業道德。

（4）企業對人力資源個體負責。企業對所雇用人員的勞動條件與安全、生活福利等方面負有一定的責任，並擔負社會保險的責任。

（5）企業的發展目標和組織文化對用人類型和用工模式有著決定性的影響，各層次管理者的人性觀、用人理念和管理風格對勞動關係也有很大影響。

三、政府的職責

　　政府，是指一定國家或地區的行政機構，其實質是對一個社會公共權力的運用。按照世界銀行的看法，政府在經濟社會生活的角色與基本職責是「解決市場失靈」和「促進社會公平」。（詳見圖3-4）

	解決市場失靈問題			促進社會公平
基本職能	提供純粹的公共物品 ◇國防 ◇法律與秩序 ◇財產所有權 ◇宏觀經濟管理 ◇公共醫療衛生			保護窮人 ◇反貧困計劃 ◇消除疾病
中級職能	解決外部效應 ◇基礎教育 ◇環境保護	規範壟斷企業 ◇公用事業法規 ◇反壟斷政策	克服資訊 不完整問題 ◇保險（醫療衛生、壽命、養老金） ◇金融法規 ◇消費者保護	提供社會保障 ◇再分配性養老金 ◇家庭津貼 ◇失業保險
積極職能	協助私人活動 ◇促進市場發展 ◇集中各種舉措			再分配 ◇資產再分配

圖 3-4　世界銀行的政府職能觀

　　對於能力與權威度不同的政府來說，在完成上述「解決市場失靈問題」和「促進社會公平」兩個社會職責方面的任務方面，所做的事情是不同的。具體來說，能力與權威弱的政府首先要完成「提供純粹的公共物品」和「保護窮人」的基本功能。進而，政府應當完成中級職能，以解決外部效應的管理、制訂壟斷行業法規、克服資訊不完全這三項「市場失靈」問題，還要解決社會保險這一「公平」問題。能力與權威強的政府則可以發揮更加積極的職能。

　　政府在人力資源戰略和政策方面，應當以上述職責為依據。

　　政府作為社會利益的代表、作為社會的管理者，應當對人力資源開發與管理均進行一定的調控，以至進行一定的管理和干預。具體來說，是要以市場為導向，制定市場條件下個人與企業的行為規則以至法律，並要執法、監督；是合理選擇經濟手段和行政手段對人力資源供求雙方進行宏觀引導、調控，為作為人力資源供給方的個人和作為人力資源需求方的組織服務。

【主要概念】
　人力資源權益凝聚力心理契約勞動關係市場經濟主體政府的職責

【討論與思考題】
1、在市場經濟下，人力資源的權利有哪些？應當如何加以保證？
2、國際勞工組織是一個什麼樣的組織？它所強調的勞動者權利都有什麼？
3、你如何看待人力資源與用人單位的關係？在市場經濟條件下應當如何處理這一關係？
4、人力資源對組織有什麼影響？如何看待人力資源和組織的互動關係？
5、組織凝聚力對於搞好人力資源開發與管理有什麼作用？如何促進組織凝聚力的增加？
6、市場經濟體制下，經濟活動有哪些主體？它們之間的關係是什麼？

第四章

人力資源開發管理的心理學基礎

【本章學習目標】

掌握人的能力範疇及勞動能力結構

掌握人的個性範疇

理解人格學說，情感學說

掌握個性與工作的匹配及霍蘭德人職匹配類型

掌握人的行為分析過程，並能進行初步分析

理解人的基本價值觀以及人的職業價值觀

瞭解人的複雜性，並能用之分析實際問題

第一節　人的能力

一、能力的要素

從現實應用的形態看，人力資源之所以能夠從事社會勞動，是因為它有著綜合性的勞動能力素質。這種綜合勞動能力構成要素包括體力、能力、知識、技能四部分。體力、能力、知識、技能四者的不同組合，形成人力資源多樣化的豐富內容。人力資源擁有的不同體力、能力、知識和技能，使其具有推動物質資源的各種具體的、特定的能力。

（一）體力

體力是人的身體素質，從一般意義上說，體力包括力量、耐力（持久力）、速度、靈敏度、柔韌度等人體運動生理指標；從勞動的角度來看，還應當包括對外界的適應能力、勞動負荷能力和恢復疲勞的能力。體力在人力資源能力總體中處於基礎的地位。

所謂基礎，有兩層意義：其一，它是人們勞動、人體做功時能量消耗的物質提供者，也是能量補充的承擔者；其二，它是人體獲得智力、知識、技能和在勞動中發揮智力、運用知識技能的基礎。一般來說，沒有比較健康的身體，難以從事正常的社會勞動，也難以繼續提高智力、知識、技能水平。

從一般性的勞動來說，不同的人力資源個體，其體力水平一般不會相差很大。與智力相比，體力這一因素顯然也是比較簡單的。

（二）能力

這裏所說的「能力」，從心理學的角度講，是指人們順利實現某種活動的心理條件[12]。研究人力資源，根本目的是為了運用「人」這種能力。

---

[12] 彭聃齡主編，《普通心理學》，北京：北京師範大學出版社，1988。

1、一般能力——智力

(1) 智力的含義

所謂「一般能力」，是指人們在不同種類的活動中所具備的共同性能力。心理學指出，一般能力即人們經常說的「智力」。智力是一個既非常重要又相當複雜的範疇，心理學關於智力的定義多達數百種。從總體上看，智力是指人認識客觀事物、運用知識、解決實際問題的能力，也就是人的「聰明」程度。

對於智力的內容和結構，人們有著不同的說法。根據現代腦生理學的研究，人的大腦可以分為感覺區、記憶區、判斷區、想像區四個功能區。因此，心理學家在分析智力結構時，一般都承認包括感知力（特別是其中的觀察力）、記憶力、思維力、想像力這四個方面。在智力的各要素之中，核心的是思維力。有的學者把思維力分為判斷力、思考力、概括力，或者稱為邏輯思維能力、邏輯推理能力；有的學者還在這四種「力」之外再加上創造力、實踐能力，等等。上述四種「力」具有科學實證的基礎，而且也比較全面地反映了人們「認識事物、運用知識、解決問題」的屬性，這四種「力」可以說就是智力的內容或者要素，它們在人們頭腦中搭配、組合成不同的智力結構。

人的智力高低，反映了人力資源一般能力的不同。對於智力水平的衡量，通常採用心理學智力測驗結果的「智商」（IQ）指標。一般來說，人的智商水平呈現正態分佈狀態，100 分為標準平均狀態，在 90～109 分之間屬於正常智力，分數越高，智力水平就越高。

(2) 智力勞動

在知識經濟時代，社會勞動的主要形態將是知識勞動，這種知識勞動不是死記硬背知識後「照葫蘆畫瓢」式僵死的模仿性輸出，而是以智力為中心、具有創造性、拓展自身的知識勞動，即智力性知識勞動。

智力勞動具有以下屬性：其一，價值的多量性。智力勞動可以把思想化為物質，可以推動較為多量的物質資源，從而生產出較為多量的財富。其二，活動的創造性。智力勞動的對象一般是

非單調、不重復的，要依靠人的創造性來解決，包含了對客觀事物的探索和重新認識。智力勞動的多量性、創造性一般來說有著艱鉅、困苦的特徵。其三，工作的人本性。智力勞動是用腦工作的，穩定的工作崗位、良好的工作條件、豐富的工作內容、自主的工作計劃、和諧的工作關係、優厚的工作報酬、自覺的工作態度、有趣的工作場景、產權的工作者所有等，都體現了智力勞動「以人為本」的性質。其四，形態的多樣性。智力勞動在不同職業、不同行業中都有著各自特定的內容，它們繁複多樣、差異巨大。這就要求智力勞動者在特定領域內的知識要「專」、要「精」，其他有關方面的知識要「博」、要「活」。其五，收益的共用性。智力勞動能創造多量的財富，使勞動者和所在組織大大獲益，也會為廣大社會成員所享用，為政府帶來稅收，從而為社會增進福利。

2、特殊能力

所謂「特殊能力」，是指人們們在某種的特殊的、專門的、專業性的活動中所需要的能力。人們從事的各種活動是千差萬別的，要從事這些專門的活動，除了「一般能力」以外還必須有特殊的、專門的素質條件，這就是特殊能力。例如，當畫家要在辨別色彩方面有非常好的能力，當工程師要對物體有很好的三維空間想象力，做外科手術醫生手腕和手指要能夠進行非常精細的操作。

根據國際上的權威性工具書《加拿大職業分類詞典》，特殊能力包括：V－言語表達能力；N－數學計算能力；S－空間感覺能力；P－形體感覺能力；Q－文書事務辦公能力；K－動作協調能力；F－手指的靈活性；M－手的靈巧性；E－眼－手－腳配合的能力；C－辨色能力。上述特殊能力的具體內容為：

(1) 言語表達能力（V）：指理解詞語與相關思想的能力，以及有效地運用詞語的能力。

(2) 數學計算能力（N）：指迅速而準確地進行算術計算的能力。

(3) 空間感覺能力（S）：指憑思維想象三維空間物體形狀的能力。

(4) 形體感覺能力（P）：指覺察物體、圖畫中有關細節的能力。

（5）文書事務辦公能力（Q）：指覺察詞語或表格材料中有關細節及避免文字與數位計算錯誤的能力。

（6）動作協調能力（K）：指眼、手和手指快速做出精確動作的能力。

（7）手指的靈活性（F）：指迅速而準確地運用手指操作小物體的能力。

（8）手的靈巧性（M）：指熟練自如地運用手的能力，從事手的翻轉、放置、移動動作。

（9）眼－手－腳配合能力（E）：指根據視力所見，而使手、足彼此協調，完成動作的能力。

（10）辨色能力（C）：指對於不同色調和同一顏色的不同深淺覺察和辨別的能力。

3、職業能力

從事任何一種職業，都需要特定的一般能力和若干種特殊能力，職業不同就需要不同的能力組合。按照加拿大《職業崗位分類詞典》的口徑，職業對於從業者條件要求的一般專案，包括能向、普通教育程度（GED）、專門職業培訓（SVP）、環境條件（EC）、體力活動（PA）、工作職能（DPT）諸項基本條件和興趣、性格的參考條件。

上述各項條件，按照各自程度和水平分別打分、區分為不同的等級。上述「能向」，即人們能力的特性與方向，某種職業對於人們的能向要求，包括智力（一般能力或一般學習能力）和上述「言語表達能力、數學計算能力」等各項特殊能力。人要走好自己的生涯之路，必須要選擇適合自身特點的職業，即要達到人的各項條件與職業的要求相互適應。

表 4-1　職業資格檢測表（其他專案水平）

職業名稱	PA	EC	GED	SVP	興趣	性格
礦物地質學家	L23467	B26	6	8	781	09Y41
行政官員	L47	16	6	8	781	0Y914
室內設計師	s-L4567	1	5	8	86	X9

（三）知識

1、知識的定義

知識，是指人們頭腦中所記憶的經驗和理論，或者說是個人頭腦以及社會系統（如圖書館）中儲存的資訊。知識可以分為「理論」和「經驗」兩個層次。當知識帶有邏輯性、體系性和科學性時，就成為理論或者學說；經驗則是形成理論知識之前的東西，其特徵是零碎的、片斷的，其正確度也往往較差。

2、知識的內容

（1）經濟合作發展組織（OECD）的劃分。該組織將知識劃分為四個方面：

其一，事實知識（know what），指的是人類對某些事物的基本認識和所掌握的基本情況。比如華盛頓的面積、北京市的人口、候鳥的飛行路線等。

其二，原理和規律知識（know why），即產生某些事情和發生的事件的原因和規律性的認識，比如宇宙的起源、生物進化和價值規律等。

其三，技能知識（know how），也就是說，知道實現某項計劃和製造某個產品的方法、技能和訣竅等。

其四，知識產生源頭的知識（know who），即知道是誰創造的知識。

（2）人力資源角度的劃分。人力資源所具備的能力及其應用的角度看，知識可以分為三個部分：

其一，一般知識或者說普通知識，它反映了某個人力資源個體的一般文化水平。

其二，專業理論知識，專業理論知識和一般知識的整體層次，基本上由一個人接受教育的等級所決定，這往往構成人力資源個體在人力資源市場上競爭力的主要決定因素。

其三，工作知識，包括職業技能操作水平、工作經驗知識、職業閱歷等。

（四）技能

技能，用通俗的話說就是技術、技巧，其含義是人們從事活動的某種動作能力，是人經過長期實踐活動所形成的順序化的、自動化的、完善化的動作系列。一個人具有某項技能形成的標誌，是從事某種勞動的動作具有準確性，包括動作的方向、距離、速度、力量的準確。技能在勞動能力中極為重要，所謂「三百六十行，行行出狀元」，各行各業的「狀元」即是各種職業的技能出類拔萃者。

應當指出，對於技能這一範疇，不能理解為只是「簡單的、動手性、藍領工人的技術」。從不同勞動者的角度看，技能有高低不同的層次，例如有開機器的工業操作技能和一分鐘錄入 200 字的電腦操作技能，也有熟練地進行微雕的工藝美術師、使用電子顯微鏡的技術專家和人的大腦中開刀治療的妙手「華佗」。

二、人力資源能力結構

人力資源在能力各個要素的不同組合，形成其不同能力要素結構。其要素結構用圖 4-1 表示如下。

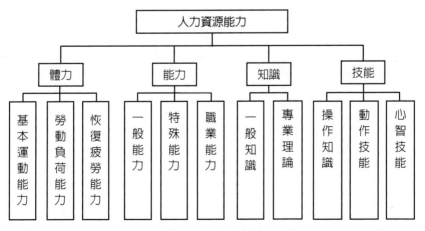

圖 4-1　能力要素結構

　　進一步來說，人力資源能力要素可以從四大方面細化到十幾個因素，而且還可以根據職業的不同進行更細的劃分。

　　就人力資源能力要素總體而言，需要考慮兩個問題，其一是冰山理論；其二是核心能力。冰山理論是指人的能力被認識的只是冰山一角，大部分能力尚處於潛在狀態，該理論重視人的潛能。核心能力是要把握的最重要的能力，它是能夠將工作做出色和比他人優異的能力，因而也往往對應著勝任能力。

　　在上述的人力資源能力各個要素中，體力是人從事各項活動的基礎，是能力、知識、技能得以存在的載體。能力、知識、技能三者之間有緊密的聯繫，三者之間互相制約、互為影響：能力是一種可能性、一種潛力，它是掌握知識和技能的基礎，能力水平在一定程度上制約著知識和技能的獲得。也就是說，一個人「聰明」，就能較多、較快、較高深地掌握知識與技能。能力的發展，又是在學習、運用知識和技能的過程中完成的。知識是對具體理論和現實經驗的掌握，是思想的內容或者思維的材料；技能是行動方式，是操作技術。

三、勝任能力

（一）勝任能力的含義

　　「勝任能力」一詞，英文名為「competency」，是指能夠勝任某一項工作或者活動並且突出高於他人的一種能力或者素質，或者說，勝任能力強調員工高於一般的優秀素質水平。勝任能力的範疇，是美國管理學家麥克利蘭（D.C. McClieland，1973）提出。我國學者把該詞翻譯為「核心能力」、「關鍵勝任能力」、「勝任特徵」，亦或簡稱為人們廣泛使用的「素質」。

　　勝任能力是現代管理學和人力資源管理理論與實踐高度關注的一個範疇。對於人力資源個體勝任能力水平的界定，能夠從而得到招聘和任職的依據，為成功地獲取所需要的優秀人才奠定基礎，也為員工招聘任職之後的正確培訓、高效使用和進一步的開發提供依據。

　　據斯賓塞（Spencer）的分析，勝任能力分為六個方面，有表層的、顯現的因素，也有「作用更大的、隱藏在深層」的內容，這一思想被稱為「冰山理論」。

（二）勝任能力的內容

據斯賓塞的研究，最常見的、具有一定普遍意義的勝任能力包括以下六大類別、20個專案：

(1) 成就特徵：成就欲，主動性，關注秩序和質量；

(2) 服務特徵：人際洞察力，客戶服務意識；

(3) 影響特徵：個人影響力，許可權意識，公關能力；

(4) 管理特徵：指揮，團隊協助，培養下屬，團隊領導；

(5) 認知特徵：技術專長，綜合分析能力，判斷推理能力，資訊尋求；

(6) 個人特徵：自信，自我控制，靈活性，組織承諾。

也有的學者注重勝任能力中與工作績效有直接因果關係的一系列因素，如認知能力、人際關係技能、與工作風格有關的因素等。認知能力主要指一個人如何分析和思考問題的能力，例如，問題解決能力、決策能力、發現問題的能力、專案管理能力、時間管理能力等。與工作風格有關的因素主要涉及的是一個人在某種情境下如何採取行動的。人際關係能力是與人打交道的種種技能，如處理與上司、同事、客戶等的關係[13]。

第二節　人的個性人格

一、個性人格範疇

（一）個性與人格的含義

人的個性，即人在心理條件上的不同特點。個性，用通俗的話來說，即一個人不同於他人的「脾氣秉性」。用心理學的語言來說，個性就是個體經常地、穩定地表現出來的心理特徵（如性格、興趣、氣質等）的總和。西方心理學把這一範疇稱為「人格」。

---

[13] 吳志明編著，《員工招聘與選拔實務手冊》，第45-46頁，北京：機械工業出版社，2002。

個性人格這一心理特徵，是在個體生理素質的基礎上和一定的社會條件下，透過個人的社會實踐活動，在教育和環境的影響下逐步形成和發展起來的。人的個性心理特徵是透過心理過程形成的，已經形成的個性心理特徵反過來又會制約心理過程，並在心理過程中表現出來。

（二）個性人格與人力資源

人的個性人格與其成為特定的資源和得到運用有著重要聯繫。首先，人們個性中的性格、興趣、氣質等，制約著人們職業種類和就業單位的選擇。其次，在一定的崗位上，由於人的個性不同，其資源運用效果也大不一樣。例如，張三活潑好動，李四文靜細心，同在公共關係崗位上，張三會比李四做得成功；若同在會計崗位上，李四會比張三做得出色。因此，人應當尋求適合自己的職業，在合適的崗位上發揮才能、發展和完善個性。

二、人格學說

（一）人格特性論

人格特性與職業因素匹配理論的基礎，是人格特性理論。人格特性理論認為，人格可以劃分為若干種特性，每一特性都是人所共有的，但不同的人在同一特性方面的強度或水平數值是不同的，不同的人有不同的人格特性結構，因而就有了人格的差異。

對於人格特性心理學有著不同的劃分，影響最大的是卡特爾的 16 種人格因素（16PF）理論[14]。卡特爾提出把人格特性分為表面特性與根源特性。根源特性是人格的基本特性，包括「樂群性、聰慧性、穩定性、好強性、興奮性、有恆性、敢為性、敏感性、懷疑性、幻想性、世故性、憂慮性、實驗性、獨立性、自製性、緊張性」16 個專案。根據一個人在這些專案上的不同水平，可以判斷其人格特徵的總體狀況。

---

[14] 〔美〕L. A.，珀文，《人格科學》，上海：華東師範大學出版社，第 16 頁，2001。

（二）人格類型論

人格類型方面的理論學說很多，主要是按照氣質、價值觀、興趣等進行劃分的學說。

最常見的劃分是氣質法，它把人的氣質分為多血質、膽汁質、黏液質、抑鬱質四種。這種方法由古希臘醫生提出，被現代科學實驗所證實。

人的氣質以至人格特徵與職業應當達到匹配。但是，這種匹配不是絕對的，因為人有一定的可塑性和代償性，關鍵是個人的適應性。實際上，各種氣質和各種人格特徵的人都能夠取得成功。

（三）五大人格論

比上述人格類型更簡明、更常見、更實用的，是科斯塔和麥克雷提出的「五大人格」或「大五人格」（five-factor model，FFM）理論。這一理論把人格分為五個大的因素類別，依此也製成了五大人格測驗工具。「五大人格」的具體內容有：

(1) 親和性（agreeableness），也稱為合作性。其特徵為具有親和力、體貼和同理心。

(2) 可靠性（conscientiousness），也稱責任感。指注重細節、盡忠職守和富有責任感的特徵。

(3) 外向性（extroversion），也稱外傾性。內容包括有活力、主動性及社交性。

(4) 情緒穩定性（emotional stability），也稱神經質。指人對情緒的控制力與對壓力的容忍力。

(5) 經驗的開放性（openness to experience），也稱創新性。其特徵為獨立並能夠包容不同的經驗[15]。

北京師範大學心理學教授孟慶茂認為，在五大人格中中國人的缺陷在責任感、合作性和創新性三個方面。

---

[15] 李誠主編，《人力資源管理的 12 堂課》，北京：中信出版社，第 58-59 頁，2002。

三、情感學說

（一）情感因素及作用

　　情感或者情緒，是人們對待客觀事物的態度體驗（或感受）以及相應的行為反應。人的情感是一個非常複雜的範疇。一個人的喜怒哀樂、七情六欲，往往是讓人難於捉摸、無法把握的，但它的重要性又日益為各界人士所認定。

　　從心理學的角度看待情感範疇，即人們對待客觀事物的態度體驗及相應的行為反應，主要是人的自我認識和評價、自己的動力因素和對待外界的反應。因此，在人格因素中的「情感」或「情緒」就包含自信心、需要與動機、耐衝擊力以及情緒穩定性的內容。進一步來說，還有對待自己、對待自身活動、對待與他人關係的自覺看法。此外，人們處理自身與外部的關係，也屬於情感因素的能動性問題。

　　據國內外的研究，一個人的情感因素狀況，與其生涯的方方面面都有著重大的聯繫，「情商」在個人事業成功方面的作用大大高於智商的作用。美國學者小喬治‧蓋洛普早在 20 世紀 80 年代的研究，就得出「成功的最主要因素是『知情達理』，而智力因素僅僅排在第四位」的結論。一個人的發展前途、功名利祿，甚至生老病死、婚姻聚散，都能夠從情商中找到線索。

　　進而，不少學者和管理實踐者還關注和研究情感因素、尤其是「情商」在組織管理中的作用，以有效地解決開發與管理好人力資源的問題。

（二）情感智力

　　對於情感因素的把握中，很重要的問題就是對它的測量，為此一些學者使用了「情商」（EQ）的概念。所謂「情商」，英文名為 emotional quotient，是指人們在情感方面的心理測試指標。應當指出，「情商」包含了豐富的內容，但這是一個界限並不清楚的複雜範疇，要完成指標的科學測量是極其困難的。

　　對此，該學說的發明人、美國心理學家戈爾曼指出，這種人們在情緒方面的特徵是一種智力，因而稱為情感智力或情緒智力（emotional intelligence，EI）。但是，這種情感智力的各構成部分目前還不能夠全部測

量，因而不能計算出其得分水平即「情感商」emotional intelligence quotient，而只能夠計算「情感智力」，即，EI。

從一般的角度看，人們的情感智力包括以下 5 項內容：(1)對自身情緒的體察；(2)對自身情緒的把握；(3)對他人情緒的認識；(4)對人際關係的把握；(5)對於自身的要求和激勵。前四個方面實際上是「對自己與對他人」、「認識與調控」二維的結合，第五項則是對第二項的昇華。

基於對情感智力的應用，心理學家還提出了「情緒勝任力」的概念。

四、個性與工作的匹配

每一個人力資源個體都具有一定的個性特點，這種特點與使用該資源的職業崗位特點相適合，具有重要的意義。個性與職業之間的匹配問題不僅是重要的社會實踐領域，而且也成為科學研究的範疇。在勞動人事管理的社會實踐推動下，個性與職業之間的匹配形成了「人職匹配」的理論。人職匹配理論主要包括以下內容：

（一）人格特性與職業因素匹配

人格特性與職業因素匹配理論，是依據人格特性及能力特點等條件，尋找具有與之對應因素的就業崗位的職業選擇與指導理論，也稱「特性—因素匹配理論」。該理論是由職業指導領域的創始人、美國波士頓大學教授帕森斯所創立的，由著名職業指導專家威廉遜等人進一步發展成型。

人格特性與職業因素匹配理論認為，每個人都有自己獨特的人格特性與能力模式，這種特性和模式與社會某種職業工作內容對人的要求之間有較大的相關度。個人進行職業選擇時，以及社會對個人的選擇進行指導時，應盡量做到人格特性與職業因素的接近和吻合。

這種匹配過程包括三個步驟：其一，特性評價，即評價將要選擇職業的人的各種生理、心理條件以及社會背景。其二，因素分析，即分析職業對人的要求，包括各種職業（職位、職務）的不同工作內容，及對人的生理、心理、文化等條件的要求等。其三，二者匹配，即把對個人的特性評價與對職業的因素分析結果對照，從而使人尋找到適合自己的職業。

（二）人格類型與職業類型匹配

人格類型與職業類型匹配理論，是將人格與職業均劃分為不同的大的類型，當屬於某一類型的人選擇了相應類型的職業時，即達到匹配。社會對個人擇業的指導，也是要達到人格類型與職業類型的匹配。這一理論由著名的美國職業指導專家霍蘭德提出，成為沿用至今被公認為有效的重要理論。

人格類型與職業類型匹配理論同人格特性與職業要素匹配理論相比，優點是簡單、應用方便，缺點是不夠精細。

（三）霍蘭德的人職匹配類型

美國職業指導專家霍蘭德從心理學價值觀理論出發，經過大量的職業諮詢指導實例積累，提出了職業活動這種人力資源應用意義上的人格分類，包括現實型、調研型、藝術型、社會型、企業型、常規型六種基本類型。相應地，社會職業也分為六種基本類型，從而形成「人職類型匹配理論」。

1、現實型

現實型也稱實際型。屬於現實型人格者，一般喜歡從事技藝性或機械性的工作，能夠獨立鑽研業務、完成任務，他們長於動手並以「技術高」為榮；不足之處是人際關係能力較差。

屬於該類的職業有木工、機床操作工（車工等）、製圖、農民、操作 X 光機的技師、飛機機械師、魚類和野生動物專家、自動化技師、機械工人、電工、無線電報務員、火車司機、長途汽車司機、機械製圖員、機器修理工、電器師等。

2、調研型

調研型也稱調查型、研究型或思維型。屬於調研型人格者，喜歡思考性、智力性、獨立性、自主性的工作。這類人往往有較高的智力水平和科研能力，注重理論；但不重視實際，考慮問題偏於理想化，且領導他人、說服他人的能力較弱。

屬於該類的職業有科學研究、技術發明、電腦程式設計、氣象學者、生物學者、天文學家、藥劑師、動物學者、化學家、科學報刊編輯、地質學者、植物學者、物理學者、數學家、實驗員、科研人員、科技文章作者等。

3、藝術型

屬於藝術型人格者，喜歡透過各種媒介表達自我的感受（如繪畫、表演、寫作），其審美能力較強，感情豐富且易衝動，不順從他人；其不足之處是往往缺乏文書、辦事員之類具體工作的能力。

該類職業有作曲家、畫家、作家、演員、記者、詩人、攝影師、音樂教師、編劇、雕刻家、室內裝飾專家、漫畫家等。

4、社會型

社會型也稱服務型。屬於社會型人格者，喜歡與人交往，樂於助人，關心社會問題，常出席社交場合，對於公共服務與教育活動感興趣；其不足之處是往往缺乏機械能力。

該類職業有社會學家、導遊、福利機構工作者、諮詢人員、社會工作者、心理治療醫生、社會科學教師、學校領導、精神病工作者、公共保健護士等。

5、企業型

企業型，也稱決策型或領導型。屬於企業型人格者，其性格外向，直率、果敢、精力充沛，自信心強，有支配他人的傾向和說服他人的能力，敢於冒險；其不足之處是忽視理論，自身的科學研究能力也較差。

該類職業有廠長、經理、推銷員、進貨員、商品批發員、律師、政治家、市長、校長、廣告宣傳員、調度員等。

6、常規型

常規型也稱傳統型。屬於常規型人格者，喜歡從事有條理、有秩序的工作，按部就班、循規蹈矩、踏實穩重，講求準確性（如數位、資料），願意執行他人命令、接受指揮而不願獨立負責或指揮他人；不足之處是為人拘謹、保守、缺乏創新。

　　該類職業有記賬員、會計、銀行出納、法庭速記員、成本估算員、稅務員、核對員、打字員、辦公室職員、統計員、電腦操作者、圖書資料檔案管理員、秘書等。

　　從理論上說，每一種類型的人都有自己的特點和長處，也有一定的短處。但從社會的角度來看，人的心理差異無所謂哪一種好些、哪一種差些，而只有與職業類型是否協調、是否匹配的問題。社會中的人是複雜的，往往不能用一種類型來簡單概括，而是兼有多種性質即以一種類型為主同時具備他種類型的特點。因此，職業問題專家進而提出了若干種中間類型或同時具備三種類型特性的「職業群」方法。

第三節　人的行為

一、行為的鏈條

　　人，是一個蘊涵著一定的神秘色彩的客體。不同的人具有不同的脾氣、個性；不同的人有著不同的價值取向、生活目標；不同的人對於同樣的事物有著不同的看法、反應和對策；不同的人有著不同的行為方式。研究社會人力資源問題，有必要對人的行為模式和行為的前因後果進行分析，進而把握人的行為鏈條有一個清晰的認識。

　　按照行為科學家的研究，人的行為是由動機引起的，動機又是由人的需要決定的。這就形成了「需要—動機—行為」這樣一個鏈條。進一步分析，這個鏈條還可擴充為以下狀態。如圖 4-2。

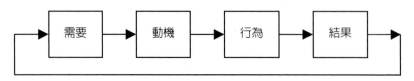

圖 4-2　人的行為鏈條

下面對該鏈條進一步分析。

二、人的需要

「需要」是一個非常重要的範疇，它不僅是人力資源管理的一項基本內容，是管理學和行為科學的一個基本範疇，而且是經濟學、社會學的重要內容。

所謂「需要」，是指人們缺乏某種東西而產生的一種「想得到」的心理狀態，通常以對某種客體的欲望、意願、興趣等形式表現出來。

人的生理狀態、個人的認知（思想）和外部環境在一定條件下均能引起需要。需要同人的活動緊密相關，是行為的基本動力。需要一旦被意識到，就以動機的形式表現出來，激發人去行動，驅使人從一定的方向追求一定的目標，以求得自身的滿足。需要越強烈、越迫切，所引起的行動就會越有力、越迅速，人的潛能調動也會越多。

人的需要多種多樣。按其起源，可分為自然需要和社會需要；按其對象，可分為物質需要和精神需要；等等。人的不同需要造成需要結構的千差萬別，每一個人都有自己獨特的需要結構；在不同的時期和不同的條件下，同一個人的需要結構也不同。西方行為科學家們提出了多種理論，其中最著名的是需要層次理論、成就需要理論、雙因素理論等。

（一）需要層次理論

馬斯洛的需要層次理論，常見的是五層次論，但其晚年又將之擴展為更加完全的七層次論。這七個層次為：

(1) 生理需要，即對維持生命所需要的衣、食、住等方面的需要。

(2) 安全需要，即希望得到安全保障，以免遭受危險和威脅的需要。

(3) 社交需要，即歸屬感，希望得到夥伴、友誼、愛情以及歸屬於某一組織的需要。

(4) 尊重需要，即自尊心，希望他人尊重自己的需要。

(5) 求知需要，即好奇心、求知欲、探索心理和對事物的認知和理解。

(6) 審美需要，即追求勻稱、整齊、和諧、鮮豔、美麗等事物而引起的心理上的滿足。

(7) 自我實現需要，即希望施展個人抱負和有所成就的需要。

上述七個需要層次，構成一個由寬到窄的塔形結構。馬斯洛認為，當某一層次的需要得到滿足以後，下一層次的需要就會產生，而已經得到滿足的某種需要也就不再成為行為的誘因。

（二）成就需要理論

麥克利蘭提出成就需要理論，該理論認為，在人的生理需要基本得到滿足的前提下，人的基本需要有三種：成就需要、權力需要和友誼需要。這三種需要中，成就需要的高低對一個人、一個企業、一個國家的發展和成長起著特別重要的作用。高成就需要的人一般都較為關心事業成敗，喜歡挑戰性的工作，願意承擔責任，敢冒風險，並且希望得到對他們所做工作的具體反饋。

不同的人對於成就、權力和友誼三種需要的排列順序和所占的比重各有不同，人們的行為主要決定於被環境激起的那些需要。

決定一個人成就需要水平的因素有兩個：直接環境和個性。人們的成就需要可以透過教育和培訓得到提高。

三、人的動機

動機，是指個人從事某種活動的心理傾向，是人的行為發生的內在驅動力和直接原因。動機通常以願望、念頭、理想的形式表現出來，並將人的活動引向一定的、能滿足某種需要的具體目標。人的動機有不同的分類：根據動機的起源，可分為內部動機和外部動機；根據動機的性質，可分為高尚動機與低級動機；根據動機作用的強弱，可分為主導動機和次要動機；等等。

動機在需要的基礎上產生。當某種需要被意識到並成為推動和維持人們活動的動力時，這種需要就成為行為的動機。除了需要外，動機的產生還受到外在條件的影響。影響動機的個人心理因素有：個人的興趣、愛好、價值觀和抱負水準。個人興趣和愛好決定人的行為方向，價值觀和抱負水準影響動機強度和行為調動的程度。

動機是一種主觀狀態，具有內隱性的特點。只有透過一個人的言論、情緒、行動等外在活動，才可能間接地瞭解個人的真實動機。

四、人的行為

行為，是指人們去做某種事，即人們的某種有意識、有目的的活動。行為是個體與環境相互作用的結果。用公式表示為：

$$B = f(P \cdot E)$$

式中，B 為人的行為；P 為個體；E 為環境；f 為它們之間的函數關係。這一公式的含義是：人的行為是在人的生理、心理等內部身心狀況基礎上，因時、因地、因所處環境的不同而表現出的不同反應。

人的行為受動機支配，動機又以需要為動因、以目標為誘因而形成。個體內在的需要、願望、緊張、不滿等構成動因，是人產生行為的內部原因；目標構成行為定向的誘因，是行為產生的外部原因。影響人的行為的主要因素有：

（1）個人因素。包括個人的家庭、教育、生活經驗與工作經驗、身心健康狀況、個人心理特點等。

（2）環境因素。包括自然環境和政治、經濟、法律等社會環境。

（3）文化因素。包括一般的社會文化因素和具體的組織文化因素。

（4）情景因素。即透過製造一種情景使人改變行為，如利用組織賦予個人的權力影響人的行為或威脅他人以改變其行為。

第四節　人的價值觀

一、基本價值觀

　　所謂價值觀，是人們的最基本的理念，是從事活動起決定作用的個人心理傾向，是把握著人們的社會意識、決定著人們社會行為的最基本心理動因。「價值」一詞是指對個人有用的或重要的東西，並往往是個人所追求的東西，因此，人的價值觀有助於形成人的特定行為。

　　美國心理學家斯普蘭格提出六種價值觀的學說，包括：

（一）理論型

　　具有理論價值觀的人，其最大興趣在於發現真理。這種人經常尋找事物的共同點和不同點，儘量不考慮事物的美或效用。他們一生中的主要目標是把知識系統化和條理化。

（二）經濟型

　　具有經濟價值觀的人，基本上是對事物的有用性發生興趣。這種人關心的是生產商品、提供服務和積累財富，他們是徹底的實用主義者，完全按照商人通行的框框辦事，追求物質利益。

（三）藝術型

　　具有藝術價值觀的人，對事物的形式與和諧賦予很高的價值，並願意表達自我，即使不是一位藝術家，他的主要興趣也在於人生中的藝術性插曲。例如，他們常常喜歡象徵華麗和權力的漂亮勳章，反對壓制個人思想的政治活動。

（四）社交型

具有社交價值觀的人，最重視對人的愛。這種人總是高度評價別人。他們善良、富有同情心和大公無私。他們把「愛」本身看做是人際關係的惟一合理形式。他們愛幫助別人。這種人的興趣與具有宗教價值觀的人很接近。

（五）權力型

具有權力價值觀的人，感興趣的主要是權力。這種人不一定是一個政治家。由於競爭和奮鬥在其一生中起很大作用，在任何需要有高權力價值觀才能獲得成功的職業或工作中，他都會做得很好。這種權力不僅僅是施加於人的（如當一名經理、指揮官），有時還會施加於環境（如工程師對「如何製造一種產品」做出最後的決策）。

（六）宗教型

具有宗教價值觀的人，其最高價值是整體性。這種人想方設法把他們自己與對宇宙整體的信仰聯繫起來。宗教型中的一些人，企圖與外部世界的現實生活脫離關係（如寺院裏的和尚）；而另一些人，則在當地參加教堂活動的人中間或在具有同一宗教信仰的人中間，進行自我克制和反省。具有宗教價值觀的人，往往會為了事業而奉獻自己。

二、工作價值觀

除了基本的價值觀，人們在職業、就業、工作、勞動方面，也有各種具體的觀念、想法和價值判斷標準。

按照日本學者田崎仁的劃分，人的工作價值觀包括九種類型[16]。這與美國學者戴夫・法蘭西斯的「人生源動力」觀點是完全一致的。具體來說，工作價值觀包括以下 9 個方面：

---

[16] 〔日〕田崎仁，《升學求職心理測驗》，第 30-31 頁，北京：北京日報出版社，1989。

（一）獨立經營型

這種類型的人不願受別人指揮，而憑自己的能力擁有自己的工作和生活領地，如個體工商戶、私人開業醫生、私人律師等。

（二）經濟型

這種類型的人認為「錢可通神」，金錢就是一切。他們認為人與人之間的關係是金錢關係，連父母與子女的愛也帶有金錢的烙印。

（三）支配型

支配型也稱獨斷專行型。這種類型的人想當組織的領導者，他們無視別人的想法，因支配他人而獲得心理滿足。

（四）自尊型

這種類型的人受尊敬的欲望很強，渴望能有社會地位和名譽，希望常常受到眾人尊敬；當欲望得不到滿足時，由於過於強烈的自我意識，有時反而很自卑。

（五）自我實現型

這種類型的人對世俗的觀點、利益等並不關心，一心一意想發揮個性、追求真理，不考慮收入、地位及他人對自己的看法。他們盡力挖掘自己的潛力，施展自己的本領，並視此為人生的意義。

（六）志願型

這種類型的人富於同情心，他們不願幹表面上嘩眾取寵的事，而是把別人的痛苦視為自己的痛苦，幫助別人就是自己的心理滿足與快樂。

（七）家庭中心型

這種類型的人過著十分平凡但又安定的生活，重視家庭，為人踏實，生活態度保守，不敢冒險，對待職業問題很慎重。

（八）才能型

這種類型的人單純活潑，重視個人才能的表現與被承認，把受到周圍人歡迎視為樂趣，能以不凡的談吐、新穎的服裝博得眾人好感，常能使周圍氣氛活躍。

（九）自由型

這種類型的人開始工作時無目的、無計劃，但能調整行為以適應職業環境。他們不麻煩他人，無拘無束，生活隨便，常被周圍的人認為缺乏責任感，實際上他們能夠承擔有限的責任。

第五節　人力資源的複雜性

人是一個相當複雜的範疇，人力資源則是一種主體、客體兼於一身的頗為複雜的生產要素。從心理學的角度看，人的複雜性可用包括以下四個方面：

一、個人條件的多樣性

個人條件的多樣性，包括人的能力狀況、人生的經歷與職業的具體履歷、教育背景（就學年限、等級和專業）、家庭背景、工作潛力、對用人單位的重要性等，而這些又決定了這個人的工作態度、工作滿意度、工作目標、工作需求等諸多方面。這就構成理論上的個人條件多樣性。

　　舉例來說，一個家境良好、受過博士教育的人，與一個在農村長大、連中學都沒有機會上的人，在能力、人格、潛力方面都是絕對不同、甚至有著天壤之別的，他們的個人發展前途必然差異懸殊，他們對於一個組織的效用和社會的價值效用更是大相徑庭。

二、個性人格的差異性

　　不同人的個性心理特徵不盡相同，甚至相差極大。例如，有的人感覺能力強，有的人思維能力強；有的人觀察細緻，有的人工作馬虎；有的人性情平和，有的人脾氣急躁；有的人喜歡讀書寫作，有的人喜歡體育運動……上述能力、性格、氣質、興趣等多方面特點的總和，構成了人們不同的心理特徵。

　　人是具有情感性的動物，對於組織來說，同樣個人條件的人具有不同的人格，就使得組織的管理以至組織本身相當複雜；員工個人條件不同，人格也不同，這使得組織的人員結構和組織的人力資源開發與管理變得更加複雜。

　　對於人力資源個性人格的認識，是一個非常複雜的問題。對於社會人群和組織成員人格的測量和鑑別，成為人力資源開發管理學科的重要研究與實踐對象。

三、人際關係的複雜性

　　就一個組織內部而言，人際關係是一個很廣泛的範疇，它包括上下級的關係、同事關係、老鄉關係、血緣關係、朋友關係、矛盾關係等。人與人之間有很多很複雜、甚至交織在一起的關係，這使整個組織的關係具有了很大的複雜性。廣而言之，一個人在組織外的社會關係，也會影響到組織及其之中的人力資源開發與管理，組織心理學與管理心理學在其中大有用場。

　　在東方社會的中國，人際關係的複雜性體現為不少組織特徵的家族化的色彩較濃，規範化管理與法制思想淡漠，加之產權制度等方面的問題，使組織的運作和人力資源開發與管理增加了不少「顧忌」因素。

四、人文背景的廣闊性

人文背景的廣闊性體現在文化的多元上，這要求人力資源的開發和管理要有更開闊的視角和更具彈性的措施。東方和西方的文化差異、西方各國之間的文化差異、東方各國之間的文化差異、城市農村之間的文化差異等等，都給我們揭示了人力資源開發與管理複雜性的新趨向，社會心理學在之中有著重要的功用。在經濟發展全球化、組織成員多來源的格局下，跨文化管理已經成為當代最為熱門的組織管理實踐與人文研究領域。

改革開放以來，大陸大量引進外資，國外先進技術、國外組織模式、國外管理思想和國外文化隨之大量進入中國，造成相當大的文化融合與衝突。2001 年中國加入 WTO 以來，這種文化的融合與衝突在不斷增加。當前，許多外資、合資企業實行高層管理人員本土化，這意味著跨國公司要減少組織的人力資源成本，加強在本土的業務拓展，要更加容易地用自己的基本價值觀和文化塑造本土的組織。

據德國學者派爾舍勒的研究，中國與歐洲文化有著不少差異，這是我們在看待中西方文化差異與融合時需要加以把握的。詳見表 4-2[17]。

表 4-2　中國與歐洲文化對比

中　國　文　化	西　方　文　化
橫向、直覺型思維	縱向、理性思維
完美化原則	最優化原則
順應大潮流	樂於接受批評
怕變動	怕限制
中庸之道	「最佳」原則
無時間束縛	時間就是金錢
團隊意識	自我意識

人文背景的複雜性不僅使組織對人力資源的管理有著極大影響，對人的職業生涯有著重大影響，還透過人的能動性選擇對組織本身產生巨大影

---

[17] 〔德〕帕特裏希亞‧派爾舍勒，《跨文化管理》，第 5 頁，北京：中國社會科學出版社，1998。

響。例如，曾經在微軟中國公司任總裁的吳士宏，從一定意義上說就是由於文化衝突而離開高位；她選擇了「求賢者」中工資最低的民族產業 TCL 公司去任職，是要按照自己的意圖做事，真正實現自己的價值。

【主要概念】

　　人力資源能力要素智力知識技能個性人格卡特爾 16PF 理論人職類型匹配理論行為情感智力工作價值觀五大人格

【討論與思考題】

1、人的勞動能力包括哪些要素？你如何認識人的能力結構和潛能？

2、人的個性主要從哪些方面看？試分析自己的個性心理特徵。

3、霍蘭德將人格分為哪幾種？各種人格適合哪些職業？

4、職業價值觀在人力資源開發與管理中有哪些作用？

5、結合實例分析人的複雜性的表現，並討論在現實的經濟管理之中如何把握和處理。

第五章

人力資源開發管理的管理學基礎

【本章學習目標】

掌握管理的含義及職能

理解經典管理學說的主要內容

理解現代管理理論的主要特點

理解後現代管理學說的主要思想

瞭解人力資源開發管理的新方向

掌握當代組織的人力資本特點

第一節　管理學理論概述

一、管理學基本範疇

（一）管理的定義

管理是一個無處不在的重要的社會範疇。對「管理」一詞比較全面的表述是：管理者在一定的環境下，對組織所擁有的資源（人力、物力、財力等）進行計劃、組織、領導、控制和協調，以有效地實現組織目標的過程[18]。

路易斯、古德曼和範特（Lewis，Goodman and Fandt）則對管理下了這樣的定義：「管理是切實有效地支配和協調資源，並努力達到組織目標的過程」。這一定義立足於組織資源，認為原材料、人員、資本、土地、設備、顧客和資訊等都屬於組織的資源。顯然，人力資源的是管理學應當重視的一項內容。

我們不僅要對「管理」的定義有正確的理解，還要在這一基礎上充分理解「管理」一詞的內涵，挖掘其在社會中和組織中的意義。

首先，管理的目的是實現組織的目標。管理是每個組織為了實現組織目標的一個手段，它不是能獨立存在的，而是要服務於組織的目標，使組織目標能更容易實現。

第二，管理的基本對象是「人」和「物」，現今所指的管理大部分是針對「人」的管理。由於管理的主體也是人，從這個意義上說，管理也就是一種人際關係，其主要矛盾是管理者和被管理者的對立統一。

第三，管理的基本活動包括計劃、組織、指揮、協調和控制，要全面把握管理的基本流程，把握管理活動的功能、過程和手段，其中，管理的核心在於協調。要實現組織目標，就必須協調組織內的各種關係，既要協

---

[18] 王曉君，《管理學》，第 3 頁，中國人民大學出版社，2004。

調人與人的關係，又要協調人與物、物與物的關係，透過協調使各種生產要素同步化、和諧化，進而保證企業目標的實現。

（二）管理者

所謂「管理者」，是指擁有管理職權、履行管理職責、享受管理利益的人員。管理職責是擁有管理職權的前提，管理職權是管理職責的保證，管理利益是行使管理職責、管理職權的回報，在企業中，同時具有以上三要素的人才構成管理者，三者缺一不可。而且，只有形成權利責任的對等，才能對管理者形成有效的激勵和約束[19]。

按照管理者在組織中所處的層次不同，通常把管理者分為高層管理者、中層管理者和基層管理者。高層管理者處於組織的最高層，對組織負有全面的責任，主要決定與組織發展的有關大政方針和溝通組織與外界的交往和聯繫。中層管理者的主要職責是承上啟下，正確地理解高層管理者的指示精神，結合本部門的實際情況，貫徹高層管理者制定的大政方針，指揮基層管理者的活動。基層管理者的主要職責是直接指揮和監督現場作業人員，保證完成上級下達的各項計劃和指令。

卡茨指出，從事管理應當具備「專業技能、人際技能和概念技能」三方面的技能，管理者們因高層、中層、低層領導的角色與工作內容不同，三種技能的比例也各不相同。

（三）管理的職能

著名管理學家法約爾把管理職能總結為五大職能，其內容如下：

1、計劃職能

計劃職能的主要任務是收集大量的基本資料，對組織未來環境的發展趨勢作出預測，根據預測的結果和組織擁有的可支配資源建立組織目標，進而制定出各種實施目標的方案、措施和具體步驟，為組織目標的實現作出完整的策劃。

---

[19] 王建民，《企業管理創新理論與實務》，第32頁，中國人民大學出版社，2003。

2、組織職能

組織職能有兩方面的含義：一是進行組織結構的設計、建構和調整，二是為達成計劃目標所進行的必要的組織過程，如進行人員、資金、技術、物資等的調配，並組織工作任務的實施等。

3、領導職能

領導職能是指組織的各級管理者利用自身的職位權力和個人影響力去指揮和影響下屬，為實現組織目標而努力的活動。

4、控制職能

控制職能與計劃職能有密切的關係，它的作用就是檢查組織活動是否按既定計劃、標準和方法進行，及時發現偏差、分析原因並進行糾正，以確保組織目標的實現。

5、協調職能

協調職能有三方面的含義：一是協調組織內部各種資源、要素、職能之間的關係；二是協調組織內部與組織外部環境各個要素之間的關係；三是達到組織內部、組織整體與外部環境之間的全面協調，克服和消除組織內外不協調現象，以提高組織效益。

二、經典管理學說

（一）泰羅的科學管理

泰羅（F.W.Taylor）的科學管理理論是科學管理的起點，科學管理是管理史上的第一次革命，泰羅由此被稱為「管理學之父」。泰羅科學管理的內容主要包括工作效率和工作定額、科學選人、標準化、差別計件工資制、職能研究、例外管理六個方面，下面簡要介紹這六方面的內容。

1、工作效率和工作定額

泰羅之前的「管理」是以經驗為主，它導致工作的低效率。為此泰羅提出，制定出有科學依據的工作定額，研究時間和動作的有效性，去掉不必要的工作時間，提高時間的利用率，並總結先進經驗，確定合理的工作經驗，推廣先進的操作方法，使生產效率得到提高。

2、科學選人、用人

盲目的分配工作往往會導致人和崗位的不協調，降低工作效率，因此需要充分瞭解人的能力和工作意願、工作態度，並依此來選擇適當的工作崗位。泰羅的做法，使人的能力、態度與工作得到了合理的配合，並對上崗的工人進行培訓，教他們掌握科學的工作方法，從而大大提高工作效率。

3、實行標準化

泰羅提出，工作中應該建立各種標準的操作方法、規定和條例，使用標準化的機器、工具和材料，利用標準化來提高生產效率和工作效率。這不僅是科學管理的標誌性內容，也成為現代管理的精髓。

4、差別計件工資制度

泰羅設計了計件單價有差別的工資制度，「有差別」的目的是鼓勵工人完成定額和超額。泰羅認為，單價水平相同的計時工資制不能體現多勞多得，不能促進生產效率的提高；如果工人完成定額或超額按比正常單價高出 25%的水平計酬，完不成定額則按比正常單價低 20%的單價計酬，則能較好體現多勞多得，而會使產量大量增加。

5、勞動職能分析

泰羅以前的勞動分工沒有科學的依據，也沒有專門的管理部門。對此，泰羅主張進行體力勞動工人的時間、動作研究，制定勞動定額標準，使用標準的工具和方法，並把管理工作與一般勞動分離出來，實現了管理的專業化。

6、例外原則管理

泰羅主張，在管理中實行例外原則，一般事務由下級管理人員做，例外事務和重要工作由高層主管來做。

上述泰羅制的科學管理思想奠定了管理得以成為科學的基礎。

（二）法約爾的管理十四原則

著名的管理學專家、法國的法約爾也在同時致力於管理理論研究，他不僅提出了前述的管理五大職能，而且提出了管理的十四條原則，是至今被人們認同的管理者履行管理職能的重要思想。

法約爾的管理十四原則包括：對管理勞動進行分工、處理好組織中權力與責任的關係、講求紀律和行為控制、組織中要有統一指揮、實行一元化的領導、員工個人利益服從組織的利益、報酬制度公平合理並獎勵適度、處理好集權和分權的關係、建立跳板式的等級制度、對物和對人的管理都講求秩序、達到公平、保持員工的穩定、發揮人的創造性、注重員工的和諧團結。

（三）韋伯的官僚制組織理論

馬克斯・韋伯（Max Weber）是著名的社會學家和管理思想家，他首創了一套完整的行政管理理論，也稱官僚制或科層制理論。韋伯認為，科層制組織的特徵是分工明確，等級嚴密，規範錄用，任命制，管理職業化，公私有別，遵守紀律。

韋伯認為，高度結構化的、正式的、嚴密的非人格化行政組織體現是強制控制的合理手段，是達到目標、提高效率的最有效形式，能適用於各種行政管理工作及當時日益增多的各種大型組織。韋伯的理想的行政組織理論，是對泰羅學說和法約爾理論的補充，對後來的管理學發展有著長期的重大影響。

（四）梅約的人群關係理論

美國學者梅約（E. Mayo）的人群關係管理理論，對管理思想和理論的發展做出了重大貢獻。

20 年代至 30 年代，梅約在芝加哥的一家電器公司進行了著名的霍桑實驗，得出了創新性的人群關係管理理論，在其後形成了管理學中占有重要位置的行為科學理論。梅約的理論認為，工人是「社會人」而不是「經濟人」，他們追求友愛、忠誠、理解、受尊重等心理需要，而不是純粹的只「看中金錢」。梅約還提出，企業之中存在著非正式組織，生產效率的高低主要取決於員工的工作態度以及人際關係，提高生產效率的途徑主要在於提高工人的心理滿意度。

三、現代管理理論的特點

第二次世界大戰以後，世界經濟出現了快速發展的態勢，市場需求多樣化，買方市場形成，技術革新層出不窮，企業競爭加劇，為現代管理學說的發展提供了豐沃的土壤。而且，隨著經濟的發展，還出現了經濟民主化、保護環境與生態、新技術革命、計劃向市場轉型、經濟全球化與重組的大趨勢，上述格局給了當代管理學說的發展以更多的契機與啟迪。

在這種經濟社會大背景下，管理學理論迅速發展，思想眾多，20 世紀 70 年代就出現了管理學高度繁榮的局面，被人們稱為「管理理論的叢林」，諸如孔茨的管理職能理論、馬斯洛的需要層次理論、赫茲伯格的激勵雙因素理論、巴納德的社會系統理論、西蒙的管理決策理論、伍德沃德的權變理論、歐內斯特‧戴爾與當代管理學大師德魯克的經驗主義（也稱案例學派）理論。至今，管理學理論和學說仍然大量湧現，異彩紛呈。

從總體上看，現代管理的發展理論主要有以下特點：

第一，重視企業戰略。在激勵的競爭中，為了在激勵的競爭中生存和制勝，戰略管理成為企業的重要內容，「戰略管理」也就成長為現代管理學的重要領域。EMBA 教育的發展和《藍海戰略》一書的出版，就是該方面的極好見證。

　　第二，以決策為中心。現代管理的眼界從原來重視內部的狹義管理擴展到範圍大大加寬的經營管理，而決策成為經營管理活動的中心，以致決策理論成為現代管理理論的大學派之一。

　　第三，重視人力資源與文化。現代企業具有了資源意識，重視資源的開發和利用。由於「人」的多樣性、複雜性和對企業效益的巨大影響，企業尤其重視人力資源的開發和利用，高級經營人才和高級技術人才則成為企業爭奪的對象。與「重視人」的根本趨向有關，也與20世紀後半葉日本經濟高度增長和亞洲「四小龍」的出現有關，企業文化研究也成為管理研究的重點。

　　第四，講求變革。市場變動迅速，產品的多樣化，競爭對手不斷「出招」的壓力，使企業可能基於外部環境和自身特點，經常調整經營策略，組織變革、組織發展和業務流程都成為管理學的重要內容。

　　第五，廣泛吸收多學科內容。隨著企業管理現象日趨複雜，隨著自然科學、技術科學、社會科學的發展和應用，其理論、觀點、方法內容大量融入管理學，進一步促進了管理理論的發展。在現代管理學大類的學科進一步劃分中，分支為管理理論與工程、工商管理、公共管理三大部分，其中第一分支大量應用數學、電腦科學的內容，第二分支是對傳統管理學加上許多其他學科的拓展（如行為科學是對心理學的應用），第三部分分支則大量融入經濟學、社會學、行政學等內容。

第二節　管理研究新進展──後現代管理學說[20]

一、後現代管理思想的提出

　　所謂「後現代」，是指人們對於新型社會思潮的觀念認識的概括，它在一定意義上反映著某種事物在當代最新潮、最前衛的內容，並往往隱含和顯露出一定的發展趨勢。

---

[20] 本節內容根據張羿所著的《後現代企業與管理革命》一書整理改編。

　　管理學是一種具有高度實踐性和對於靈敏反映社會動態和新思潮的學科，本身就頗具現代性和一定的後現代特徵。在科技革命引發知識經濟和經濟全球化導致全球競爭加劇的社會經濟大背景下，在被稱為「第三次浪潮」的資訊社會迅速成長的形勢下，人們的前衛性思潮紛呈，社會上的後現代思想大量反映在管理實踐和管理理論上，後現代管理理論在醞釀形成，於世紀之交脫穎而出。後現代管理理論的開創者是我國著名管理學家、管理實戰專家張羿。張羿是上海靈智營銷管理諮詢有限公司董事長，擔任上海市管理科學學會理事兼後現代管理專業委員會秘書長，兼任《第一財經日報》、《商界》、《銷售與市場》、《中國新時代》、中國管理傳播網等多家財經媒體的專欄作家或特約撰稿人。2004 年 5 月，張羿出版了後現代管理領域的里程碑著作──《後現代企業與管理革命》（雲南人民出版社），其體系橫跨哲學、經濟學、管理學、文化學等諸多學科，是知識經濟時代全球企業變革經驗與理論的集大成，是當今世界前沿性和實用性的傑出管理思想體系，代表了 21 世紀全球管理革命之大勢。該著作一問世，引起社會強烈反響。

二、國外有關研究

（一）後現代管理基本內容

　　後現代管理思潮源於 20 世紀 80 年代的美國。雖然它迅速風靡西方，並向全世界蔓延，但後現代管理理論也同後現代社會以及後現代哲學、文化理論一樣，充滿著不確定性和歧異性。真正具有後現代理論語言基礎的文獻迄今為止尚屬鳳毛麟角，後現代管理既沒有統一的理論，更遠未形成完整的理論體系。

　　當然，後現代管理理論研究還是具有一些共同的特點。根據羅瑉對西方後現代管理研究的考察結果，後現代管理研究涉及管理哲學、人性假設、組織文化、組織結構、組織的變革與發展、企業的國際化戰略與跨文化管理等。其中關於人性的假設和關於管理主體的看法，是後現代管理的主要研究對象和基礎。後現代管理理論學者對人性問題是圍繞著「文化人」這

一命題（proposition）來展開的。在他們看來，將社會學、心理學和文化人類學引入管理學之中，無疑推動了管理理論的發展。[21]

這就是說，後現代管理不同於「經濟人」、「社會人」和「複雜人」等管理學的人性假設，而與後現代哲學和文化學一樣，將現代社會對人本質的異化作為批評對象，試圖在管理中還原人的本質。後現代管理對人的看法無疑是源自後現代哲學的。後現代管理理論認為，現代社會結構中的人不是「真正的人」，而是社會結構的附屬品，其存在的方式是權利。現代社會中的個人還被工業化文明的成果所壓迫，人成為管理制度的創造物，是被現代文明的產品所異化而存在的。而在後現代社會，管理原則、管理藝術、管理制度的遊戲規則已經完全不同於從前，知識變成一種「權力話語」。

後現代管理理論指出，管理權利正是現代人的陷阱。由於管理主體是被創造的，是被所謂的理性所塑造出來的，所以，西方管理傳統中管理的主體不是「我們」或者「職工」，而是資本權力或者管理精英。在很多西方企業，管理是透過企業管理當局的解釋來運用的，解釋者不是企業的職工，而是企業管理當局；在很多情況下，企業管理當局就是管理者個人，是一個生活在現實中的個人，個人的傾向（Oriented）和偏好（Preference）可能會導致他在解讀管理時攙雜個人情緒。

透過以上羅瑉對西方後現代管理觀點的闡述，可以清晰地看出，在管理實踐中顛覆絕對理性、構築相對理性，以及顛覆一元主體、構築多元主體，已成為 21 世紀管理學發展的根基與必由之路。

（二）彼得・德魯克的未來四個里程碑思想

首開後現代管理研究之先河的當屬著名管理學大師彼得・德魯克。在他 1957 年出版的《未來的里程碑——關於新的後現代世界的報告》一書中，德魯克不僅在管理學界，而且幾乎在整個人類思想界都率先使用了「後現代」概念，使其不愧為 20 世紀不朽的思想大師。由於德魯克堅決反對對未來作出任何設計，因此，他並沒有將後現代這一概念理論化和系統化，而把後現代世界稱作「尚未命名的時代」。

---

[21] 參閱羅瑉，《西方後現代管理的研究特點》，載《南開管理評論》2002 年 5 期。

在《未來的里程碑——新的後現代世界的報告》一書中，德魯克主要分析了後現代世界的轉向——即未來的四個里程碑。他所指出的這四個里程碑直到今天仍然矗立著，為後現代企業理論鋪就了道路。

1、第一個里程碑是基於生物學的世界觀代替了基於機械學的世界觀

德魯克認為，「資訊時代」是建立在人類生物學而不是機械學的笛卡爾世界觀基礎之上。早在電腦革命到來之前，德魯克就敏銳地看到了需要一種適應新技術的新模式。他寫到：我們生活在一個過渡的時代……在這個時代，昨日的舊「現代」不再行之有效，……而新的「後現代」尚缺乏定義、表現方式和手段，但是它已有效地控制了我們的行動和行動的後果。

2、第二個里程碑是從進步到創新的轉變中對「秩序的新理解」

進步是自啟蒙理性以來的歷史神話，這種觀點已不能適應新的歷史需要。進步的理論過於玄虛——即歷史像在騎著馬飛奔，而人類卻徒步而行。德魯克對進步的理解與大衛・格裏芬關於現代性的第三個精神向度——「進步神話的描述恰恰是吻合的。德魯克摒棄「進步」，而推崇「創新」，他認為，創新卻是因人發生的、有目的、有組織、但具有內在風險性的變化。德魯克所倡導的創新已成為今天這個後現代社會主要活動模式。社會如此，企業亦如此。

3、第三個里程碑是更加龐大的組織

這意味著團隊協作精神將更顯重要。德魯克還十分關注大公司中越來越多的專業工作者。關於知識工作者管理的問題，在其後來的著作中則有更多深入的分析。這些都為後現代企業中的人力資本理論奠定了良好的基礎。

4、第四個里程碑是教育

德魯克所指出的後現代世界是一個「教育大爆炸的時代」。德魯克認為，使受教育者具有更大生產力，這是時代所面臨的最重大的挑戰之一。為此，我們應該屏棄古希臘那種迂腐和自命不凡，而重視受教育者的實際操作能力的訓練。德魯克有關教育的觀點，對於後現代企業創建學習型組織具有重要的指導意義。

德魯克呼籲，在後現代社會，應使人回歸到精神價值上來。他倡導將信仰作為醫治現代社會疾病的良方，倡導信仰在後現代世界的公司中的重要性。在普遍向信仰回歸的後現代社會，德魯克的思想極為值得重視。

此外，德魯克是率先提出「知識工人」這一概念的管理學家，他有關「知識工人」管理的思想對於構築後現代管理理論，具有重要的價值。

（二）托馬斯‧彼得斯的後現代管理範式

托馬斯‧彼得斯是 20 世紀不朽的管理大師。他在著名的《追求卓越》一書中，他向我們描述了在變動不居的後現代時期如何贏得成功的秘訣，並聲稱當代管理正面臨著庫恩所說的「範式的革命」。

在《追求卓越》及其續篇《追求卓越的激情》中，托馬斯‧彼得斯並沒有鼓吹什麼魔法，而是讓管理者回到「實踐常識」──貼近客戶、走動式管理。這是一種「回歸基礎」（back of basics）的革新，是對現代管理的顛覆。正如鮑勃‧海斯、阿伯內西等人對以美國為代表的西方現代管理的抨擊：這種管理模式把重點放在了企業或公司的文件材料上。現代管理所倡導的管理系統、管理規劃、管理控制以及管理結構都已經無法適應後現代時期管理的現實。後現代管理將把企業管理的重點放在員工身上。彼得斯指出，在深諳領導藝術的象徵符號性質的企業，如麥當勞、迪斯尼等公司，都避免使用「工人」、「雇員」等字眼，而喜歡使用「成員」、「合夥人」等字眼。這說明這些公司已將管理的藝術滲透到細微處。

在《解放型管理》一書中，彼得斯闡述了後現代企業及管理的一些特點：推崇混亂、學習樂於冒險；四大短命──短命組織、短命組合、短命產品、短命市場；不要時鐘，不要辦公室，只要績效；解放員工，鼓勵釋放創業活力；組織解體，走向人人做專案之路；摒棄垂直整合，走向網路聯盟。彼得斯還將後現代企業比做嘉年華，認為企業組織不應設計得像由硬石頭壘成的金字塔，而應該像一個嘉年華式的聚會場所。因為，「當今經濟舞臺的旋律已不再是華爾茲，而是伴著街頭急促腳步的霹靂舞曲。……如果你不覺得瘋狂，你就是沒有跟上時代的步伐。」

（三）馬龍和布林約爾夫森的後現代員工管理思想

麻省理工學院斯隆商學院的馬隆和布林約爾夫森，將今天的管理稱為「後現代管理」。他們認為，後現代管理與現代管理的不同首先在於管理對象不同，現代管理的對象是產業工人，而後現代管理的對象則是知識工作者或決策者。後現代管理的難題是，決策者實際上是不能加以控制的，因為你總是對他發號施令，他們實際上就不再是決策者。

約翰・布郎寧在《創建「知識公司」的困惑與挑戰》一文中指出：後現代的管理者們以結果為依據對雇員進行獎勵——一般是透過股票選擇權而不是具體地規定雇員每天每一時刻都應當幹什麼。他們別無他法，因為他們與雇員之間存在知識鴻溝，使得他們無法具體規定工作程式。但是，後現代管理者對業績進行獎勵，就是鼓勵雇員培養自己的知識，而不是簡單地採用其上司的知識。

三、我國學者的觀點

（一）張曙光的後現代企業觀點

中國著名經濟學家張曙光教授於 1996 年提出後現代企業概念，用以指與農業經濟、工業經濟時代完全不同的企業模式。這一概念是伴隨知識經濟概念的提出而提出的。張曙光將企業制度發展劃分為三種形式和三個階段：其一是古典式企業和企業制度；其二是現代企業和股份公司制度；其三是後現代式企業和企業制度。

張曙光就後現代企業中的人力資本及其產權特徵、後現代企業中的委託——代理關係等關鍵問題提出了自己獨到的看法。張曙光教授首開歷史之先河，對後現代企業制度的預期得到了國內經濟學家的肯定。這為中國後現代企業理論研究奠定了良好的基礎。

張曙光教授在《企業理論創新及分析方法改造——兼評張維迎的〈企業的企業家——契約理論〉》一文中說：「在後現代式企業和企業制度中，由於管理者分享部分剩餘，從而也就具備了企業所有者和經營者的雙重身份。表面看來，這與資本家出任管理者的情況沒有什麼差別，實際上，這

裏存在著一個反向的過程。不是委託人選擇代理人，而是代理人變成委託人；不是委託權的初次分配，而是委託權的重新分配；不是資本雇傭勞動，而是勞動雇傭資本。」[22]

（二）安同良、鄭江淮的後現代企業觀點

在《經濟理論與經濟管理》2002 年第 3 期發表的「後現代企業理論的興起：對企業的新古典、契約和能力理論的超越」一文中，南京大學商學院的安同良和鄭江淮也提出了後現代企業觀點。

安同良和鄭江淮提出了一種綜合性企業理論，即後現代企業理論──它的要點如下：

(1) 企業作為一種與國家、市場、家庭並列的制度形式，其制度選擇過程是一個歷史的、耗時的演進過程。

(2) 企業的本質是生產功能。

(3) 企業在生產過程中，在協調成本與收益的權衡後，才涉及到組織與參與者之間的具體契約，即企業的生產功能引致了契約的安排。

(4) 企業是在管理協調下人力資源與其他非人力資源的集合體，其增長與發展是基於知識積聚的進化過程。

(5) 在快速變革的知識經濟條件下，企業行為與戰略的「動態能力」是企業競爭優勢的源泉。

安同良和鄭江淮還從後現代企業理論對中國國有企業改革與發展的啟示之角度發表了相關觀點。這兩位學者是從企業經濟學的角度，以整篇論文來闡述後現代企業理論的。來闡述後現代企業理論的形式，在目前國內已屬罕見。

---

[22] 張曙光，《中國經濟學和經濟學家》，第 204-205 頁。

（三）其他學者與管理專家的思想

天津理工學院經濟與管理學院教授尹貽林在其《管理的技術及問題解決方案——兼論管理思想的發展和創新》一書中，將管理學的發展劃分為四個階段，即：古典階段、行為科學階段、現代管理理論階段和後現代管理理論階段。上海市經濟管理幹部學院的黃彪在《組織行為學》中使用了後現代組織概念。裕興電腦科技（集團）總裁祝維沙在《開創中國資訊化的未來之路》一文中，稱裕興集團將所有權與經營權合一的做法是一種後現代企業制度。

中國社會科學院研究員、著名經濟學家唐豐義教授指出，入世後，中國的開發區等特區型地區要發展壯大，必須思路創新，開發區的發展應該有新的視點，應被三個功能所取代：高技術、高成長企業「雙高」示範區、後現代企業的培植區、全社會經濟的帶動區。

有關後現代企業理論的創新還只是剛剛開始。前述學者、作者、企業家僅僅扣開了後現代企業的大門，要領略她的無限風光尚需時日。

第三節　人力資源開發管理新方向

一、當代組織文化的轉變

組織文化是管理實踐和管理理論中的重要內容。在當代組織中，組織文化由一般的「文化」拓展到技術—經濟—文化體系，它更加深刻地反映組織的環境背景和對人力資源多角度、全方位的開發利用與管理。

（一）從行為管理到觀念管理

從行為管理到觀念管理，這是後現代管理針對「知識工人」勞動的特殊性而進行的管理範式的轉變。這一轉變說明，後現代文化管理的對象是

「知識工人」的思想、觀念與心靈。從管理行為到管理觀念，這昭示著後現代管理邁入了一個全新的時代。

（二）從控制式管理到支援式管理

在管理工作中，從「控制」到「支援」，這不僅是適用于「知識工人」的後現代管理範式轉變，同樣也是適用于後現代時期產業工人的管理範式轉變。今天的產業工人對文化管理的需求程度也在空前地提高。面對這一切，後現代管理者應該不僅僅是順應時勢，而是要走在時代的前列。

（三）從他人管理到自我管理

現代管理是一種他人管理，而後現代管理追求的是自我管理的境界。所謂自我管理，就是讓「知識工人」按照自己的意願、方式，自己進行時間和空間統籌而完成工作任務的管理方式。由於自我管理模式很適合「知識工人」高智商、高創造性和高主觀能動性等特點，因此，很受「知識工人」的歡迎。對於「知識工人」而言，自我管理範式可以使他們獲得最大程度上的被尊重，他們的智慧也將得到最大限度的發揮。

（四）從過程管理到目標管理

對「知識工人」的過程管理從根本上是無效的。這使得目標管理成為後現代管理實踐中的普遍範式。知識經濟時代的目標設定與工業化生產目標的設定具有完全不同的特徵。在工業生產目標設定中，可以輕而易舉地設定數位，目標設定可以透過科學的手段或工具進行準確的測度；而「知識工人」生產目標的設定卻更多的是一種藝術──它很難量化，它設定的準確與否取決於管理者對「知識工人」專業素質、創造力、意志力等心理因素的把握程度。

互動模式的設定對目標管理的實施具有重大的意義。目標管理中的互動模式，應該以「知識工人」主動提出問題，要求與管理者對話、商討、解決問題為原則。管理者原則上不主動過問「知識工人」工作過程中的事

務，以避免造成干涉「知識工人」自由創造或打破「知識工人」自我管理的平衡狀態，招至「知識工人」的不滿並影響其工作質量與效率。

（五）從制度、規章管理到情感、智慧管理

現代企業通常具有完善而龐大的管理制度系統，這是現代企業獲得成功的基本保證。面對變動不居的後現代社會和「知識工人」工作的靈活性、創造性等特徵，過於死板的制度規章是無法適應最新管理的現實的。制度、規章管理讓位于情感、智慧管理，是後現代管理的必然趨勢。

情感和智慧管理成功的奧秘在於透過創造寬鬆的工作氛圍，而獲得員工情感上的愉悅，從而提高其工作的積極性和工作效率。這種制度之所以是智慧的，是因為它體現了一種水一般的流動性和變通性。變通是最古老的智慧，也是後現代智慧，它體現了一種文化，因而是有生命力的。

（六）從世俗管理到信仰管理

儘管今天現代性已遭到了全世界範圍的批判和改造，但事實上我們距離一個真正意義上的後現代社會的目標還十分遙遠。在很多領域，後現代性甚至離我們越來越遠──譬如我們必須不遺餘力地對抗諸如個人主義、世俗主義等在現實中的瘋狂勢力。因此，在後現代管理時代已經到來之際，真正意義上的後現代管理在很大程度上仍只是我們前進的標杆。

現代企業曾經創造了一整套有關物質激勵和精神激勵的體系，也曾經行之有效。但由於即便是其精神激勵體系中包括價值觀、願景系統等，也都是世俗主義的產物，且不能喚起人們永恒的信念和建立堅固的倫理，因此在後現代企業管理實踐中必須進行徹底的革命。

從世俗管理到信仰管理，這是後現代企業管理革命中非常重要、也非常艱難的一環，它需要後現代社會的各方人士共同努力才能完成。

二、當代組織的人力資本

（一）勞動與資本的合一性

目前已被普遍使用的人力資本概念是後現代社會的產物。只有在後現代企業中，當勞動與知識緊密結合、產生知識工人的情況下，「人力資本」的屬性才會真正成立。人力資本有一個時髦的稱呼叫做「知本」，即知識資本，擁有知識資本的人被稱為「知本家」，並被經濟學家和社會學家普遍認為可以與資本家分庭抗禮甚至凌駕於資本家之上。事實上，知本家一詞是對後現代知識份子的高度評價。正是由於在後現代企業中勞動與資本的合一性，使知識份子真正登上了歷史的舞臺。這是知識份子的轉型和知識份子命運的根本轉折。知本家的出現改變了知識份子屬於「統治階級中的被統治者」的社會角色，使知識份子成為真正的統治階級。政府中的「專家治國」和企業中的員工知識化都是這一轉變的真實寫照。當然，知識份子在成為「統治階級」的同時，統治階級與被統治階級之間的界限也模糊化了。在後現代社會，統治與權力概念的內涵都已經發生轉變。

我們所關注的是，知識資本從本質上已超越土地和貨幣，成為後現代企業的第一資本。知識資本的最典型特徵是勞動與資本的合一性。後現代企業人力資本的這一特性向管理提出了新的課題。作為勞動，後現代知識工人具有資本的特性，但這種資本不同于傳統的貨幣資本——可以自由流通、任意分配和調動。

目前在知識資本管理的制度創新方面，還遠遠沒有成熟。其主要原因是知識資本很難估價。真正樹立知識資本意識並以完善的財務制度體現其價值，是後現代企業人力資本運營的核心任務。囿于後現代企業理論架構還相當嫩稚的原因，全面解決這一課題尚須管理學家和企業家在實踐中的不斷探索與總結。

（二）人力資本的團隊性

屬於現代大工業時期的流水線作業在後現代企業中已不重要。隨著資訊化、自動化技術對工業領域的不斷滲透，流水線管理變得越來越簡單。而處於後現代企業運營核心的是戰略規劃、資本運營、品牌策劃等屬於高

度智慧型的勞動。而完成任何一項這樣的任務都需要團隊的合作。在大多數情況下，後現代企業的成敗掌握在一個或多個專業團隊的手中。

如房地產專案的運營需要一個由專案策劃師、資本運營專家、土地評估師、建築師、工程師、銷售專家等組成的「混合艦隊」。IT 專案（如贏利性門戶網站建設）需要一個由網路運營專家、資訊專家、媒體專家、程式開發工程師、網頁設計師、網路銷售專家、電子商務專家等組成的「混合艦隊」。在上述專家團隊中，缺少了任何一種類型的專家，專案都無法正常運行。而由於人力資本的高度能動性和個性化，使得任何一個團隊都需要較長的磨合時間才能真正發揮其戰鬥力。

後現代企業人力資本的團隊性提高了人力資本在與資本家博弈過程中的優勢，使勞動雇傭資本的反向雇傭模式成為現實。這對資本家來說，是一個不願接受的事實。但面對現實，資本家也別無選擇。在這種情況下，資本家不但不能加大對專案專家團隊的直接控制力度，相反卻要採取讓專家團隊實現自我管理和自我控制的開明模式。

三、組織領導的新型使命

（一）使命之一：建立經濟──文化型願景

建立企業的經濟──文化型願景，不僅是組織領導的首要任務，更是其最艱巨最複雜的任務。這是時代賦予企業領導、尤其是後現代企業領袖的特殊職責，他們將因此擔負起物質財富與精神財富創造的雙重勞動，他們將身兼企業家和文化學者的雙重角色，成為後現代經濟的推動者。

建立企業的經濟──文化型願景是一項系統工程。它包括企業戰略系統、企業倫理和價值系統、企業終極目標系統和企業形象識別系統。這種後現代企業的精神建設與通常意義上的企業文化建設存在著本質的區別。因為後現代企業的願景構築是反文化的，它改變了傳統企業文化建設的虛假、蒼白和表面化色彩，它建立在真實、樸素、深刻，尊重人性、尊重社會與自然，追尋終極意義的基礎之上。

（二）使命之二：建立學習──超越型組織

學習是重要的，在「學習型組織」浪潮席捲全球的時代，這一具有極大開創性的企業理論在相當程度上已經成為一種時髦而浮於表面。創新則是非常實際的活動，在後現代社會，創新發生於每一天、每一個人的身上。創新不一定就是偉大的、轟轟烈烈的行動，它只是後現代社會的一項基本人類活動，它體現於任何一件細小的事上。即後現代社會的創新已經平民化、日常化和去偉大化，而不是通行創新的精英化、非常化和偉大化的。

正因為學習與創新在後現代社會的普遍性和平民化，對後現代企業而言，建立學習型組織才更顯重要。學習型組織的建立不是一項孤立的任務，它與企業願景體系的構築及其它後現代領袖的任務是相互依存的。如果一家企業沒有構築成功的願景體系，它的員工培訓計劃的導入就將沒有正確的方向，從而最終陷於失敗。

（三）使命之三：建立內部營銷──對話體系

內部營銷是一個企業重視的新範疇，目前在世界範圍內還少之又少。內部營銷的藝術看似簡單，但跨出這一步卻異常艱難。目前推行內部營銷模式最大的障礙實際上是，企業領袖拘泥於傳統的價值觀，缺少發自內心的對員工的尊重，擔心對員工太好會失去自己的權威。

建立內部營銷—對話體系，需要後現代的價值觀，需要企業領袖放棄精英意識，換之以敬畏生命的平民意識。他們應該放棄使用「員工」這一傳統的帶有強烈統治意識的辭彙，而使用「夥伴」、「朋友」這樣溫情的話語。

一個內部營銷家式的企業領袖應當知道怎樣規避領導者與被領導者互不信任的局面，知道應該對如何對被領導者進行積極的開放式管理。他有博大的胸懷，使任何一名成員即使在選擇離開企業之際也能得到友好的對待，甚至是無私的幫助。這樣，就算某人離開了公司，也仍然能夠以各種方式成為公司的合作者或利益推動者。

（四）使命之四：建立目標管理——分權體系

由於後現代企業廣泛採用虛擬經營和各種聯盟形式，古典和現代企業的集權模式已徹底失去了效力。就後現代企業總部與其各分支機構的鬆散關係而言，它的管理難度要高於傳統企業。克服後現代企業管理瓶頸的唯一方法是，建立科學的分權體系。

對後現代企業集團來說，由於它的各分支機構都是獨立的法人單位，因而從戰略層面上已經解決了分權管理的問題。但除此之外，後現代企業還要在微觀層面上建立分權管理體系。

分權模式與目標管理模式是水乳交融的，在分權模式中存在著目標管理，在目標管理模式中也存在著分權。作為後現代企業領袖，其任務是把這兩種模式有機地融合起來。

目標管理的內涵在後現代企業中必須進行新的拓展，即企業設定的目標應該既包括經營目標，也包括文化目標。後者是後現代企業對管理提出的新的任務，他的重要性甚至超過了前者。「文化目標管理」的實施將是對後現代企業領袖的最大考驗。它徹底改變了傳統經濟型企業領袖的形象，使後現代企業領袖必須成為經濟—文化型領袖。

（五）使命之五：建立傳播——誠信成功體系

後現代是靠傳播成功的時代。作為企業領袖必須是一個真正的傳播家，善於利用一切機會和手段隨時將自己的企業介紹給公眾。沒有科學系統的傳播策略，就沒有後現代企業的成功。

後現代企業的理論或思想不是憑空捏造出來的，而是建立在對社會與市場的深入分析、洞察和前瞻的基礎之上。後現代企業的傳播—成功體系必須棄絕傳統的炒作，它不允許企業以虛假的包裝愚弄公眾。誠信的意義在後現代超過了以往的任何時代，這是保證社會道德與秩序的必須手段。因為在互聯網和各種傳媒高度發達的後現代時期，公眾在各種資訊面前難辨真偽，這要求企業做出一種姿態，成為讓公眾可以信賴的對象。

後現代企業應該挺身維護社會的公正，透過自己的產品、自己回饋社會的行為樹立在公眾心目中的形象。因為誠信危機已經危及到了後現代社會的持續發展，主持公義的企業才能得到公眾信賴和贏得巨大的成功。

【主要概念】

　　管理 管理者 管理職能 泰羅科學管理理論 法約爾管理十四原則 韋伯官僚制 組織理論 梅約人群關係理論 管理理論的叢林 後現代管理 未來的里程碑 知識工人 後現代企業 自我管理

【討論與思考題】

1、什麼是管理？你如何理解這一概念？其要素是什麼？其作用是什麼？

2、結合實際，分析管理的五大職能。

3、經典管理理論包括哪些內容？談談你對它們的現實作用的認識。

4、試分析四大經典管理理論中所包含的人力資源管理思想。

5、什麼是後現代管理？這一範疇提出的社會經濟背景是什麼？

6、你如何看待後現代經濟組織中的員工與單位關係？

7、談談你對「當代組織文化的轉變」的學說的看法，並結合當代企業管理的 實例進行說明。

第六章

組織戰略與人力資源開發管理

【本章學習目標】

掌握並熟練分析各種組織模式

理解現代組織的變化方向

掌握戰略與企業戰略的概念和內涵

理解人力資源戰略及其與企業戰略的關係

掌握戰略人力資源管理三大模型

掌握並熟悉戰略人力資源管理運作的各個環節

瞭解戰略人力資源管理中的人力資源管理者

第一節　組織與戰略

一、組織模式

組織，是指為了達到特定的目標而透過分工協作與不同的權力責任所構成的人的集合[23]，又是一種複雜的、追尋自己目標的社會單元[24]。組織結構，則是組織在解決分工關係、部門化、許可權關係、溝通與協商、程式化五個問題所形成的組織內部分工協作的基本框架[25]。

在長期的經濟發展歷史進程中，微觀組織的管理模式也發生了一系列的巨大變化。總的來看，組織結構有以下幾種基本類型：

（一）直線制組織

直線制組織是最簡單的自上而下的集權式組織結構類型，其最主要的特徵是不設專門職能結構，管理系統形同直線。該種組織的優點是結構簡單、權責明確、協調容易、管理效率高；缺點是缺乏專業化管理分工，對領導人員管理才能要求很高，僅適用於較小規模的組織。

（二）直線－職能制組織

直線——職能制組織是直線制組織的擴展和強化。該種組織實行組織的領導者統一指揮與職能部門參謀、指導相結合的組織結構類型。

---

[23] 參見趙西萍、宋合義、梁磊編著，《組織與人力資源管理》，第 39 頁，西安交通大學出版社，1999。

[24] 美國當代著名組織理論家本尼斯（Warren Bennis）的觀點，引自江西人民出版社《西方管理學名著提要》，第 271 頁。

[25] 王利平，《管理學原理》，第 146-147 頁，中國人民大學出版社，2000。

從總體上看，直線－職能制組織與直線制組織都屬於金字塔型或科層制組織。直線——職能制組織的特徵，是各級行政負責人都對業務和職能部門二者進行垂直式的領導；職能管理部門在直線制基礎上使某種管理工作專業化，它可以協助領導管理和決策，但沒有直接指揮權而只能對業務部門進行指導。這種組織形式的適用面較廣，但也有一定問題，即在大型組織中各個部門間聯繫和協作會變的相當複雜。

（三）事業部組織

該種組織形式的原則是「集中決策，分散經營」，此原則有很多優點：其一，權力下放，使領導人員有更多的空間制定企業長遠計劃；其二，各部門負責人自行處理日常事物，有自主權和主人公意識，能夠提高管理的積極性和工作效率；其三，各部門高度專業化工作；其四，各個事業部門權責明確，物質利益和經營狀況緊密掛勾。該種組織的缺點在於人員膨脹，各部門融合度協作性不高，整體利益易受損害。

（四）矩陣制組織

這種結構是由職能部門系列和專案小組系列縱橫兩個管理系列交叉構成，形成雙道命令系統。它的優點主要有：「縱橫」得到聯繫，加強了職能部門間的協作和配合；把各部門的專業人員集中組建；方便一些臨時性的特別是跨部門工作的執行；使組織的綜合管理和專業管理結合。缺點主要是由於結構的複雜性使一些小組成員工作精力被分散。

（五）集團公司組織

公司制度是現代企業的一般組織形式。在現代市場經濟國家，由於經濟競爭、兼併、控股和重組，形成許多大的托拉斯、聯合公司、跨國公司，即形成集團公司體制。在集團公司內部，存在著一個以至多個大的母公司，它（們）又控制著一定的子公司。子公司的功能是組織生產經營活動，成為利潤中心。

二、現代組織的特徵

（一）現代組織的變化背景

當前，世界正在面臨一次新的「企業革命」。彼得‧德魯克指出，我們已經「跨入了一個組織、管理和策略變革的新紀元」。

從世界的角度看，在經濟全球化和科學技術高速發展的情況下，企業組織正在呈現出科學化和人本化的趨勢。科學化是指組織本身的科學性，包括管理科學的發展對組織形式的衝擊與推動，結果是向能夠創造更大效益的新組織形式演變。人本化則是強調以人為本，企業組織結構的設計，要以「對人的關心」作為出發點，以利於發揮人的潛能、促進人的成長和提升人的價值。組織變革的科學化，激化著中層人員的競爭態勢；而組織變革的人本化，為人才的創造性發揮和人的全面發展注入了新的活力。

美國組織與人事管理專家吉福特與品喬特在《直線制組織結構的興衰》一文中，對未來知識經濟條件下與以往工業經濟條件下人的「工作實質」進行了對比，指出有以下七種變化：[26]（1）從非熟練性工作到知識工作；（2）從枯燥重覆性工作到創新和關心；（3）從個人工作到團隊工作；（4）從職能性工作到專案性工作；（5）從單一技能到多技能；（6）從上司權力到顧客權力；（7）從上級協調到同事協調。從上述七種變化中可以概括出其總變化：在未來的組織中，對人的知識、才能、創造性、協作性的要求將普遍上升。反過來，工作者對組織的要求是能夠吸納知識多、才能高的人，能夠為員工的創造性提供更多的機會和舞臺，能夠更加有利於人與人之間的交流與協作。

（二）現代組織的變化方向

在這種變化的格局下，現代組織結構也出現了諸多變化，一些新型組織已經初露端倪，這對組織的人力資源開發與管理提出了新的要求。現代組織的變化主要有以下幾個方面：

---

[26] 姚裕群主編，《中國人力資源開發利用與管理研究》，第 378-380 頁，首都師範大學出版社，2001。

1、扁平化

扁平化是當代組織變化的一種新趨勢，指組織的階層減少和管理跨度加大。人性化、人本化是一種社會潮流，具有人性化和人本化特徵的組織因而會有無限的生命力。與此相對比，傳統金字塔型結構的組織具有不可忽視的缺陷，因為其眾多的層次、嚴密的分工是以「事」為本、以「權力」為靈魂，對資訊溝通造成障礙，對人的能動性造成壓抑。組織結構走向扁平化，不僅減少了組織內部的溝通環節，提高了管理效率，而且也是符合人性特徵的，因此，扁平化組織才應運而生和逐步擴展。

2、柔性化

與扁平化組織同時出現的，還有各種「柔性化組織」。所謂柔性化，是指工作組織及其工作內容的強制制度減少的趨勢。這是當代組織變化的一種新趨勢。柔性化組織所強調的柔性，包括組織結構的柔性、管理的柔性和工作時間的柔性等。柔性化組織中有一種「變形蟲」組織，它強調組織成份的隨機組合，打破單位內的組織壁壘，吸收組織外最適合做某種工作的人一起組成臨時性的組織，在完成工作任務後即自行解散。

3、可塑性

可塑性更加側重組織的目標與組織發展，組織結構本身隨著組織目標與組織發展而會被塑造。組織的可塑性包括三種要素：一是廣泛的內部跨單位網路；二是用市場機制來協調大量以贏利為中心的內部單位；三是透過與外部協作夥伴的合作，創造新的優勢。

4、靈活性

靈活性是高度競爭條件下的現代組織非常重視的內容。「變色龍組織」在此方面具有代表性。進一步來說，變色龍組織具有以下五大特徵：極大的靈活性、個人的承諾、充分運用團隊、扎實的基本功和嘗試多樣性。[27]變色龍組織的最大特點，是其不斷地適應環境而隨時變化自身。

---

[27] 〔美〕道格・米勒，〈戰無不勝的變色龍〉，引自 F・赫塞爾本等主編的《未來的組織》一書，四川人民出版社，1998。

5、虛擬化

虛擬組織，是在當代社會向資訊社會發展的背景下，「由若干項技術的會聚產生的功能特徵而形成的公司結構，……是技術加速融合的結果」[28]。虛擬組織有「人員、目標、連結」三要素。在虛擬組織的形式下，組織的員工由「組織內部」變為「跨組織」；工作方式由「當面溝通」變為「網路溝通」；管理方式由「獎罰控制」變為「目標導向」。

三、現代組織的戰略

（一）企業戰略的內容

「戰略」一詞，來源於軍事用語，它是指戰爭之中高層次的、大格局的選擇，並帶有對戰爭目標與結局長期性的考慮。戰略，作為一種思想，是與反映具體手段的「戰術」一詞相對立；作為一種層次上、時間性的範疇，高於、長於「戰鬥」、「戰役」，而近似於「戰爭」。因此，搞好戰略問題極其重要，它事關一件工作、一項事物、一個領域的根本前途。鑒於戰略的重要性，各個領域都開始重視和運用這一範疇。

在經濟發達國家，對戰略的研究大量用於企業經營管理中。但是，有關管理的文獻眾說紛紜，尚沒有形成一個統一的定義，不同的管理學專家與管理實踐專家基於不同的角度賦予了企業戰略不同的含義。我們認為，企業戰略是企業在長期發展中的經營範圍和方向，這種範圍和方向與不斷變化的外部環境相適應，尤其是與市場特徵和顧客的期望相適應。企業戰略與競爭對手有一定的關聯，由股東的利益要求所決定，也與員工的狀態即人力資源的素質與應用狀況有密切的聯繫。

下面介紹幾種主要的企業戰略觀[29]。

---

[28] 彼得·坎吉斯〈走向虛擬組織機構〉，引自〔英〕丹尼斯·洛克編，《高爾管理手冊》，第 19 頁，商務印書館國際有限公司，1999。

[29] 秦志華、洪向華主編，《總經理》，第 72 頁，中國城市出版社，2002。

1、安德魯斯的決策觀

美國哈佛商學院教授安德魯斯（K.Andrews）認為，企業總體戰略是一種決策模式，它決定和揭示了企業的目的和目標，提出重大方針和計劃，確定企業應該從事的經營業務，明確企業的經濟類型與人文組織類型，以及決定企業應對員工、顧客和社會做出的經濟與非經濟的貢獻。其總體思想是要透過一種模式，把企業的目的、方針、政策和經營活動有機結合，使企業形成自己的競爭優勢，將不確定的環境具體化，以便較容易地解決問題。

2、魁因的模式觀

美國學者魁因（J.B.Quinn）認為，戰略是一種模式或是一個計劃，它將一個組織的主要目的、政策與活動按照一定的順序結合成一個緊密的整體。一個制定完善的戰略有助於企業根據自己的優勢、劣勢和環境的變化，以及競爭對手可能採取的行動而合理地配置自己的資源。有效的戰略包括三個基本因素：即目標、政策、程式（即實現預定目標的主要活動程式或專案）。不同的戰略概念與推動力會使企業的戰略產生不同的凝聚力、均衡性和側重點。在大型組織裏，每一管理層次都應有自己的戰略，這種分層次戰略必須在一定程度上實現自我完善，並與其他的分戰略相互溝通、互相支援。

3、安索夫的經營觀

美國著名戰略學家安索夫（H.I.Ansoff）指出，企業在制定戰略時，有必要先確定自己的經營性質。企業的產品和市場與未來的產品和市場之間存在著一種內在的聯繫，即「共同的經營主線」。透過分析企業的「共同的經營主線」可以把握企業的方向，同時企業也可以正確地運用這條主線，恰當地指導自己的內部管理。經濟發展的現實對管理學家和經理人員提出了客觀的要求，即企業的戰略必須一方面能夠指導企業的生產經營活動，一方面能夠為企業的發展提供空間。

4、明茨伯格的規範觀

加拿大著名管理學家明茨伯格（H.Mintzberg）指出，在生產經營活動中，人們在不同的經營條件下以不同的方式賦予企業戰略不同的內涵，人們可以根據需要接受各種不同的戰略定義。在此基礎上，明茨伯格提出了企業戰略是由五種規範的定義闡明的，即戰略是計劃、是計策、是模式、是定位、是觀念。

(二)企業戰略的構成要素

一般來說，企業戰略由以下四個要素組成：

1、經營範圍

經營範圍，是指企業從事經營活動的領域，它反映了企業發展對外部環境與條件的要求，也反映了企業應該根據自身既定條件——所處的行業、產品和市場狀況來確定自己的經營範圍。企業的經營範圍應當具有自己的特徵，即應當屬於細分化的市場。

2、資源配置

資源配置是指企業對既定的資源的安排。資源配置的效率直接影響企業實現目標的程度。當企業的環境發生變化時，應當對現有的資源配置模式加以調整，以支援企業的戰略變化。

3、競爭優勢

競爭優勢是指企業透過其資源配置模式與經營範圍的決策，形成的比其他競爭對手強勢的地位。競爭優勢可以來自企業在產品和市場上的地位，也可以透過企業對特殊資源的配置達到。

4、協同作用

協同作用是指企業從資源配置和經營範圍的決策中所能獲得的綜合效果。協同作用可以分為：投資協同作用、生產協同作用、銷售協同作用和管理協同作用。

第二節 戰略人力資源管理主要學說

一、戰略人力資源管理的含義

在戰略人力資源管理範疇上，存在著多種不同的觀點。亨德裏和佩蒂格魯德認為，戰略人力資源管理主要關注的是環境因素與人力資源管理政策間的關係，認為「適應外部環境」的任務決定了人力資源管理政策。德利瑞和多蒂指出，一些人力資源管理工作具有戰略性，包括內部職業計劃、正規培訓系統、結果導向的評估、利潤共用、雇傭保證、員工參與和工作描述等。更多的人關心各種人力資源管理實踐與組織績效間的關係，認為這一關係對組織的生存與發展至關重要，因而就具有戰略性。

本書給出的定義是：戰略人力資源管理指從企業經營的戰略性目標出發，從事人力資源管理活動和改進人力資源部門的工作方式、發展組織文化，以提高組織總體和長期績效的人力資源開發與管理活動模式。也就是說，戰略人力資源管理是廣義的概念，包括了戰略人力資源開發的內容。戰略人力資源管理作為一種新的人力資源管理模式，是統一性和適應性相結合的人力資源管理，它要求組織的人力資源開發管理和組織的總體戰略完全統一，人力資源政策在組織中的各個層面要完全一致，組織內各個部門的負責人和員工要把人力資源政策的調整、接受和應用作為他們日常工作的一部分。

此外，人們也應用「人力資源戰略」或「人力資源管理戰略」的詞語，這與「戰略人力資源管理」相比，更偏重于人力資源管理自身。

二、戰略人力資源管理定位學說

（一）針對競爭環境的定位學說

　　「波士頓矩陣」是一個關於公司的經營和競爭性戰略選擇的著名模型。對波士頓矩陣環境模型的運用，分析企業不同的管理環境下人力資源戰略和政策，構成戰略人力資源管理的定位學說。

1、問題型組織管理定位

　　這種類型的企業也稱為幼童型和野貓型。該企業處於一個快速增長的產品市場中，其產品占有較小的市場份額。通常為了獲得市場份額，企業的規範較少，也較少採取官僚主義的方法，而以靈活的、變動的和非正式的形式來管理企業。相應地，人力資源管理的特徵就是團隊的靈活性、強調非正式的和開放的管理風格，鼓勵雇員在合同之外做額外工作，組織的人力資源管理與開發較少。直線經理從事較多的人力資源管理工作，但他們缺乏人力資源業務指導。

2、明星型組織管理定位

　　這種企業在快速增長的產品市場中擁有較高的份額。它們設有人力資源職能部門從事比較規範的人力資源管理活動，人力資源部門也有較高的地位。人力資源管理的主要內容是：透過謹慎的招聘和甄選以挑出最合適的候選人；實施內部培訓和發展方案以培養雇員的忠誠；與個人績效相關的工資系統；定期和系統的評價以及雇員參與。人力資源管理的首要職責可能掌握在直線經理手中。

3、現金牛型組織管理定位

　　這類企業在低速增長甚至停滯的市場上占有很高的份額。它們具有秩序性、穩定性、可預測性和正式化的特點；其組織結構可能呈現高聳的形態，組織內部人員的等級層次多。由於任務和績效之間的預期變動很小，所以運作缺乏靈活性。該類企業一般已經建立了比較完善的薪酬系統。人力資源的職能是使人員配置優化，高度強調專業性和在一定領域的超前發展。由於企業具有較高的收益，能夠從事高成本的人力資源管理活動。

4、瘦狗型組織管理定位

這類企業增長速度緩慢或是正在衰退，在市場中只占有少量份額，最缺乏競爭優勢。由於處於這種十分不利的經營狀況，人力資源管理工作就要注重降低人工成本，這就要進行縮小規模、裁員、招聘短期員工、強化內部監督管理等。如果人力資源管理部門進行企業轉型的工作，還可能導致與一些部門和員工的衝突，並招致指責。

（二）基於組織生命週期的定位學說

組織生命週期是一個常用的組織管理分析工具。英國學者斯多利（Storey）和西森（Sisson）則把組織的生命週期和組織的雇傭戰略聯繫起來。他們採用四階段劃分法：

1、導入期組織的定位

在企業成長的早期，人力資源管理致力於靈活的工作方式、招聘和留住雇員，激勵雇員努力工作和自我開發。雇主的目標是使雇員忠誠于企業。

2、成長期組織的定位

在成長期，企業開始出現正式的政策和方法。這時，企業需要保持專業技能，並確保早期形成的雇員忠誠狀態能夠繼續維持下去。這一階段的人力資源管理任務是為企業戰略的各個方面引入更加先進的方法和體制。

3、成熟期組織的定位

隨著市場的逐漸成熟，企業盈餘達到最高峰，這時企業就需要評價和進一步完善自己的活動了。在這一階段，企業很可能形成一系列正式化的方案，這些方案往往具體到企業管理的每一環節。這一時期的人力資源管理，集中體現在組織對勞動成本的控制上。

4、衰退期組織的定位

在企業的衰退過程中，會引發一系列的問題，一些原有的問題也變得明顯起來。在這一時期，企業人力資源管理的重點轉到組織合理化和裁員增效方面。

三、戰略人力資源管理內容學說

（一）戰略特徵的內容學說

美國康耐爾大學學者把不同組織的戰略人力資源管理特徵，分為以下三種：

1、誘引戰略管理內容

誘引戰略是透過高工資薪酬來吸引人才和培養人才，以形成高素質的人才隊伍。在薪酬制度方面常採用的措施有利潤分享計劃、員工持股計劃、獎勵政策、績效工資制、企業高福利等等。但是，由於企業支付的薪酬較高，為了控制增長人工成本的勢頭，往往要嚴格控制員工數量，所吸引的員工通常是高技能的、專業化的人才，招聘費用和培訓費用相對較低；在日常管理上則採取以利益交換為基礎的嚴密的科學管理模式。

2、投資戰略管理內容

投資戰略是指為保證企業發展所需人才，透過聘用數量較多的員工，形成一個備用人才庫。這種戰略注重對員工各種技能的培訓，並注意培養雇主與員工間良好的勞動關係。在這種戰略的指導下，人力資源管理人員擔負了較重的責任，要保證員工得到所需的資源、培訓和支援。採取該戰略的目的是要與員工建立長期的工作關係，因此，企業重視員工，使員工感到有較高的工作保障。

3、參與戰略管理內容

參與戰略是指企業在戰略決策中給予員工較多的決策參與機會和較大的參與權力，使員工在工作中有更多的自主權。企業採取這一戰略，注重團隊的建設、員工的自我管理和授權管理，重視與員工溝通的技巧、採取易被員工接受的解決問題的方法。為此，人力資源管理人員必須為管理者和員工提供必要的諮詢和幫助。

（二）組織變革下的內容學說

史戴斯和頓菲針對因組織變革戰略的程度不同而採取的人力資源管理內容進行闡述，其內容包括：

1、發展式戰略

為適應環境的變化，有的企業採用漸進式變革的模式，其主要特點是：注重發展個人潛力和培養團隊協作精神，重視績效管理，對員工的激勵多「內在激勵」而少「外在激勵」，透過強調組織的整體文化建設實現企業的總體發展目標。對員工的招聘大多來自企業內部，透過培訓計劃來幫助員工實現職業生涯的發展。

2、任務式戰略

組織面對局部性變革，多採用任務式戰略。其管理是透過自上而下的指令發佈任務，依賴有效的制度來實施。任務式戰略非常注重業績和績效管理，強調人力資源規劃、工作再設計和工作常規檢查，注重物質獎勵，招聘採取內外結合的方法，開展正規的技能培訓，有正規程式處理勞動關係問題，重視組織文化的建設。

3、家長式戰略

家長式戰略主要運用於避免變革式的企業，採取這種戰略是為了提高組織的穩定性，強調良好的秩序和行動的一致性。在這一戰略下的管理，採取集中控制的形式和硬性規定的職位任免制度，重視操作規程與監督，注重規範的組織結構與管理方法。人力資源管理工作的基礎是獎懲結合與協定合同。

4、轉型式戰略

有的組織完全不能適應環境而陷入危機，面臨著全面變革。與全面變革要求相配合的是轉型式戰略。實施轉型戰略，要對職位進行全面調整、減員增效，從外部招聘骨幹人員，透過對管理人員進行團隊訓練來建立新的企業文化，建立適應環境的新的人力資源系統和機制。

四、戰略人力資源管理角色學說

（一）「建築工地」角色學說

　　泰森（Tyson）和費爾斯（Fells）根據人力資源管理的角色，總結出「建築現場」模型，也稱「建築工地」。這一學說把人力資源管理工作分成三種模式：

1、行政工作人員角色

　　在這種模式下，人力資源管理人員的許可權最小，人力資源有關工作的權力基本上都歸直線經理。人力資源管理人員所做的工作主要是在行政方面和辦公方面的，包括保存有關記錄和存檔、福利待遇、應聘者的初試工作和發佈工資資訊等，也不大需要專業性人員幹。

2、合同經理角色

　　合同經理在擁有大型工會的行業中較多，因為那裏的勞資關係已經高度規範化，人力資源工作的重點是控制局面、解決問題和消除對抗。在這種模式中，直線經理和人力資源管理人員之間有著緊密的關係，以確保政策與實際做法的一致性。在該模式下，直線經理仍然負責許多基本的人事管理職能。

3、建築師角色

　　這一模式是人力資源部門擔任組織高層面的設計，透過創造方法和革新方法，把人力資源問題納入更寬廣的企業計劃之中。在這種格局下，人力資源管理人員能夠影響組織的變革，並被認為領導者期望去創造組織的正確文化和思想。建築師可能被看作是業務經理，也被當作人力資源管理專業人員。

（二）斯多利管理者職能學說

　　斯多利（Storey）使用縱橫相交的兩個坐標軸，提出一個四象限圖形。其橫坐標表示人力資源管理人員從事工作的層次——戰略或戰術；縱坐標表示其對組織的影響程度和貢獻的大小。

影響大 ｜ 干涉

變革者　　　｜　　監管者

戰略、長期、高層次----------------------------------戰－術、短期、低層次

顧問　　　　｜　　管家

影響小 ｜ 不干涉

圖 6-1　人力資源管理者職能

斯多利的工作者職能類型主要有以下幾類：

1、顧問職能

人力資源管理人員的操作處於企業的戰略層面，而不管其他具體的職能，這些具體職能當然就由直線經理從事。人力資源管理人員在需要時為直線經理提供技術支援，並經常是在現場的背後協助直線經理完成政策的制定與具體操作，換言之，直線經理對勞動管理問題有更多的自由和權威。因此，人力資源管理人員的這一功能被看作是「幕後的說客」。

2、管家職能

人力資源管理在這裏屬於戰術性和非干涉型的，其工作主要是受他們的「顧客」——直線經理的需要所左右；他們是辦事員，從事行政性的工作，例如保管考勤記錄以及偶爾參與福利工作並提供建設。人事部門與直線經理的關係是服從性的、隸屬的、「隨從」式的，只對直線經理的短期要求做出反應，而不能改變或影響組織的發展方向，因此，他們也被看作是「侍女」。在一定程度上，他們被看作是斡旋於管理者與被管理者之間的「中立的代理人」。

3、監控者職能

人力資源管理人員的操作，還會在戰術層面上充當監督和干預者的角色。他們與工會代表合作密切，共同處理問題，並且到現場解決問題，安撫車間工人的情緒，在減少勞資糾紛和減少停工等方面具有重要作用。儘管他們與直線經理的工作關係密切和接近，監控者仍然需要透過建立一套明確的人力資源管理目標和做出努力，來保持自身的獨立性和專長。

4、變革者職能

最後一種類型是變革者。他們致力於在新的基礎上與雇員建立關係，設法引導雇員作出承諾並鼓勵員工的工作「再邁進一步」。在 20 世紀 80 年代以來的管理改革中，人力資源開發的戰略角色受到了廣泛的關注。斯多利認為，變革者既支援軟性人力資源管理，又支援硬性人力資源管理。前者在於突出了人力資源開發所作出的貢獻，後者則透過經營管理的方法說明了他們的價值。

第三節　戰略人力資源管理運作

一、戰略人力資源管理流程

（一）戰略人力資源管理環境分析

1、環境的認識

在環境分析中，往往要使用 SWOT 分析法。所謂 SWOT 分析，是一種目前戰略管理中廣泛使用的分析工具，它是透過分析組織自己的優勢（strength）與弱點（weakness），瞭解和把握外部的機會（opportunity）和規避威脅（threat），來制定合理的戰略。進行 SWOT 分析，其資訊要透過有關的搜尋技術獲得，並透過一定的技術對其進行整合和區分出優先順序。

外部環境分析的內容主要包括：組織環境整合分析，也稱 PEST 方法，即所在地區的政治（P）、經濟（E）、社會（S）、技術（T）四大因素的格局與發展趨勢。從具體的角度看，主要包括：本組織所處的行業狀況、生命周期、現狀及發展趨勢等；本組織在同行業中的地位和占有的市場份額；競爭對手的經營狀況；競爭對手的人力資源儲備和人力資源制度、人才政策；預計可能出現的新競爭對手，等等。

內部環境分析的內容主要包括：組織的總體發展戰略，員工對組織的期望和組織的凝聚力，組織對人力資源的塑造能力，等等。

2、經濟環境

企業戰略的最終目標是與經濟環境相適應的，良好的經濟環境是企業生存的基礎。經濟環境包括：當前經濟發展的格局，處於經濟周期的哪個階段，社會的就業狀況，通貨膨脹率的高低，銀行利率，等等。

3、政治法律環境

良好的政治法律環境是人力資源戰略實施的保障。政治法律環境包括：社會的政治穩定性，勞動法律和法規等，政府管理部門對待雇主與勞工的態度，工會的模式與力量，等等。

4、社會文化環境

任何企業都立足於不同的社會文化環境，社會文化環境包括：各國存在不同的文化習俗，不同的經濟體制導致的不同文化類型，員工的社會心態，等等。

5、勞動力市場狀況

人力資源戰略的設立與勞動力市場狀況密切聯繫。勞動力市場狀況包括：勞動力供需現狀與發展變化趨勢，人力資源的整體素質狀況，就業及失業情況，國家和地方政府對勞動力素質提高的投入，人力資源管理制度與人才政策，等等。

6、組織內部資源

首先，要搞清組織的人力資源的供需現狀與趨勢，來確定組織的人力資源戰略；進而透過對組織可利用的其他資源分析，如資本資源、技術資源和資訊資源，特別是可用於人力資源管理的資源，來保證人力資源戰略目標的實現。

7、組織戰略與文化

人力資源管理戰略派生並從屬於組織的總體戰略，組織戰略的實施也離不開人力資源管理戰略的配合。組織文化決定了組織的價值、觀念和行為規範，任何人力資源管理戰略及人事政策都必須與組織文化相一致。

8、員工期望

員工期望與人力資源戰略的實施密不可分。由於人力資源管理戰略具有長遠性的特徵，該戰略的實施與完成必須依靠一支穩定的隊伍。而組織中任何一個員工都有自己的期望和理想，當這種期望得到基本滿足、理想基本實現時，他才願意留在組織中繼續發展，組織的員工隊伍也才可能穩定發展。因此，組織的人力資源管理戰略必須要考慮員工的期望，可以說，組織的人力資源戰略必須要與對員工的職業生涯規劃相結合。

（二）戰略人力資源管理制定

1、確定基本戰略目標

人力資源管理的戰略目標是根據企業戰略大目標、人力資源現狀及員工的期望綜合確定的目標。它是對未來組織內人力資源所需的數量與結構層次、員工素質與能力、勞動態度與所要達到的績效標準，企業文化與人力資源政策、人力資源投入的具體要求。

2、人力資源管理戰略分解

對人力資源管理戰略進行分解。進行分解的目的，是解決「如何完成」、「何時完成」人力資源管理戰略的問題，即要將人力資源管理戰略分解為「行動計劃」與「實施步驟」。前者主要提出人力資源戰略目標實現的方法和程式；後者是從時間上對每個階段組織、部門與個人應完成的目標或任務做出規定，即把人力資源管理戰略總體目標分解成為細化的、具體的分層次目標、小目標。

為此，還要制定人力資源保障計劃或配套計劃，以使人力資源管理戰略的實施無論在政策、資源、管理模式、組織發展方面，還是從時間上、技術上都能得到必要的保障。

3、與組織其他戰略進行平衡

在這一階段，要把人力資源管理戰略與組織的其他戰略如財務戰略、市場營銷戰略等進行綜合平衡。由於組織的各個不同戰略來自於不同的部門、不同的制定者，因而它們往往帶有一定的部門特徵和個人傾向性，還

往往會過於強調各自的重要性，以爭取組織的優惠與更多的資源。因此，組織必須對各項戰略進行綜合平衡，合理地使用企業的各種資源，使組織的總體戰略目標和各個二級戰略得以實現。

4、制定人力資源戰略的具體方法

制定人力資源具體戰略的有兩種方法。一是目標分解法，二是目標匯總法。

其一，目標分解法。此方法是根據組織發展戰略的要求，首先提出人力資源管理的總目標，然後將此目標層層分解到部門與個人，形成各個部門與個人的目標與任務。該方法的優點是系統性強，對重大事件與目標把握較為準確，預測性較好；缺點是戰略易與實際相脫離，忽視員工的期望，過程煩瑣，一般管理人員掌握較難。

其二，目標匯總法。此方法經部門領導與每個員工討論，首先制定出個人工作目標，規定目標實施的方案與步驟，由此形成部門的目標，再由部門目標形成組織的人力資源戰略目標。該方法的優點是操作非常簡單，目標與行動方案非常具體，可操作性強，並充分考慮員工的個人期望，因而在現實中經常被使用。缺點是帶有較大的主觀臆斷性，全局性較差，對重大事件與目標、對未來的預見能力較弱。

（三）戰略人力資源管理實施

1、落實在人力資源開發與管理日常業務

人力資源管理戰略實施過程中，最重要的工作是日常的人力資源管理工作。它將人力資源管理戰略與人力資源規劃落到實處，並檢查戰略與規劃實施情況，對管理方法提出改進方案，提高員工滿意度，改善工作績效。在企業戰略和人力資源政策指導下，進行人力資源的搜尋、培訓、培養等各項開發工作，形成適當的員工素質結構，並透過績效溝通等來促進員工素質的進一步提高。

2、把握戰略人力資源管理的重點

該方面的重點工作主要有四個方面：其一，根據企業戰略和相應的人力資源戰略確定人力管理政策；其二，透過對企業戰略目標的分解，形成關鍵績效指標，並透過績效指標分解獲得部門指標和個人指標；其三，按照企業戰略的要求，設定所需要的部門和相應崗位；其四，培育促進戰略人力資源管理落實的薪酬體系。

3、戰略人力資源管理的資源利用

在人力資源管理戰略實施的過程中，要樹立「資源」觀，即注意尋求和利用多方面的資源和工具，如資訊管理的方法，企業文化與價值體系的應用，等等。

4、戰略人力資源管理的動力獲得

實現戰略人力資源管理任務的動力不僅有組織方面的，而且有員工方面的。協調組織與個人間的利益關係，就成為人力資源戰略實施中的一項重要的工作。如果這個問題處理得不好，會給戰略實施帶來困難。過於強調組織利益而忽視個人利益，員工必然會產生不滿，離心離德，必然影響戰略目標的實現；過多強調個人利益而忽視組織利益，則擴大了成本而給組織帶來一定的效益損失。

（四）戰略評估

人力資源管理戰略評估是在戰略實施過程中尋找戰略與現實的差異，發現戰略的不足之處，及時調整戰略，使之更符合組織戰略。同時，戰略評估還要對人力資源管理戰略的經濟效益進行評估，進行投入與產出比的分析[30]。

評價調整。根據人員流動率、員工滿意度、人工費用比等狀況進行分析，可以看出企業人力資源狀況，為人力資源戰略的調整提供依據。

人力獎酬。具有戰略眼光的薪酬管理，以員工素質表現和績效評價為依據，它追求內部公平性和外部競爭性的激勵活動，是影響員工狀況的最

---

[30] 參見滕玉成、俞憲忠《公共部門人力資源管理》，中國人民大學出版社，2003。

直接的因素。在這個管理框架內，會出現人員流動率、員工滿意度、人工費用率、勞動糾紛率等等衡量員工狀況的指標。

二、戰略人力資源管理環節

（一）人力資源規劃戰略

人力資源規劃戰略是人力資源管理戰略實施計劃的具體體現。人力資源規劃是一種可直接操作的計劃。企業戰略對人力資源規劃具有根本性的影響，但這種影響不是直接的，而是透過一系列中間環節來實現的。

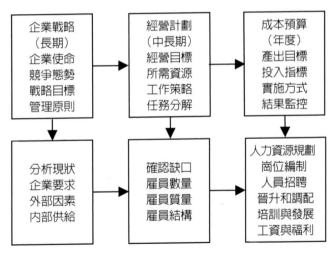

圖 6-2　組織戰略與人力資源規劃

由圖中可以看出，人力資源規劃的編制最根本的依據是企業戰略，二者之間的聯繫要透過一系列的仲介環節來實現，其中的「經營計劃」和「成本預算」占據重要位置。

(二)人力投資戰略

　　為員工的素質提高進行投資是企業的一種戰略眼光，這種人力資本投資可以帶來巨大的經濟效益。但是，許多企業並不情願在這方面進行投資，擔心受訓者跳槽後這筆投資的效益流失。因此，一旦企業的資金短缺時，就會削減培訓預算。顯然，企業的這種行為是一種短視行為。因為，一個員工素質低的企業是不可能成為長壽企業的；而且更常見的是，一些能力高、上進心強的員工會因為本企業沒有培訓和發展機會而另謀高就，這會給企業帶來巨大的損失。相反，如果企業在人力投資方面大大改善，那麼它給企業帶來的收益將是巨大的，並成為企業實現戰略目標的關鍵因素。

　　繼續職業發展是企業人力資源投資的重要組成部分，全員培訓與終生學習是當今世界科學技術迅猛發展形勢提出的客觀要求，也成為企業競爭致勝的法寶。學習型組織應運而生，正是以人力資源戰略為依託的現代經濟發展的必然要求。

（三）薪酬戰略

　　員工的薪酬管理之所以被人們看作是人力資源管理戰略方法中的核心問題，是因為薪酬可以為管理者提供明確的效果和業績導向的機制，是非常有效的激勵機制。

　　進而言之，薪酬戰略這一重大問題還構成企業管理中的戰略問題，因為它不僅能夠促進組織提高業績、成為實現企業財務戰略的工具，而且它透過招聘、使用和激勵員工，還成為管理公司業績和影響企業價值觀和信仰的工具。

（四）員工關係戰略

　　企業是一個微觀經濟組織，它具有要素資源的使用權，透過勞動力交易創造資源的組合，成為社會生產經營單位。對於勞動者來說，透過訂立勞動合同等途徑建立起員工關係，有償轉讓自身的人力資源；對於企業來說，正在從以激勵為動力的管理思想，演變到追求和諧的員工關係和進一步以員工為主人的境界。這樣，員工關係戰略也就成為人力資源戰略的內容。

　　員工關係戰略的根本目的，在於為經營服務。調整員工關係戰略的目的之一是提高效率。透過企業與員工之間責、權、利的界定，對人力資源進行優化配置，提高企業效益。員工關係戰略的目的之二是協調利益。由於企業與員工的利益不同，往往會發生分歧和矛盾，員工關係戰略可以按照企業的行為規範，協調利益關係，整合雙方的利益關係。員工關係戰略的目的之三是排除糾紛。企業內部的矛盾有管理矛盾和勞動爭議兩種，管理矛盾是個人與組織的矛盾，勞動爭議是員工個人以至群體與企業的矛盾，對企業具有一定的威脅。透過員工關係戰略排解和引導管理矛盾，防範和解決勞資矛盾，有利於加快企業戰略實現的進程。

　　在員工關係戰略方面，出現了「員工參與」的新趨勢。員工參與是以經濟效益和商業準則為基礎的，強調對員工動機和義務的影響，一般是由管理層發起的，強調與員工進行直接的溝通，基本上與工會無關。員工參與有多種形式，包括利潤分享、員工持股計劃（ESOPs）等。其中的「財務參與」是將個人的報酬與公司整體業績聯繫起來，力圖促使員工認同和增強業績觀念，使員工時刻關心企業戰略的實施，作用巨大。員工參與的具體問題請參見本書第十二章。

（五）優勢整合戰略

　　優勢整合戰略要求在現代企業管理的操作中盡可能地用個人責任和權力替代等級。實現優勢整合戰略，可以大大降低企業對少數領導人的依賴性，增加資訊的透明度，透過目標管理方法加以實施，使人力資源戰略為企業的戰略實施服務。

　　優勢整合戰略的關鍵，是工作團隊的建設，透過組織成員的共同努力產生積極協同作用，其結果是使團隊的績效水平遠遠高於個體成員績效的總和。

　　團隊建設的活動，包括目標設置、團隊成員之間人際關係的發展、透過角色分析明確成員各自的角色和責任以及團隊過程分析的內容。團隊建設可以從企業戰略目標和人力資源戰略的具體問題來進行，選取重點的專案組建團隊，透過在群體成員之間進行高度互相影響的活動來增加信任和透明度。明確完成任務的具體辦法和對其進行改進以提高團隊的效率，是推動優勢整合戰略的重要方面。

（六）企業文化戰略

企業文化是指在企業之中，經過領導者倡導和全體員工的認同和實踐所形成的整體價值觀念、道德規範、信仰追求、傳統習慣、行為準則、管理風格以及經營特色的總和。

企業文化在企業戰略中具有多重功能。它使不同的組織產生明顯區別，有不同於其他企業的特點。企業文化戰略增強組織成員對組織的認同感，使組織成員將對組織的承諾置於個人利益之上並且增強社會系統的穩定性，文化作為一種觀念形成和控制機制，指導並塑造員工的行為，增強企業的競爭力，使企業取得傑出的成果。在企業文化與企業戰略不一致時，文化則是組織實現變革的一種障礙。

三、新型組織的人力資源開發管理

（一）組織發展與變革的要求

在當今時代，越來越多的組織面對的，是一個動態的、不斷變化的環境，必須去適應。變化的環境是激發變革的力量，包括：勞動力性質、技術的發展、經濟的衝擊、競爭激烈、社會趨勢和世界政治變化等。可以說，每個組織面對變化，都不得不進行調整。為了能夠對環境的變化作出迅速反應，並擁有多樣化的人力資源隊伍，人力資源政策和管理手段也必須加以變革。建立新的工作團隊、分散決策權、建設學習型組織和創新型組織，是實現組織的發展與變革對人力資源管理的要求。

（二）學習型組織

學習型組織是 20 世紀 90 年代出現的重大理念。透過學習型組織的產生和發展，使人們能夠進行戰略性的思考，正確地建立企業發展的目標。為此，管理人員不斷地投資於員工的學習，使他們能學習、成長和做出貢獻。員工們則要用一種新的忠誠（對學習、成長和貢獻的相應承諾）來回

應。在這種組織中，要集中所有的能量，必須有一種超越一切的、共同的願景和目的，不懈地尋求改進工作方式和決定產品及服務質量的手段。

學習型組織的五項修煉內容為：自我超越、心智模式、共同願景、團隊學習和系統思考。圖示如下（見圖 16-3）：

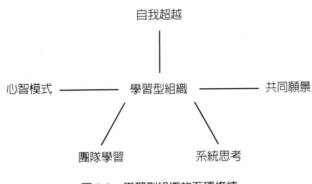

圖 6-3　學習型組織的五項修煉

1、自我超越

自我超越是建設學習型組織的第一要務。對於任何組織來說，學習的關鍵因素不在於政策、經費或時間計劃的安排，而在於成員的狀況。個人學習是組織學習的起點，個人需要、個人成長和學習的修煉，使他們能不斷擴大創造性的貢獻。缺乏目的、願景或修煉意識或追求個人發展意願的人，則可能只限於為自己的組織做貢獻，而忽略了對整體戰略地考慮。因此，管理人員應當放鬆對員工的約束，提供一種促進學習和促進尋求個人發展的氛圍，使個人的發展與企業的發展相適應。

2、心智模式

在傳統的組織中，人們常見的思維方式是根據自己的設想進行思考和行動，通常按照現有的等級制度、工作內容和職權範圍來考慮既定的行為規範，以當前和以往的情形作為決策的依據。在學習型組織中，要對這種思維方式進行變革，克服個人思維模式存在的片面性和局限性。學習型組織的心智模式要求員工採取公開、信任、有效利用資料的方法來合理推論和解決問題，合理規劃是改變心智模式的一種極好的工具。

3、共同願景

學習型組織的第三項修煉，是讓人們建立個人願景和形成共同願景。這要求人們互相交流，傾聽他人的想法，彼此分享個人願景，一起推論個人的期望和組織發展戰略。學習型組織的這一專案是透過對共同目標的認可，建立夥伴關係，彼此結成一個密不可分的團體。作為組織來說，應當給團隊成員以承諾，而不能僅僅要求團隊成員一味順從。

4、團隊學習

團隊是介於個人與組織整體之間的組織成員單位。在團隊中，每個人都應當與同事一起努力去實現組織目標，不斷更新自己的知識和能力水平。這要求團隊成員間克服習慣性防衛，減少溝通障礙，並鼓勵員工共同學習和行動而非個別學習和行動。在團隊學習中，深度彙談和討論是最重要的學習方式。

一個組織的競爭能力取決於所有員工一起開發自己的能力，從而增加整體競爭優勢。在學習型組織中，團隊學習能夠促進成員們的協調一致，也促進團隊的創造性，並有利於團隊目標的提升和達到共識，因而成為實現企業戰略的技術手段。

5、系統思考

組織「系統」的所有要素都是互相依賴的，個人不能獨立建成學習型組織，上述四項修煉中的每一項，都有助於並依賴於系統思考。系統思考的功用是引導人們從看局部到縱觀整體，從看表面到洞察內部，從靜態到動態。

系統思考的核心概念是反饋，即學習經驗和他人學習，需要不斷地認識和檢查反饋。在學習型組織中，每個人都是實踐者，每個人都是領導者，每個人都在選擇學習的方法和內容。

（三）創新型組織

可以說，組織創新是繼學習型組織五項修煉後的「第六項修煉」，在人力資源戰略中占有重要的地位。創新型組織的文化傾向於具有一定的相似

性：他們鼓勵進行實驗，對成功和失敗都給予獎勵，即使犯了錯誤也予以慶賀。但是很遺憾，現實生活中太多的組織看重的是「無過」而不在乎是否「有功」，這樣的文化必然把人的冒險和創新精神扼殺在搖籃之中。

創新型組織積極地訓練和發展他們的員工，使其總是能夠跟上當前的步伐。他們為員工提供高程度的工作保障，使員工不必擔心因犯錯誤而被解雇，同時他們還鼓勵個人成為變革擁護者。一旦提出新主意，這些變革的擁護者們就積極熱情地予以推進、提供支援、克服阻力，保證創新過程的順利進行[31]。

第四節　人力資源開發與管理主體

一、人力資源開發與管理主體能力

為了完成組織的目標與任務，從事人力資源開發與管理的主體，必須具有一定的專業工作能力和良好的信譽，還要有廣泛的經營常識，熟知各部門的功能及經營的方法；有卓越的協調能力，能協助各部門解決問題。此外，還必須具有高度的學習意願和創新意圖，能夠營造創新氛圍，推動企業變革的發展。

從戰略人力資源管理的角度看，管理主體的能力和素質要求突出體現在以下方面：

第一，戰略性行為。人力資源管理者必須主動地與企業決策者一起，研究制定企業的經營戰略，協助各部門設定經營目標與提供有關服務。

第二，應變能力。在市場競爭越來越激烈的情況下，產品生命周期越來越短，企業經營環境不但變化速度越來越快，而且變化的幅度也越來越大，人力資源管理者必須能及時地把握形勢，迅速地採取應對措施。

第三，協作能力。在經濟全球化和專業分工越來越強的情況下，企業部門越來越多元化，各部門目標有相當的差異，人力資源管理者必須要深

---

[31] 〔美〕詹姆斯‧W‧沃克（James W.Walker），《人力資源戰略》，中國人民大學出版社，2001。

入不同部門、與不同職能不同目標的人員協同工作，取得他們的合作，使他們為企業戰略目標而努力。

第四，團隊建設能力。在組織的變革中，團隊成為一種重要的模式。人力資源管理者必須具備建設企業團隊的能力，促進員工的高層次合作，共同創造新的理念、新的技術與新的產品。

第五，國際化能力。在經濟全球化的格局下，企業、尤其是出色的大公司正在變成國際化的組織。企業的人力資源管理者也就面臨著諸多跨國、跨文化的事務，並必須具有從全球範圍內配置人力資源的眼光和思路，因此他們必須具有適應國際環境、在國際競爭中從事管理的能力。

二、人力資源專家[32]

（一）人力資源專家的角色

所謂人力資源專家，是指組織之中從事人力資源開發管理工作的專職工作人員，由於他們已經不是以往的那種行政工作的執行性角色、成為專業性頗為突出的人員而得名。作為一種現代管理的專家性人物，他們在不同的組織中有不同的角色：在一些組織中，人力資源專家可能占有引人注目的地位，透過發揮設計師或改革代言人的作用，影響和引導人們的思想。在另外的一些組織，人力資源專家角色可能很隱密，他們躲在幕後，靠著與最高管理者密切的工作關係來施加影響，或只作一個隱身的說客。

（二）人力資源專家的貢獻

人力資源專家的貢獻往往是難以界定的，因為他們與直線經理一起工作並依賴於直線經理去實施制度和政策。泰森（Tyson）和費爾（Fell）認為：人力資源專家應該能將自己推薦給管理者；能對企業作出總體評價；能創造高質量的人力資源。

從戰略打分角度看待人力資源專家的貢獻，其內容主要包括：培養績效導向的組織環境；激發員工的創造性；促進員工對企業的一致看法；等等。

---

[32] 趙曙明、劉洪主編，《人力資源管理》，高等教育出版社，2002。

（三）人力資源專家的技能

人力資源專家需要的技能主要集中在三個方面：第一，制定人力資源開發政策和操作程式的框架，以確保貫徹企業的政策並符合法律的要求；第二，對所有人力資源開發問題提供建議和指導，這往往是透過使用指導手冊來完成的；第三，培訓直線經理，使他們擁有恰當的技能。

三、直線經理

20 世紀 90 年代初以來，人力資源開發與管理方面出現了部分職責轉移的現象，即直線經理承擔了人力資源開發與管理工作的更多責任。一般來說，直線經理參加員工小組的會議並聽取意見，透過團隊工作、員工溝通、員工評估和直接與員工打交道來解決問題。這種人力資源管理的權力向直線經理的轉移，經常伴隨組織內部的分權以及本業務部門財權和責任的擴大。

在這樣的局面下，人力資源管理部門的職責是負責政策的制定工作，他們可以獨立制定政策，也可以與直線經理合作完成。人力資源管理部門對直線經理的影響，主要體現在人力資源政策方面，例如：人力資源計劃、招聘要求等。直線經理則要貫徹人力資源管理部門的政策，從事相關的實際活動，與人力資源管理部門建立合作夥伴關係，討論人力資源政策的制定與具體實施。

四、外部專家

（一）有關專家的類型

人力資源專職管理專家之外，擔任人力資源管理職能的有關專家可以分為四種類型：其一是企業內部代理，他們只負責人力資源開發工作中一兩件上傳下達的工作，不靠執行這種政策獲取報酬。其二是企業內部的顧問，他們的諮詢工作要收費，是由企業統一向他支付。其三是企業內部的

獨立專家，這種專家不屬於人力資源開發部門，無論對內對外，一律收費。最後一種是企業外部的顧問，下面專門闡述。

（二）外部專家

外部顧問能夠提供本組織專家不能完成的大型、綜合性的服務，如提供一流的會計實務和管理諮詢等一整套服務。常見的外部顧問有：專門提供人力資源服務的機構，有些是功能健全、能提供人力資源開發全面服務的大公司，有些是小型的、專門化的公司，如薪酬調查公司；獨立的諮詢顧問，他們擅長某一特定領域或業務，還能對某些特殊問題提供諮詢服務；行業協會和 ACAS 等類組織，他們除日常工作外，也提供諮詢服務。

五、人力資源總監

人力資源總監是組織之中具有一定決策地位的准高層管理者。從總體上看，人力資源總監的角色是人力資源管理方向的引導者、制度的制定者、計劃的審核者和運作的指揮者。其職能可以概括為以下幾個方面[33]：

（一）制定戰略

人力資源總監的重大職能，是對人力資源管理工作給出方向性的、前瞻性的規劃，根據企業戰略的需要制定人力資源管理的綱領性制度和文件，從而對人力資源工作起領導的作用。戰略職能要解決如何依靠人力資源實現企業戰略目標的問題，主要體現為人員選拔、使用、吸引人才，其中的人才選拔是戰略管理的起點。

---

[33] 秦志華，《CHO——人力資源總監》，中國人民大學出版社，2003。

（二）制定政策

戰略能否實現，要靠政策來保證。政策制定也是人力資源總監的重要職責。在人力資源政策中，企業用工政策、員工分類政策、薪酬分配政策是三大政策，這三大政策是塑造企業經營機制的關鍵。就不同體制的組織而言，上述三大政策的差別巨大，甚至是截然相反的。

（三）建立制度

政策要透過規章制度而體現，人力資源政策也要透過人力資源規章制度的建設來落實。規章制度能夠把企業內部的責任與權利安排結構化，從而為管理找到依據，保證人力資源管理有序進行。這些制度主要包括：職務規範制度、員工甄選制度、培訓開發制度、績效考評制度、薪酬福利制度、勞動關係制度等。

（四）協調運行

在人力資源管理制度建立之後的運行過程中，指揮與協調是人力資源總監的日常性工作。這項工作可以分為推動運行和處理問題兩個方面。推動運行是指人力資源總監參與人力資源的管理活動，當管理活動涉及核心人員補充、培訓開發方式、激勵制度、人工成本控制等問題時，人力資源總監必須直接過問和指導業務的運行。處理問題，首先是指人力資源總監對人力資源管理的控制，此外還指人力資源部門與其他部門的矛盾也需要人力資源總監的協調。

（五）指導技術

人力資源總監由於具有人力資源管理專門能力，同時對企業的經營管理情況有著總體認識，因而能夠與其他部門進行工作協作，提供有關建議，對員工選拔、培訓、評估、獎酬、晉升和辭退等工作進行技術指導。

（六）承擔責任

　　人力資源總監是人力資源職能部門的直接領導，負責指揮人力資源部門開展工作，在計劃、組織、領導、控制上保證人力資源部有效發揮作用，擁有人力資源政策、制度、計劃的審定和復核權，擁有重大人力資源工作的直接指揮權，同時人力資源總監作為企業員工管理的最高分管領導，在企業中承擔該方面工作好壞的責任。

【主要概念】

　　組織組織結構矩陣制組織扁平化柔性化戰略戰略人力資源管理波士頓矩陣企業文化學習型組織 SWOT 分析人力資源專家直線經理人力資源總監

【討論與思考題】

1、織模式具體包括什麼？現代組織向哪些方向變化？
2、企業戰略的主要學說有哪些？人力資源戰略學說有哪些？
3、分析波士頓矩陣環境與斯多利管理功能模型的局限性。
4、結合某一企業的情況，談談人力資源戰略如何推動企業戰略的實施。
5、戰略人力資源管理的內容有哪些？
6、現代人力資源管理部門如何轉變職能與觀念為企業戰略服務？
7、直線經理與人力資源專家之間的工作是如何協調的？
8、怎樣做一名合格的人力資源總監？

第二篇

公共人力資源開發與管理

第七章

人力資源生產

【本章學習目標】

掌握人口的概念及與人力資源的關係

掌握人口再生產的影響因素

理解人口問題的性質與內容

瞭解教育與人力資源的關係

第一節　人口──人力資源實體

一、人口與人力資源

（一）人口基本範疇

　　所謂人口，指的是一定時間內，在特定區域的具有一定數量和質量的人的總稱。人口是基於人類生命體之上的一種社會存在，它是生物性與社會性的統一。人是構成人類社會的細胞，人口作為一切人類社會活動的出發點，其中的每一個體都是總體存在和運動的構成要素。

　　人口具有數量和質量的規定性。人口的數量，是指以個體形式存在的人的數目。有時這一名詞加上限制語，僅僅表示一個人口總體中的某一部分，如「男性人口」、「老年人口」、「農業人口」等等。人口總體中具有經濟效能的人至關重要，從經濟活動的角度看，最關心的是其中可以即時成為國民經濟要素的部分，即成年人口或勞動適齡人口。人口的質量，包括人們的健康水平和文化水平，它們一般可以透過人類體質水平、患病率、平均壽命和平均受教育程度等表現出來，它無疑對人的經濟效能發揮具有決定性的作用。

　　人口有著自身的狀態和結構，包括年齡性別、婚姻家庭、經濟活動與收入、所處經濟產業、地區與城鄉、教育程度、社會職業與階層、民族種族、宗教信仰，等等。

　　人口作為一種生物群體，有著每一個個體的出生、生育、死亡方面的生命現象，因而人口總體也就有著再生產的活動。

　　人口存在於一定的空間中，生活中一定的地域，但人們也有著在地域間的遷移流動。

（二）人口與人力資源的關係

人口與人力資源有著極為密切的內在聯繫。總的來說，人口是人力資源的基礎和前提，人力資源是人口的核心和關鍵。

我們知道，人力資源是體現在人的自然生命機體上的經濟資源，它是以人口為存在的自然基礎。人口具有推動生產資料、從事社會勞動的能力，因而能夠成為國民經濟的資源。但是，構成人力資源的人口不是所有的人口，而只是其中的一部分，這部分人口即勞動年齡人口。要得到人力資源，必須以一定的勞動年齡人口為前提；要有勞動年齡人口，則必須要以總體人口的存在為前提。因此，人口就成為一個社會人力資源的基礎和前提。

就一般情況而言，一定的人口總體決定了即時人力資源的數量、質量和結構，該人口總體的再生產狀況決定了人力資源未來的基本格局。人口的遷移流動則對改變一定地域內部的人力資源結構佈局產生一定的作用。

從人口的角度看人力資源的運動，需要考慮的問題有以下三個方面：第一，透過對調節近期的人口再生產，影響遠期的人力資源生產數量和質量狀況。第二，根據近期和遠期的經濟發展狀況及其對人力資源的需求，對未來人口狀況做出科學的需求預測，作為人口調節的依據。第三，對目前和近期人力資源進行開發，合理擴大就業人口比重，使其擴大經濟性，增加生產能力。

二、人口再生產

（一）人口再生產過程

所謂人口再生產，是指人口在運動過程中實現更替，維持自身。人類和一切其他生物一樣，具有新陳代謝的過程。從總體上看，人口是在不同個體的逐漸替代中實現更新而維持自身的。這種更新的結果，是新一代人口的出生、成長，替換、補充老一代人口的衰老、死亡，從而實現總體的再生產。

影響人口總體數量變動的原因，可以分為兩大類：一類是人口的自然變動，一類是人口的機械變動（即人口遷移變動）。在一般情況下，人

口自然變動是影響總體數量的主要因素。人口自然變動是由於出生、死亡現象造成的總體人口數量方面的增減。從一定意義上說，人口的自然變動過程，就是人口的再生產過程。

人口再生產過程包括以下環節：

(1) 結婚。結婚是人口更新所必需的條件，是人口再生產過程的前提。結婚是人類脫離蒙昧、野蠻時期，進化到文明階段的兩性結合、繁殖自身的社會形式。結婚使得男女兩性個體建立起家庭，得以生育後代。

(2) 離婚。離婚是結婚的相反方向運動。離婚使得夫妻兩性家庭解體，一般說會抑制人口的再生產。

(3) 生育。生育是兩性家庭重要的功能，它是人口再生產過程的關鍵環節。婦女的生育行為帶來了新的人口個體的出生。

(4) 出生。從人的個體方面看，出生是人口自然變動過程的初始環節。新的人口個體的誕生，可以彌補別的個體死亡對總體人口的損失，或者增加人口總體的數量。

(5) 死亡。從人的個體方面看，死亡使得生命過程結束，這是人口自然變動的最終環節。

人口個體一般都經過發育、成長、結婚、生育後代，最後衰老、死亡這樣一個過程。在無數人口個體的「出生→成長→結婚→生育→衰老→死亡」的前後參差、延續不斷的迴圈中，總體人口保持了自身的一定規模，保持了自身的更新和發展。

（二）影響人口再生產的因素

人口是具有自然性和社會性的客體。人類生存在一定的自然生態環境與社會環境之中，受著諸多因素的制約，人口再生產也就受到多種因素的影響。這裏分析幾個主要因素：

1、社會經濟狀況

一個社會的經濟狀況，特別是它所擁有的生活資料和與之密切相關的生產資料數量，是影響該社會人口再生產的最根本的因素。一般說來，一

個社會經濟越發達，按人口平均的國民收入水平越高，人們所獲得生活資料數量就越充足、質量就越高；經濟越發達，它的科學、文化事業也就發達，人口再生產也就越能以提高質量為主，處於良好的再生產狀況中。

2、自然地理條件

人類作為一種生物類別的生存需要一定的自然生態環境和地理條件，自然地理條件的差異對於人口的再生產狀況也就有著不同的影響。這種影響主要有緯度、氣候、氣溫、地形地貌、水源、土地（尤其是耕地）等方面。土地平坦、耕地肥沃、水源充足，聚集人口就多，人口密度就大，人口再生產規模也大；反之，人口再生產規模就小。在高緯度、低氣溫地區，人口平均壽命較長，人口再生產周期較慢；反之，在低緯度以至赤道附近的炎熱地區，人口平均壽命較短，人口再生產周期較快。自然地理條件對於人口的再生產有一定的限制，例如荒漠地帶基本沒有人生活、居住。但是，人類可以透過自身的活動積極地適應環境，能動地改造自然，從而為自身的再生產創造條件。

3、醫療衛生事業發展

一個社會醫療衛生事業的發展，以及有關的科學技術的發展，直接制約人口的出生和死亡，也可以間接地透過人口群體的健康水平對人口再生產的數量、質量起制約作用。一般說來，隨著科學的進步和醫療衛生事業的發展，人們的飲食營養、居住環境、生活衛生以及疾病預防措施等方面得到改善，從而能夠控制惡性傳染性接病的流行和其他疾病的發生，提高健康水平，減少人口死亡率，特別是嬰幼兒死亡率。衛生、科學事業的發展對於人口再生產起著積極作用，例如第二次世界大戰以後，亞非拉一些落後國家普及醫療事業，改善公共衛生環境，使得這些國家的人口死亡率在短期內大幅度下降。

此外，由於醫療衛生事業的發展和科學的進步，人們對自身的生育問題有了科學認識，加上有關技術措施的實施，使得人類對自身數量發展有了一定的控制能力，從而為人口再生產的科學化、合理化（如家庭計劃）提供了條件。

4、社會文化及心理因素

　　各個民族人口、各文化階層人口的觀念、習俗不同，對於人口再生產也有著不同的影響。家庭是社會的細胞，不同的家庭出於習俗、觀念、經濟、生活等方面的不同考慮，有著不同的生育意願與生育行為，這些都對人口的再生產數量產生重大的影響。在我國長期封建制度與小農經濟生產方式下，形成一種「繼承宗祠」、「多子多福」、「養兒防老」的倫理觀，至今還產生著影響。法國人在 19 世紀就存在一種不願生育的風氣，這對當代法國人口的低出生率不無影響。把生兒育女作為自己家庭勞動力的思想，以及「養兒防老」的思想，實質上包含著「生產作為人力資源的人口」的思想。這種思想的經濟合理性如何，要根據即時社會生產力水平、人力資源需求和基本生產單位所在（是家庭，還是社會性企業）諸方面因素，綜合做出評判。

5、人口政策及其他社會、經濟政策

　　一個國家、一個社會，根據自身的利益制訂出以生育政策為主的人口政策，一般會對人口再生產產生重大的影響。從人口的數量方面看，不外是限制人口出生和鼓勵人口出生兩種基本政策。一般說來，限制人口出生政策往往比鼓勵人口出生政策更加有效。此外，與人口有關的許多社會政策，諸如就業政策、教育政策、福利政策、衛生保健政策、經濟發展政策等等，在不同程度上影響著人口再生產，並且透過對人口政策的制訂與實施的影響，間接制約人口再生產。

（三）人口再生產指標

　　人口再生產指標包括人口出生率、死亡率、自然增長率、婦女生育率等人口自然變動指標。此外，廣義的人口指標還包括機械變動，即人口遷移，它與人口自然變動互相影響，從而影響人口總體的變動情況。

1、人口出生率

　　人口出生率是指在一定時期內，某個國家或地區出生的人數占人口總數的比例。它反映了這個國家或地區人口出生的強度。人口出生率通常以

一年為單位，採用千分數指標。出生和死亡是人口自然變動的兩個基本現象，出生和死亡構成了人類的世代更替，形成了人口再生產的基本內容，這二者又是以「出生」為前提的。因此，研究人口再生產要從人口出生出發。

人口出生率與社會經濟水平的關係極為密切。一般說，在經濟發展水平較高、文化教育普及、衛生事業發達、婦女就業程度較高的情況下，人口出生率就低；反之，經濟發展水平較低、文化教育衛生事業落後、婦女參加社會勞動較少，人口出生率就高。此外，不同風俗習慣的民族，人口出生率也不同。各國限制人口增長或鼓勵人口出生的政策，對出生率也有影響。

決定人口出生率水平的現實人口因素，是育齡婦女的人數及其生育率。

2、人口死亡率

人口死亡率是指在一定時期內，某個國家或地區死亡的人數占人口總數的比例。它反映了一個國家或地區人口死亡的強度。人口死亡率通常以一年為單位，採用千分數指標。

人口死亡率在相當大程度上取決於營養水平的下限和流行病的控制，並且受到人口年齡構成的影響。在正常的社會條件下，造成死亡的主要原因是各種疾病以及一些意外事故等。而由於瘟疫流行、嚴重自然災害、大規模戰爭以及社會動亂等特殊原因，可能使人口在不長的時間內大量地死亡。這些特殊原因造成的人口大量死亡，會破壞人口再生產的正常進行。嬰兒死亡率是人口死亡中比較特殊又比較重要的一項指標。降低嬰兒死亡率是降低人口總死亡率的一項重要內容，也是影響人口平均壽命的重要因素之一。

3、人口自然增長率

人口的自然增長，指的是一個人口總體在一定時期內由於人口的自然變動（出生與死亡）所引起的數量變動狀況。人口自然增長率是指在一定時期內，某個國家或地區的人口總體發生了出生與死亡現象所變動的數量與占原人口總數的比例。也可以說，它是人口出生率與死亡率之差，是出生與死亡現象發生影響的綜合表現。

由於人口的自然增長指標是包含了出生和死亡現象以後的結果，因此，它是反映人口再生產運動的最為重要的綜合性指標。人口自然增長率所反映的人口再生產規模，對於研究整個人口問題極其重要。

人口自然增長率及其變化可以反映人口變動的規模和趨勢。依此，可以判斷人口總體變動的類型：是前進型（增加型）還是穩定型，或是減退型（衰退型）；也可以就此研究影響人口總增長的各種因素。根據這一增長趨勢及現有的人口年齡構成，可以進行人口預測，為制定人口發展規劃和人力資源宏觀規劃提供依據。

4、人口遷移

人口遷移即人口的遷移變動，它指的是某一人口總體由於一部分人口的遷入或迁出而形成的人口數量上的變動，也叫做「人口機械變動」。從嚴格意義上說，人口遷移並不是人口再生產的內容，但由於它是人口總變動的一個組成部分，並且對人口再生產有較大的影響，因此，在此也給予論述。

人口遷移分為國內、國際二種。人口的國內遷移是人口在本國範圍內的遷移：從一地區遷出並遷入到另一地區。這種人口遷移從全國範圍看，遷入與遷出的數量是相等的，對一國人口總體的數量不發生影響。但是從一個地區的範圍來看，遷入量、遷出量之間經常是有差異的，這對人口在不同地區的數量及其分佈，會產生一定的影響。人口的國際遷移是一國人口的遷入與遷出，它對一國人口的總體數量當然有所影響。

5、人口總增長

人口自然變動與人口遷移變動的總和，構成了人口的總變動，即人口總增長。而人口自然增長率與人口遷移率共同影響的結果，就是人口增長率，即人口總增長率。人口增長率綜合反映了一定時期某個人口總體數量增長的速度，它是制定一個國家或一個地區經濟、社會發展規劃的重要依據，也是制定宏觀人力資源規劃和政策的重要依據。

三、人口問題

（一）人口問題的性質

所謂人口問題，指的是人口發展過程中的非良性狀態，它表現為自身的非良性以及與社會經濟發展的不相適應[34]。人口問題的核心與實質，是

---

[34] 姚裕群，《人力資源概論》，中國勞動出版社，1992。

經濟問題。人口問題有一定的數量方面的「多」、「少」界限，這個界限在根本上取決於社會的經濟水平。一般說來，一個社會形成和感受到人口問題，往往是這一問題已經明顯化，負作用已經很大。人口問題本質上主要是經濟問題，因而也大量地反映為人力資源的數量、質量、結構等方面的問題。

人口問題在各個國家、各個社會、各個不同時期都可能存在。要科學地調節人口，必須對已經存在的人口問題加以解決，並且要預防未來年代產生新的人口問題。

（二）人口問題的內容

下面分析幾種主要的人口問題。

1、人口數量問題

人口數量問題，包括人口過剩與人口不足，這是人口問題中最重要的方面。人們通常說的人口問題在於此，尤其是指人口過剩問題。

人口數量過多，超過了社會生產所需要的數量，超過了保持與提高現有生活水平的人口限度，就構成人口過剩。人口過剩是相對於社會生產對人力資源需求數量、相對於社會生產能力和自然資源承載量、相對於社會產品數量等方面而言。此外，還相對於一個社會人口的生存空間、生態環境等方面而言。人口過剩一般來說與人口出生率較高和人口增長較快相聯繫。人口過剩會帶來社會的就業困難、生活水平下降、人口受教育水平下降、居住面積狹小、交通擁擠、環境污染、犯罪率增加等一系列經濟社會問題，對人口自身的正常發展也會產生不利的影響。

人口不足，通常指由於出生率長期偏低，人口增長較慢，生產增長又比較迅速，因而導致人力資源的供給滿足不了需求。這種現象一般發生在人口過渡[35]的最後階段，發生在現代經濟發達的國家。人口不足有時也會由一些特殊原因造成，例如戰爭、惡性傳染病流行等。

---

[35] 人口過渡指人口再生產的模式從高出生率、高死亡率和低增長率向高出生率、低死亡率和高增長率轉變，再向低出生率、低死亡率和低增長率轉變的過程。

2、人口質量問題

如同人力資源的質量，人口質量的內容也較廣泛，包括體質、文化兩大方面，具體說包括人體結構（身高、體重、胸圍等）、人體機能（力量、耐力等）、營養與發育狀況、健康狀況、患病率、生命力和壽命[36]、受教育水平等。人口質量在一定程度上可以由平均壽命水平來反映。決定人口質量的因素主要有遺傳因素、衛生保健因素、營養因素、教育因素等。談到人口質量方面的「問題」，就是指人口的質量較差，存在一定的缺陷。

與人口數量問題相比，人口質量問題對於人口自身發展和社會經濟的影響更為巨大。人口質量差，必然使得人力資源質量低，不能與物質資料較好地結合，從而影響社會生產水平和組織經濟效益的提高。人口質量差問題是許多國家影響經濟發展的重要原因，這一問題在發展中國家尤為嚴重。

3、人口城市化問題

人口城市化指的是農村人口流入城市的過程，它與城市作為大工業中心的發展相聯繫，是社會經濟發展的必然趨勢。人口城市化形成人口問題，一般說是人口從農村向城市、轉移的速度過快，形成城市人口的比重過大、數量過多的局面，超過城市的合理容量，造成就業、住宅、環境等多方面的問題。另一方面，農村青壯年人口大量外流，使得農村經濟凋敝。儘管發達國家的城市人口比重大大高於發展中國家，但一般說來人口城市化帶來的問題在發展中國家卻比發達國家嚴重得多。許多發展中國家農村人口大量流入城市，居住在城郊簡單的棲居場所，形成了「棚戶區」，生活條件惡劣，就業困難，這是一種比較嚴重的人口城市化問題。在發達國家，城市人口比重高達 80～90%，幾百萬甚至上千萬人居住在同一個大城市、大工業中心，也可能帶來了城市人口過度擁擠的問題。為了尋求舒適的生活環境，發達國家出現了人口從城市遷到城郊和農村的趨向。

4、人口老化問題

人口老化即人口老齡化，它是指人口平均年齡的增長的過程。人口老化問題，是人口平均年齡增長到達某種限度，產生了不良的後果。人口老化使

---

[36] 梁中堂，《人口素質論》，第 83-89 頁，太原：山西人民出版社，1985。

得成年人口的負擔較重，也使得一個國家或地區即時或未來人力資源的減少。人口老化比較嚴重時，會導致面臨人口數量銳減的前景。人口老化問題，還會引起一系列的老年社會問題，如養老問題。

人口老化問題及其相應的經濟、社會問題，在一定意義上是長期的、難於逆轉的，比人口過剩問題難於應付和解決。

第二節　人力資源形成

一、人力資源形成的條件

人力資源的形成，亦即人力資源的生產，作為一種過程，需要多方面的條件。人力資源形成的條件，除自身物質條件——具有一定數量和質量的人口外，還需要一定的外部物質條件。人力資源形成的外部基本物質條件，包括以下三個方面：

（一）生活資料

生活消費，是人們購買和使用的用於滿足自身物質文化生活需要的各種物質生活資料以及勞務。生活資料為人類生活所必需，是人類生命體能夠維持存在的重要條件。人們透過各種生活資料的攝取和使用，形成和保持正常的體魄和智力的生理基礎，從而使人力資源得以形成。

（二）教育

教育，是一定的主體對於人這種客體賦予知識、技能以及思想理念的活動。就現代經濟活動而言，人必須透過教育培訓掌握必要的知識、技能，才能夠成為真正的資源。缺乏教育的身體健康的勞動適齡人口，已經難於構成現代生產方式下的資源和要素。鑒於教育在人力資源形成中的重要性，下面專節進行闡述。

（三）時間

人們消費生活資料和接受教育形成勞動能力，需要花費一定的時間，需要經過一定的過程。因此，時間也是人力資源形成的一個重要條件。

二、人力資源再生產

（一）人力資源再生產內容

1、增量人力資源勞動能力的獲得

人力資源勞動能力的獲得主要是透過教育、訓練、勞動經驗的積累以及自學等途徑實現的。這直接構成人力資源的生產和形成。

2、存量人力資源勞動能力的保持

存量人力資源勞動能力的保持主要是透過勞動者生活消費、恢復體力實現的。從一般意義上說，這是現有人力資源的養護問題，從廣義的人力資源再生產角度看，可以認為這對人力資源的形成起一定作用。

3、存量人力資源的人員替換和補充擴大

存量人力資源的人員替換和補充擴大主要是透過新成長勞動力以及其他未就業的勞動適齡人口進入社會勞動領域（以及替換下一部分超齡勞動力）實現的。這是人力資源總體的部分更新和擴大問題。這顯然要依賴人力資源的生產或形成，其自然基礎即人口的再生產。

（二）人力資源再生產規模

從人力資源再生產規模的角度，可以分為簡單的、擴大的、縮小三種類型。

人力資源生產的簡單規模類型，是理論上的抽象，在一般情況下並非現實的存在。現實經濟運動中的人力資源，從數量到質量，從種類到結構，都是在變化的，不可能同前一個時點（例如上個月、去年）保持一段。

人力資源再生產規模的擴大，是這一資源生產的本質特徵。應該注意的是，這種擴大從長期運動過程來看，主要表現在質量方面。這種人力資源質量的擴大，顯然來源於作為人力資源的人口的體質、智力、知識、技能水平的提高。

人力資源生產規模縮小的類型，則一般只在一些特殊條件下才出現，例如大規模戰爭或者瘟疫流行以後。

第三節 教育與人力資源生產

一、教育的功能

教育是人類傳授知識與經驗、開發能力，從而使自身獲得更好發展的一種社會活動。隨著人類社會的發展，教育活動得以產生，得以專門化（形成社會的一個部門），成為人類社會存在和發展必不可少的因素。總的來看，教育對於社會和對於人力資源的生產，具有以下幾個方面的功能：

（一）生產生產力的社會經濟功能

生產力是人類改造自然的能力，它對人類社會的發展面貌起著決定性的作用。人們一般把生產力分為三要素或二要素，其中最主要的是勞動者即人力資源，教育是對「人」這一要素進行生產的最基本條件和最重要途徑。透過教育，人具備了從事社會勞動所必需的智力、知識和技能，從而具備了勞動能力，轉化為人力資源。此外，教育還透過人力資源，使勞動手段、勞動對象得以改造、提高，從而形成較高的社會生產力。

（二）傳授人類知識的社會文化功能

教育，使得人類的精神財富得以擴散、得以保存、得以延續、得以發展。人類區別於其他群體動物的一個標誌，就是人類生活經驗的積累與傳

授。人類經驗的傳授，透過第二信號系統，以語言、文字為媒介。教育正是正規地、成體系地、大範圍地進行這種傳授的唯一途徑。這可以大批量地生產各種質量、各個層次的人力資源。

（三）促進科學技術進步的社會認識功能

教育使得人們能夠透過自身智力的發展，作用於積累的知識，進行理論思維，產生科學理論，進而生成新技術，從而進一步擴大人們認識客觀世界的能力。從這個意義上，可以說教育是推動科學技術發展的力量。教育認識世界的社會功能也是以科學技術為媒介，透過科學技術實現的。這種功能，突出表現在高等教育所培養出來的創新性人力資源的效能上。

（四）培養社會管理者的社會組織功能

人類社會是一個複雜的機體，社會要正常運轉，必須要有一部人從事以社會為對象的管理活動。這種管理活動包括兩個部分：一部分是社會勞動分工的專門管理，例如交通管理、環境管理；一部分是全社會的總體管理。教育培養各種社會管理人員，使他們具備從事局部社會管理以至管理全社會、管理國家的能力，使得人類能夠自覺地調控社會運動。現代社會活動內容複雜，社會管理內容繁多，並向科學化、技術化、高級化、現代化的方向發展，社會總體管理的層次分化為高層決策者與智囊團兩個層次。決策者與智囊人物都必須是接受過高級教育、具備較高學識之士。教育成為培養高層次人力資源的重要手段，成為科學地管理社會的基礎。

（五）促進人的全面發展的社會進步功能

教育使人們掌握了知識技能，發展了智力和多種能力，豐富和強化了人們的高尚情趣，培養了人們的良好性格，提高了人們自我認識的程度和自我調控的能力。總之，使人們的個性得到全面發展，對於外界的適應能力大大加強。不僅如此，教育還使人的積極性增強，對外部條件和環境的選擇能力加強，從而擴大個人獲得發展的機會。總之，教育生產出具有較高素質、較強適用性的人力資源，從多方面促進「人」的發展，促進社會的進步。

二、職業技術教育

（一）職業技術教育基本分析

職業技術教育也稱職業技能教育或職業教育。職業技術教育的功能，主要是使人們掌握社會經濟活動所必需的各種職業操作技能，使其從可能的勞動力人力資源轉化為現實的人力資源。職業技術教育領域廣泛，包括教育部門興辦的中等職業教育（職業高中、農業技術學校等）和高等職業教育（即職業大學）、企業或者勞動保障部門主管的技工學校，還包括各種就業前職業技能培訓和就業後職業技術教育，形成一個多層次、多類型的體系。

職業技術教育是生產實用性技能人力資源的主要部門。從理論上講，人力資源是社會經濟活動最根本的要素，具有推動物質資源的主體能動力量，是取得國民經濟效益的主要源泉。人力資源對於國民經濟發展的重大影響，職業技術教育滲透其各個方面：作為生產要素的人，必須是具備職業勞動能力者，選擇職業，需要具備基本的職業勞動能力，深度開發、深度加工物質資源，需要較高的職業勞動能力；效率的提高、經濟的增長，依靠人力、依靠人才、依靠教育、依靠人們職業勞動能力的提高。可以說，職業技術教育也是現代社會國民經濟運動的必要前提條件。

作為一種教育的類別，與其他獲得職業勞動技能的途徑（如父傳子、師授徒）相比，職業技術教育一般對象廣、人數多、時間快、內容科學，具有較高的效益。

從人力資源個體的角度看，人們接受職業技術教育的全過程，不僅是基於具體地處於接受職業技術教育場所獲得技能這一狹小的時期，而且應該包括進入角色、由淺入深、完成學業、學以致用幾個部分。具體地說，包括職業資訊、職業諮詢、接受職業技術教育、教育結束獲得就業資格、職業選擇、就業、職業適應諸多環節，它構成「資訊→教育→就業」這樣一個鏈條。

（二）就業前職業技術教育

就業前職業技術教育可以分為學校職業技術教育和學校之外的職業技術教育。

　　學校職業技術教育的優點是教學比較正規，注重理論，教學效果比較好，因而學生的適應性比較強，具有一定的發展潛力。此外，由於場地、師資、教學設備、學生都集中，因而比同等水平、同等總量規模的分散辦學，節省教育經費，經濟效益也比較好。中國自 2003 年以來實行的「人才強國」戰略，其中心內容之一就是大力發展職業技術教育、大力開發職業技能人才。

　　學校外職業技術教育是直接面向人力資源市場的，往往是與就業直接掛鉤的。其特點是針對性強，注重勞動崗位的實際技能，時間短，形式靈活多樣，能夠使接受教育培訓者較快地獲得職業技能，及時滿足社會對人力資源的需求。為解決缺乏初中、高中畢業生就業中缺乏職業技能的問題，國家實行了「勞動預備制」。

　　從世界情況來看，由於社會勞動技能水平的大幅度提高和其對職業技術教育要求的逐漸加強，以及教育事業自身的發展，出現了一種由就業後培訓轉變為就業前教育的趨勢，這就使得「職業教育普通化，普通教育職業化」。在現代社會，許多種職業都需要具有相當的教育水平，要經過一定時期的教育訓練，透過考核取得資格，才能從事。例如在北歐一些國家，作為現代的農民，必須經過農業學校的學習，得到「綠色證書」，才被允許從事相當於「農業技術員加農機操作工」的職業。

（三）就業後職業技術教育

　　當今世界在就業前職業技術教育加強的同時，就業後職業技術教育也獲得了長足的發展。二者並駕齊驅的發展，說明社會經濟對於人力資源質量要求的不斷加強。從宏觀的角度看，科學技術不斷進步和知識爆炸、知識陳舊率加速，從微觀地角度看，企業在激烈的競爭中更新設備、更新技術、更新產品來適應市場，從而得到發展，這些都要求人力資源的狀況不斷加以改善，才能較好地運用物力資源，更加積極地發揮生產能力。

　　人力資源質量水平的提高，已經不是過去的那種靠勞動者個人自身經驗積累和一般性的生產中培訓所能完成的，而必須周期性地進行職業技術學習，周期性地更新知識和提高技能，否則就不能長期從事社會勞動。國外一些經濟發達國家，企業職工每三五年就要接受一次職業技術教育，並已經成為制度。第二次世界大戰以後，隨著經濟的發展，多種形式、多種

渠道的職業技術教育也在蓬勃發展，「繼續教育」成為經濟活動不可少的條件，成為教育世界不可少的一員。新的世紀，展現在人們面前的五花八門、數量繁多的名詞，諸如成人教育、回歸教育、繼續教育、終身教育、遠端教育、網路教育、無牆大學、廣播電視大學、星期日學校、汽車學校、函授大學、企業大學、在職教育（OJT）、人力再開發等等，都說明了這一點。

就業後職業技術教育，除了要滿足各微觀經濟單位對人力資源質量提高的要求外，還要在當今社會人力資源大量流動的條件下，解決其職業適應性的問題。

（四）企業的職業技術教育

就業後職業技術教育，很大部分是由微觀經濟單位──企業及其部門舉辦，也稱為「員工教育」或者「員工培訓」。員工培訓與開發是企業人力資源管理的重要內容之一，後面有專門章節講授，這裏不贅述。從教育內容的角度看，企業的職業技術教育總體上可以劃分為以下幾個方面：

1、新員工入職教育

對新進入本企業就業的人員，進行其單位的經濟活動方向、企業文化、生產經營的內容與目標、主要業務流程等一般性教育，特別是進行所在崗位的知識技能的教育訓練，使之能夠較快地適應本崗位的工作。

2、在職人員養護教育

透過對在職人員週期性職業技術教育，使其適應發生變化的勞動崗位。

3、在職人員提高教育

透過對在職人員的提高性教育，使他們的智力、知識、技能水平得以大大提高，從而大幅度地提高這一單位的人力資源質量。透過對在職人員的提高性教育，可以使其經濟活動得到可靠的保證，並且能較快地為自身培養各類人才，這對於一個經濟單位的發展具有戰略性的意義。

由於就業後職業技術教育的重要性，使人們非常重視培訓機構的選擇和有關師資（如企業培訓師）的培養。

三、專業教育

專業教育是在普通教育的基礎之上，根據社會知識與學科的不同類別劃分的教育。就其本質和作用而言，也屬於應用性職業教育的範疇，把它們從職業技術教育中劃出，是由於其資源特徵是與狹義「職業操作性教育」相區別而具有通用性和一定的基礎性，其教學內容具有較多的學術性和理論性，一些專業也可能是以高等級職業操作技能為主。

專業教育一般是高等級、高投入的教育，針對社會一定的人力資源崗位方向，又不拘泥於具體的職業、工作。專業教育的成果，是生產出高等級的專業性或職業性人力資源。

專業教育包括大學、大專、中專三個層次，廣義的高等院校即指包括了這三個方面的大中專院校。大學以上又分為本科、碩士、博士三個等級，一般所說的「大學」是指大學本科的層次。中國過去專業人才緊缺，在 1999年以來大學大規模擴招，許多中專也升格成為大專，大學生占同齡人的比例從當時的 9.8%已經提高到 22%，達到了「大眾教育」（15%以上）的水平。

專業教育的類別從最大的角度看，可以分為文科、理工科兩部分。中國大陸對於大學專業的劃分，包括哲學、經濟學、法學、教育學、文學、歷史學、理學、工學、農學、醫學 10 類，近年又從經濟學中分化出、增設了管理學學科，成為 11 類。

中國的專業教育在培養人才方面，存在一些亟需解決的問題。可以說，教育思想和教育方法落後是兩岸共同的問題。有著悠久歷史的中國文化和中國教育，高度重視「知」而相對忽視「行」，在大學層次的教育上，更體現了對學生的知識灌輸和對理論體系的注重，往往要求學生記住大量的知識，而對學生學習方法、實用技能和創造能力的培養相對忽視，所培養的學生缺乏創新意識和創造能力。

【主要概念】

　　人口再生產人口自然增長率人口遷移人口問題人口數量問題人口質量問題人口城市化教育職業技術教育專業教育

【討論與思考題】

1、什麼是人口？人口與人力資源有哪些聯繫？

2、人口再生產的指標有哪些？

3、經濟發達國家和發展中國家各面臨哪些人口問題？應當如何搞好人口的再生產？

4、人力資源再生產有哪些內容？如何搞好？

5、教育的功能是什麼？對於人力資源生產有哪些作用？

6、職業技術教育的功能和內容是什麼？如何搞好？

7、為什麼要發展專業教育？應當如何搞好專業教育？

8、結合本地區的學校畢業生就業等情況，探討高等教育中的問題與對策。

第八章

人力資源配置與市場

【本章學習目標】

理解人力資源配置的定義與原則

瞭解人力資源配置的類型

掌握人力資源市場體制的優缺點

瞭解人力資源的宏觀流動與微觀流動的含義與動因

瞭解人力資源個體流動的動因和成本－收益

第一節　人力資源配置

一、人力資源配置含義

（一）人力資源配置定義

　　人力資源配置，指的是將人力資源投入到各個局部的工作崗位，使之與物質資源結合，形成現實的經濟運動。人力資源的科學配置，是人力資源生產與開發之後的關鍵環節，也是人力資源經濟運動的核心。從總體上看，人力資源的配置可以分為自然配置、行政配置、市場配置三種方式。這裏重點分析人力資源市場配置方式。

　　人力資源市場配置，是以勞動力自身生產成本（人力投資）及用人單位對該項資源未來的勞動產出預期為基礎、由企業與求業者供求關係決定的工資為條件，透過供求雙方的自由選擇而完成的。這裏抽象掉個人求職的非經濟考慮因素。

（二）人力資源配置層次

　　人力資源的配置，包括宏觀配置、微觀配置和個人配置三個層次。

1、人力資源宏觀配置

　　人力資源的宏觀配置，包括部門配置與地區配置人力資源部門配置，以經濟社會發展規劃中的重點部門、行業、建設專案和大型企業為主要目標，進行綜合平衡後加以確定。新興部門比傳統部門的科技含量、人均資本量要高，所投入的人力資源質量也較高。

　　人力資源的地區配置，是以各個不同地區為目標，考慮各地區既有的生產能力、資源儲備、運輸成本、銷售市場等條件與發展目標，進行人力資源的相應安排。在一地區人力資源與物質資源配比不協調的情況下，可以透過對人的遷移實現合理配置。

2、人力資源微觀配置

在市場經濟體制下，經濟資源的配置主要透過市場的途徑而實現，它具體發生在微觀單位，由資源供求雙方的行為共同完成。

人力資源的市場配置，是以人的自身生產成本（即人力投資）和用人單位對人力資源的產出預期為基礎，透過供求雙方的自由選擇而完成的。

3、人力資源個體配置

人力資源的個體配置，是人們選擇自己的工作崗位的主動行為，它是人力資源自我選擇性的體現。

對於個人來說，「工作崗位」包括工作單位和所在的職業崗位兩個方面。人們在求職時謀求高收入、好條件的工作，尋求有發展機會前途的工作單位，從而使自己在市場中獲得最佳位置。在現行工作單位不盡如人意的時候，或者在社會上有更好職業機會的情況下，人就要進行職業流動。

二、人力資源配置基本原則

從經濟學的角度看，每一生產要素都應當在可能的情況下得到充分運用，並要與其他要素之間有一個比較好的配比關係，以取得最大的效益。從宏觀角度說，人力資源的配置就是要達到充分就業和合理使用，以形成良好的結構，保證社會經濟的需要，取得國民經濟的最大效益和自身比較高的使用效率。

（一）充分投入原則

人力資源配置的基本原則，是將這一資源給予充分的投入和運用，以達到其供給基本上能夠被需求所吸收。

在人力資源處於供不應求和供求平衡狀態時，一般來說比較容易達到充分運用。在人力資源供過於求狀態下，則應當透過各種措施擴大需求、增加投入，以儘量減少人力資源的閒置和浪費。

　　宏觀的人力資源市場供求關係不同，決定了微觀單位所面對的人力資源狀況，從而會制約和影響微觀的經濟效益。在人力資源總量和部分類別出現短缺的情況下，使用人力資源的微觀單位就要以較高的成本購買這一資源，從而增加人工成本和總成本，降低經濟效益；在人力資源總量和部分類別存在過剩的情況下，微觀單位就能夠以較低的成本購買該資源，從而節約人工成本和總成本，提高經濟效益。

（二）合理運用原則

　　從經濟學意義上，人力資源的合理使用，首先是指人力資源投入的最高產出率。進而言之，還包括經濟上投入方向及配置的合理，以及更為廣泛的內容，例如效率與公平的關係等。進一步來說，人力資源的合理使用還應當包括人的潛能得到發揮、人的社會地位的提高，以及有關勞動的多種社會關係的協調等等，即有著一定的社會效益的內涵。

　　一般來說，經濟方面的指標是顯在的，社會效益的指標則是非直接的、潛在的。社會效益的顯在性往往是透過被破壞以後對經濟、政治、科學、文化等多方面的負作用體現出來。

　　總之，必須對人力資源使用的合理性有全面理解，以使這一資源的運用真正達到最大的經濟效益。

（三）良性結構原則

　　搞好人力資源的配置，需要調節現有各個局部的人力資源，將追加的人力資源投入到不同方向，以形成良性的人力資源使用結構。不論是宏觀的部門、地區，還是對微觀的企事業機關單位，都應當達到良性結構狀態。

　　在宏觀的人力資源處於良性結構的情況下，人力資源狀況能夠適應社會經濟發展的需要，並能有利於國民經濟各部門在較長時間內保持協調，從而取得較大的經濟效益。人力資源的良性結構，主要應體現為農業與非農業關係協調、生產性行業與非生產性行業協調和各地區經濟發展協調。

　　在微觀用人單位，也應當注意達到人力資源的良性結構，這包括不同層次和不同職業類別的員工比例的和諧。

（四）提高效益原則

提高效益是重要的經濟學原則。由於人力資源在經濟運動中的重要地位，提高其使用效率就更為重要。

「有效勞動」和「無效勞動」是一對重要的經濟概念。有效勞動即人力資源的投入取得了經濟效益，無效勞動即人力資源的投入未取得經濟效益。進一步分析，有效勞動還可以分為高效勞動與低效勞動，無效勞動也可以分為零效勞動與負效勞動。高效勞動的產出大大高於投入；低效勞動的產出在不太高的程度上大於投入；零效勞動的產出等於投入，而沒有取得效益，浪費了資源，等於做了「無用功」；負效勞動的產出小於投入，效益為負數，可以看作是產生了壞的後果。

一般來說，經濟活動中總會存在資源利用不充分的問題，提高經濟效益就是要改善這種問題。改善人力資源利用不充分的問題，是提高宏觀和微觀經濟效益的根本途徑之一。我們從上述分類中可以看出，高效勞動是一種較好的狀況，可能接近或者達到「充分利用」人力資源的程度，低效勞動、零效勞動，負效勞動顯然是人力資源運用很不合理的狀況，應當向高效勞動方向轉化。

三、人力資源配置類型

企業人力資源的配置，就是透過考核、選拔、錄用和培訓，把符合企業發展需要的各類人才及時、合理地安排在所需要的崗位上，使之與其他經濟資源相結合，形成現實的經濟運動，使得人盡其才，提高人力資源生產率，最大限度地為企業創造更多的經濟效益與社會效益。人力資源配置的目的是要達到個人——崗位的匹配，提升組織的整體效能。人力資源配置效益的高低直接影響企業其他資源的合理利用和整體配置效益，它是決定企業能否持續、穩定、快速發展的關鍵因素。

而要合理地進行企業內部人力資源配置，應以個人——崗位關係為基礎，對企業人力資源進行動態的優化與配置。人力資源配置主要有以下三種人力資源配置類型：

（一）人崗關聯式

這種配置類型主要是透過人力資源管理過程中的各個環節來保證企業內各部門各崗位的人力資源質量。它是根據員工與崗位的對應關係進行配置的一種形式。這種類型中的員工配置方式大體有如下幾種：招聘、輪換、試用、競爭上崗、末位淘汰、雙向選擇等。這要求對人員進行合理配置，將合適的人安置在合適的崗位上，達到個人與崗位匹配。實際上，個人與崗位匹配包含著兩層意思。一是崗位要求與個人素質要匹配；二是工作的報酬與個人的動力要匹配。可以這樣講，招聘和配備職員的所有活動，都是要實現這兩個層面的匹配，而且不能偏頗。

（二）移動配置型

這是一種從員工相對崗位移動進行配置的類型。它透過人員相對上下左右崗位的移動來保證企業內的每個崗位人力資源的質量。這種配置的具體表現形式大致有三種：晉升、降職和調動。因為隨著企業內外環境的變化，有必要重新進行工作分析與人才測評，對崗位責任、崗位要求及現有人員的知識、技能、能力等進行重新的定位。該升的升，該降的降，使人力資源的配置趨近合理。

（三）流動配置型

這是一種從員工相對企業崗位的流動進行配置的類型。它透過人員相對企業的內外流動來保證企業內每個部門與崗位人力資源的質量。這種配置的具體形式有三種：安置、調整和辭退。這是對企業整體的人力資源進行動態的優化與配置。

而企業可根據自己的實際情況，選擇人力資源配置類型，做到崗適其人，人盡其才，才盡其用，人崗相配，才會使得員工的工作績效等得到提升，從而提高企業的整體效能，實現效益最大化。為此，還要把加快建設和完善人力資源市場體系，努力消除人才體制和制度障礙，營造合理有序的人才流動環境，實現人力資源的優化配置，最大限度的發揮人力資源的作用，促進企業持續、穩定、快速發展。

第二節　人力資源市場

一、人力資源市場體制的優點

市場經濟體制，是比自然經濟、計劃經濟先進的方式，它有利於經濟運行，並對人力資源本身的生產起到信號作用（促使人們按照市場需求及發展趨勢進行人力投資），而且有利於資源配置後的使用，達到較大的經濟效益。從「實現配置」的角度看，人力資源的供方是勞動崗位上的主體即勞動者，人力資源的需方是將人、財、物三要素購買齊全、組織其進行生產的決策者，雙方互相進行自由選擇，能夠使資源按照自身的條件被送到社會需要它的勞動崗位。這就是人力資源市場存在的意義與必然性。

進一步看，當社會經濟條件發生變化時，也就是企業對人力資源的需求和個人對人力資源的供給發生變化時，市場經濟體制能夠順利、快速地完成人力資源的再配置；有時人才市場、勞動市場還能作為人力資源供給的「蓄水池」。企業與個人兩主體共同實現配置的方式，顯然在初次就業和就業後的流動上都優於自然經濟和計劃經濟方式。

二、人力資源市場體制的缺陷

市場經濟體制也存在一定缺陷，就人力資源市場而言，其缺陷是：

首先，它在供求的結合上還不可能盡善盡美，供或求的資訊不可能讓對方全面瞭解，市場配置中雙方都有一定的比較選擇時間，這樣，摩擦性失業就不可避免，而且可能數量較大。

其二，市場體制在理論上來說是給各個供方或需方以充分的選擇權利，但是，人力資源供方個體之間有著差異性，年齡有老有輕、性別有男有女、學歷有高有低、技能有強有弱，這樣，一部分就業條件差的人就很難被需求方所吸收。在這裏，市場經濟天生向效率傾斜而不向平等傾斜，

也就是說「效率」的取得要以「平等」的部分喪失為代價。這樣，在人力資源的配置上，就出現了取得經濟效益而影響以至損害社會效益的可能性。

其三，在市場經濟體制下，用人單位對資源配置的考慮會毫不留情地把過剩勞動力暴露出來，推向社會，形成失業大軍，這除了會造成社會問題、影響社會效益外，也在一定意義上意味著對人力資源的浪費。

三、人力資源市場的運行

在人力資源市場方面，需要塑造的體制是：

（一）建立人力資源市場運行規則

政府要制定市場運行的制度框架和規則，規定每個行為主體的權利和義務，確定行為主體的「可為」與「不可為」。應該怎麼樣來確定公益性人力資源市場與營利性獵頭公司等市場機構的界限，怎麼確定市場規則，是需要解決好的重要問題。

設立人力資源市場機構，首要的是要解決誰有資格進入人才仲介服務市場。應當指出，市場機構存在進入的很大限制時可能會產生「尋租」行為，即只允許少量（公立）人才市場服務機構存在，就意味著公章本身也能「賣錢」；而完全自由的市場准入又可能產生監管不力的市場混亂的現象，深圳等地一些仲介機構出現的經仲介機構介紹工作後一些外來打工妹失蹤問題就值得警惕。還要注意的是，市場准入的條件必須要透明。

（二）對人力資源市場進行監管

市場監管包括市場規則的維護、確定人才個體與用人單位的權利、維持公共機構與私人機構的平衡、仲介機構與資訊機構的區別、對政府本身的監督等多方面的內容。

為了達到有效地進行市場監管，搞好資訊披露非常重要。政府本身也是重要的資訊的提供者，包括職業市場的資訊、政府的政策資訊等，也應該為人才市場的資訊建設做出足夠的貢獻。政府應該適時披露人才市場的

資訊，以改善現有人才市場存在的資訊不足問題。同時，公立人才市場與勞動市場機構必須擁有相當大數量的資訊，保持競爭中的優勢狀態，這樣才能保持總體人力資源資訊披露的真實性。

（三）政府直接介入人力資源市場

「人」是一種特殊的市場要素，出於幫助人、保護人和為人服務的角度，政府應當在一定程度上介入人力資源市場。按照國際慣例，政府對低層藍領勞動者辦理免費的職業介紹所。努力提高職業介紹機構從業人員的素質，努力搞好設施的建設，是人力資源市場更好地發揮作用的重要保證。

對於特殊群體的就業問題，也往往需要政府直接介入，例如對殘疾人的就業安置。殘疾人就業在世界範圍內都是按照比例指標進行安置的，即一個企業有多大的規模就必須招聘多大比例數量的殘疾人，不招收者就需要交納一定的費用，政府將這些錢再用於殘疾人福利等。

對殘疾人安置的方式包括政府直接安置、委託相應的社會組織安置、實現優惠的政策。比如由政府組建免稅的殘疾人工廠，或者由社區組織進行直接安置等。

第三節　人力資源流動

一、人力資源的宏觀流動

人力資源的宏觀流動，是指處於一定產業部門、地區和職業的人力資源發生了變化，進入到新的產業部門、新的地區和新的職業領域的工作崗位，從而造成人力資源產業部門、地區和職業結構的變化。這種宏觀流動的結果，是使人力資源實現了再配置。

人力資源的宏觀流動，既有政府行政手段措施直接組織的，也有政府透過宣傳鼓勵和政策引導而形成的。經濟發展的不平衡和產業結構的變動，是造成宏觀人力資源流動的根本原因。進行產業結構調整則是一種自

覺、主動的行為。此外，政府的不少經濟政策和人力資源政策也對人力資源的流動具有推動作用。

二、人力資源的微觀流動

人力資源的微觀流動，是各個企業事業機關單位的辭退解雇行為和招聘錄用而形成的。人力資源的個人流動，是求職者選擇就業崗位和在業者調動工作崗位而形成的。

人力資源流動的微觀原因，在於資源配置的兩方面的主體都有改變原配置的動機。人力資源市場配置方式，以利於人力資源市場的兩方面主體優化其資源的配置。在市場變動的情況下，用人單位還會採取各種措施改變既有的資源配置，辭退和更換人員，從而造成員工的流動和更替。作為勞動者一方，則出於對個人較大收益和更好的發展機會的追求，憑藉自己的能力，在人才市場上尋找工作，參與就業競爭，使得人力資源的高流動具備了客觀條件。

人才資源是人力資源中效益大、具有不可替代性、主體意識強、社會聯繫多的資源，他們中的許多人具有高理論水平和技術專利，掌握一定的核心技術，是社會的稀缺資源。這些特點導致其流動性比一般人力資源高。擁有大量人才資源的科技部門、各產業部門的研究開發機構和教育衛生等部門，也往往是崗位競爭性較強的地方。這兩方面的原因都使得人才資源處於高流動的狀態。

20 世紀 90 年代以來新經濟在世界範圍興起，兩岸都在大力發展高新技術產業，各高新技術企業之間在大力爭奪人才，這也大大促進了人力資源的流動。

三、人力資源的個人流動

（一）人力資源流動的動因

對於每一個人力資源個體來說，在進行流動時都要做成本與收益的衡量比較，這是一種個人決策行為，是人力資源流動的理性基礎。

從社會學角度來看，人力資源的流動是為了實現自己的價值。如果用 V 代表個人價值的實現值，用 V0 代表價值實現的期望值，Vx 代表沒有實現的那部分價值，或稱為個人價值的潛在值。那麼個人價值的實現值可用下列公式表示：

$$V = V0 - Vx$$

從這個公式看，如果人的期望值和實現值之間的差距比較小，或者說個人在很大程度上實現了自己的願望，就不會產生流動意願。從馬斯洛的需求層次理論看，自我實現是最高的需求，自我實現就是指實現了個人的期望。反之，如果人的期望值和實現值之間的差距很大，就會導致人的流動。所以可以說流動是人才價值不能實現的產物。

如果用 S 表示個人價值實現率，則其公式為：

$$S = V / V0$$

一般來說，$0 < S \leq 1$。如果 S 等於 1，就是表示完全自我實現；如果 S 接近於 0，那就要考慮自己的目標是不是現實的問題；特殊情況下也有 S 大於 1 的可能，比如一個公務員本想當處長，卻被提拔當了局長。當 S 離 1 越近的時候，人越不傾向於流動；當 S 離 0 越近，人越傾向於流動。

（二）人力資源流動的成本和收益

人力資源流動成本，是人力資源進行流動方面的各項支出。它可以分為用貨幣計量的經濟成本和不能用貨幣計量的非經濟成本。經濟成本包括由尋找工作而支出的各項費用、參加有關培訓的成本、流動期間的「衣食

住行」等生活成本；非經濟成本包括所放棄的原單位收入、所丟掉其他可能的發展機會、離開熟悉環境與人群的心理成本等。

人力資源流動收益，即作為人力資源的人在流動以後所獲得的各種利益的總和。它可以分為四部分：其一，貨幣性收益，即在新職業崗位所獲得的貨幣收入；其二，技能性收益，即在新職業中獲得工作技能以及有關的各種知識；其三，機會性收益，即個人在新職業和新單位的發展機會，這種預期的實現還能夠獲得貨幣等收益，因此在許多人看來往往是最重要的；其四，文化性收益，即在新工作氛圍中獲得文化和其他的社會生活知識。

在一個人進行流動後，自身的人力資本往往會在運動中獲得了增值，即「跳槽」者的工資收入可能「步步高」。同時，流動者能夠為社會生產更多的產品，即增加了社會價值。

【主要概念】
　人力資源配置　人力資源市場　人力資源流動　人力資源流動收益

【討論與思考題】
1、人力資源配置原則的具體內容是什麼？
2、結合宏觀實際和某企業的實際，試述人力資源配置的某項原則。
3、結合實際，分析人力資源市場的利弊。
4、結合實際，闡述人力資源流動的宏觀及微觀環境和流動原因。
5、結合自己的實際，談談個人流動的成本和收益。

第九章

人力資源的就業

【本章學習目標】

掌握就業與失業及相關概念

瞭解失業的類型與危害

瞭解就業目標的內容

理解和掌握國際規範的就業政策內容

第一節　就業基本分析

一、就業有關概念

（一）就業

在經濟學中，「就業」一詞指生產要素進行配置、得到使用，包括物的就業和人的就業。但在通常意義上，就業是指人的就業，是人力資源與物質資料的結合，是社會求業人員走上工作崗位的過程與狀態。在各國的經濟統計中，對於就業者標準的具體掌握有所不同，在國際對比中就有一定的出入，主要是在就業者的年齡規定和從事勞動時間方面有不同之處。

按照國際勞工的統計標準，凡在規定年齡內屬於下列情況者，均屬於就業者：

(1) 在規定期間內，正在從事有報酬或有收入的職業的人。這占據著就業者的主體。

(2) 有固定職業，但因疾病、事故、休假、勞動爭議、曠工，或因氣候不良、機器設備故障等原因暫時停工的人。

(3) 雇主或獨立經營人員，以及協助他們工作的家庭成員，其勞動時間超過正規工作時間的 1/3 以上者。

（二）失業

從一般意義上說，失業是有勞動能力和就業的意願即就業要求，但未能獲得勞動崗位。這些失業者需要馬上走上就業崗位，是正在閒置的人力資源，是最直接的社會人力資源供給。對於失業者，要以「有就業要求」和「目前沒有勞動崗位」這兩個條件對同時具備來認定。

1、「就業要求」條件

判定一個人是否具有就業要求，要看他是否正在積極地尋找工作，諸如到政府指定的失業登記地點進行登記，到招聘單位去求職、面談，與招聘單位通電話聯繫準備應聘，托親戚朋友幫助尋找工作，等等。

2、「沒有勞動崗位」條件

判定一個人是否沒有就業崗位，要看他是否沒有從事任何有收入的勞動。如果一個人在規定期間內從事了任何有收入的經濟活動，無論是在某單位或崗位正式任職、在某單位或某崗位短期工作、或者在一次性的活動中暫時「打工」，承包一項業務，抑或是個人或合夥從事一項事業等等，均不能屬於「沒有勞動崗位」的狀態。

（三）失業率

失業率，指失業人數在一定勞動力或人口基數中的比例。失業率是反映社會就業狀況的指標，也是反映宏觀經濟運行狀況的重要指標，其計算公式為：

$$失業率 = \frac{失業人數}{在業人數 + 失業人數} \times 100\%$$

二、失業的類型

（一）總量性失業

總量性失業，指人力資源供給數量大於社會對它的需求數量，即處於供過於求狀態的失業。它也可以稱為「需求不足性失業」。總量性失業的直接表現是大量求職人員找不到工作，一些已就業的人員被辭退；其間接表現則是就業人員過剩，人浮於事、開工不足、在職失業等。

當經濟處於長期停滯和危機狀態時，人力資源需求不足問題可能逐漸加劇，從而失業人數逐步擴大，這也可以稱為「增長性失業」。當經濟周期

波動明顯，勞動力需求時漲時落，造成失業率上下周期性變動時，這種失業可以稱為「周期性失業」。

（二）結構性失業

結構性失業，是在人力資源供求總量平衡的條件下，由於其供給與社會對它的需求之間結構不對應、不統一所造成的失業。在現實經濟生活中，結構性失業是失業世界中極其常見的現象，它的具體表現是「有的人沒事幹，有的事沒人幹」，但其根本原因是由於產業結構調整所造成失業。

（三）摩擦性失業

摩擦性失業，是人力資源供給與需求在結合過程中出現的暫時或偶然失調所造成的失業。例如，一個人轉換職業時新職業對他的隨機性，以及就業供求資訊不暢等。摩擦性失業，實質上是人在就業或轉換職業時進行必要的選擇的時間代價。在經濟、技術迅速發展和勞動者素質提高的條件下，這種失業會相應地增加。摩擦性失業既然是就業選擇的代價，因而也被經濟學家看作是正常性的失業。

（四）技能性失業

技能性失業，即個人缺乏就業技能而處於失業狀態。技能性失業者，有的是由學校畢業步入勞動市場就缺乏技能，有的是被先進技術與設備所淘汰。技能性失業，也可以說是從個人角度看待的技術性失業。

（五）技術性失業

技術性失業，是因為在生產中採用先進機器、先進設備、先進工藝、先進技術所造成的失業。與「技能性失業」的不同之處在於，技術性失業是從宏觀角度看待的改進技術所引起的失業。技術進步是人類社會發展的重要特徵，也是生產力水平、特別是人類勞動水平大幅度提高的根本途徑。技術的變動，造成資本——勞動比例的改變，即資本的比例上升、勞動的

比例下降，因此，必然會影響就業者，造成既定就業狀態的改變，使一部分就業者被排擠出就業隊伍。一個社會技術進步得越快，所排斥的就業者就可能越多。

對於「技術進步究竟有益還是有害」的問題，人們有著不同的看法和判斷。有的人說技術進步對就業起積極作用，有的人說技術進步必然造成失業，有的人說技術進步是既擴大就業又造成失業的「雙刃劍」。經濟學家對此認為，改進技術所排斥出來的人找不到工作，應屬於總量性或結構性失業，而不是技術進步所引起[37]。一些發達國家也對「技術進步是否造成失業」這一問題進行研究，結果表明，技術進步從總體上不會造成失業，相反，它能從多方面促進經濟的發展因而有利於就業。

（六）選擇性失業

選擇性失業，是求業人員在社會上尚有一定的就業崗位時，不願意到該崗位上去工作，而要等待更好的職業所形成的失業。西方經濟學家指出，當工作選擇考慮的是高工資時，因而不接受市場現有的職業而寧可失業的現象，叫做「自願失業」，它被認為是一種正常性失業。換言之，這種失業的責任在失業者自己，並且也不構成經濟、社會問題。

選擇性失業基於的原因是各不相同的。有的人僅僅是因為工資水平低而不去就業，這當然可以說是「自願失業」。有的人由於自身能力水平大大高於即有的職業崗位素質要求，他們不到低等級崗位上就業（如博士失業後不去當推銷員），而是等待適合於自身條件的崗位就業，這顯然有一定的合理性。因此，對二者應加以區分，而不能一概而論。

三、失業的後果

就業是人力資源應有的狀態，失業、尤其是非自願失業則要產生諸多不良後果：

---

[37] 參見張一德等，《美國勞動經濟學》，第 157-159 頁，勞動人事出版社，1986。

（一）失業造成人力資源閒置浪費

就業是對人力資源的使用，是使這一資源發揮經濟效用，失業則造成人力資源閒置。在閒置期間，人力資源不僅不能有所產出，而且還要增加一定的社會保障等方面的費用開支。

人力資源的閒置不僅造成其浪費，而且由於失業者脫離了社會勞動，其工作技能還會逐漸下降，因此，失業使人力資源造成「有形磨損」和「無形磨損」的損失，長期失業還會使其完全失效而「報廢」。

（二）失業使人受到多方面的損失

就業不僅是社會經濟正常運行的表現，也是勞動者正常生活的必要經濟來源。在失業的情況下，人的收入大幅度下降以至喪失，正常的經濟生活受到影響，因而處於困窘的境地。失業者處於經濟困難狀況，其自身能力的再生產無緣要受到較大影響。失業者家庭中為成年子女的教育和生活，也不可避免受到很大影響，這進一步限制了下一代勞動力的再生產。

就業給人帶來工資福利等經濟收益，也給人帶來一些非經濟的利益，失業則使人的多方面收益喪失。在失業的狀態下，個人的身心健康也受到一定的影響，還要承擔社會輿論的壓力，這些都進一步給失業者帶來消極影響。

（三）失業導致各種社會問題

一個社會存在失業問題，意味著這個社會的福利有一部分被削弱，也意味著社會不公平程度的增加，並且會導致諸多的社會問題。從社會運行的角度看，則是不安定因素的出現與擴大：當一個社會失業量過大、失業率過高時，許多人會聚眾、請願、遊行，產生社會騷動，還會有人「饑寒起盜心」，出現偷盜等違法犯罪活動。上述問題都會影響社會的穩定，並可能危及到政府的聲譽和政局的安全。

但是，從雇用單位的角度看，在社會存在一定的失業的情況下，不僅新雇用人員的工資成本較低，而且本單位的從業人員也較為珍惜工作機會和努力工作。

第二節 就業目標

一、充分就業

「充分就業」是現代市場經濟國家經常提出的口號。國際勞工組織在就業方面最重要的文件——1964年第122號《就業政策公約》中，提出了充分就業的目標[38]。「充分就業」一詞含義豐富，它是一種綜合：不僅是經濟目標，而且也是社會目標和政治目標。

（一）充分就業——經濟政策目標之首

在市場經濟國家長期的經濟發展過程中，由於受到經濟週期波動的影響，經常遇到失業問題的困擾，減緩失業就成為各國的重要經濟目標。在西方市場經濟國家的經濟政策中，由於就業問題的綜合性與影響的深遠性，因而經常被看作為各項經濟政策之首。按照經濟學家的經驗資料估算，失業率在4～5%以下時，即達到了充分就業。

作為典型自由市場經濟國家的美國，第二次世界大戰結束後馬上把充分就業作為政府對宏觀經濟干預和調節的目標。美國在1945年、1946年連續兩年出臺《就業法案》，肯定了政府要對控制社會就業承擔責任，爭取達到最大的就業。1964年美國通過的《就業法》規定，國家有責任保持高水準的就業、生產和貿易能力。1978年，議會通過《充分就業與平衡發展法案》（也稱為「漢弗萊--霍金斯法案」），宣佈為所有的求職者提供就業的可能性，提出「1983年爭取失業率達到4%」的充分就業目標。為了把握宏觀經濟、達到充分就業，美國還建立了失業率和通貨膨脹率預期指標體系，作為制定經濟政策的參考。1982年，雷根總統在確定5年計劃目標中就提出失業率的控制目標。前任總統克林頓對解決失業問題、達到充分就

---

[38] 國際勞工組織的口號是實現充分的、生產性的和自由選擇的就業。參見王家寵，《國際勞動公約概要》，第74-75頁，中國勞動出版社，1991。

業相當重視[39]。可以說美國在 20 世紀 90 年代的重大經濟成就之一，就是失業率持續下降，基本保持著充分就業的狀態。

（二）充分就業——社會政策目標的重要內容

失業這一現象，對於社會危害極大。政府對於充分就業的重視，不僅在於充分就業是經濟領域的核心政策，而且在於政府要對公民負責，要保障人們勞動權、就業權的實現，大面積減少失業、從而避免和解決多種社會問題。達到充分就業是減少困難群體的重要手段，因此，充分就業也構成政府的社會政策的重要內容。

市場經濟國家的政府，有義務保證公民的生活、保障公民就業權的實現。實際上，現代經濟發達國家，即使有比較完善的失業救濟等保障體制，政府也仍然把充分就業作為解決社會問題、保障公眾利益的政策。

（三）充分就業——具有政治內涵的目標

勞動權、就業權，是應當保證的最基本人權，因為它是勞動者普遍追求的目標。充分就業作為國際勞工界追求的目標，實際上就具有了一定的政治目標色彩。不少國家把「達到充分就業」作為競選口號和施政綱領，這更說明了充分就業的政治內涵。

國際勞工組織對於人的就業權給予了極高的關注。1919 年，國際勞工組織建立之初所發佈的第 2 號公約即《失業公約》、第 1 號建議書即《失業建議書》。在《關於國際勞工組織的目標和宗旨的宣言》即《費城宣言》中指出，「（國際勞工）大會承認國際勞工組織的下列莊嚴義務在世界各國推進各種計劃，以達到：(a)充分就業和提高生活標準；……」[40]，把充分就業作為基本目標（「義務」）和具體的實施目標（「計劃」）。

1964 年國際勞工組織第 122 號《就業政策公約》的和第 122 號《就業政策建議書》闡述了充分就業的目標，指出「每一個會員國都應當為了鼓勵經濟增長和發展、提高生活水平、滿足對勞動力的需求以及克服失業與

---

[39] 姚裕群等，《美國勞動市場》，中國大百科全書出版社，1995。

[40] 劉有錦編譯，《國際勞工法概要》，第 145 頁，勞動人事出版社，1985。

就業不足而宣佈和執行一項積極的政策，促進充分的、生產性的和自由選擇的就業，並把它作為一個重大的奮鬥目標。」[41]

　　1995 年國際勞工大會對「全球充分就業的挑戰」進行了闡述，回顧了工業化國家的充分就業和「超充分就業」的黃金時代，與發展中國家「從世界範圍的繁榮中受益」的狀況，總結出「制度特徵」，其首要的一項就是「將高度優先重點放在充分就業的目標方面」[42]。

二、公平就業

　　「公平就業」一詞有著豐富的內容，這裏進行闡述。在社會現代化的形勢下，全面塑造公平的市場環境非常重要，公平就業就是其中最重要的內容之一。

　　就業機會不僅僅是指一個「崗位」，而且體現在其他方面。國際勞工組織指出，就業機會「包含得到職業培訓的機會、得到就業的機會、得到在特殊職業就業的機會以及就業條件」。在國際勞工組織的第 111 號建議書中，對此專門做出說明。建議書提出，「所有的人都應當在以下方面不受歧視地享有機會均等和待遇平等。

　　—— 得到職業指導和分配工作的服務；

　　—— 有機會按照自己的選擇得到培訓和就業，只要他適合於這種培訓或就業；

　　—— 根據個人的特點、經驗、能力和勤奮程度得到晉升；

　　—— 就職期限的保障；

　　—— 同工同酬；

　　—— 勞動條件，包括工作時間、休息時間、工資照發的年假、職業安全和衛生措施以及同就業相聯繫的社會保障措施、各種福利和津貼。」[43]

---

[41] 王家寵，《國際勞動公約概要》，第 74-75 頁，中國勞動出版社，1991。

[42] 國際勞工大會第 82 屆會議局長報告，《促進就業》，第 74-82 頁，國際勞工組織，1995。

[43] 王家寵，《國際勞動公約概要》，第 64-66 頁，中國勞動出版社，1991。

　　這樣，各國政府都應當在大力發展經濟、促進經濟增長、擴大就業崗位的同時，直接干預社會的雇傭環節，反對和禁止其中一切不公平的作法。同時，政府作為人力資源市場配置的操作機構之一，也在社會政策上、在公立職業介紹機構的服務上對「公平就業」予以重視，把它作為一種具體的政策目標。

三、多效就業

　　就業問題不僅是經濟問題、政治問題，而且是重大的社會問題，這是一種世界性的重要認識。1995 年，在聯合國世界首腦大會之後召開的國際勞工大會上，國際勞工局局長指出，「在世界各地，所有國家，不論其發展程度如何，都將創造足夠的新的就業機會的任務，列為經濟和社會政策的首要挑戰，以便解決失業、就業不足和低報酬的問題。為什麼要這樣做，其理由一目了然。高失業率帶來一系列的問題：不平等和社會排斥的擴大；以往的產出和未能利用的人力資源的浪費；經濟不安定的加劇；以及失業者的人身痛苦。與此相反，高速與穩步地創造生產性就業，是公平的經濟和社會發展的主動力。」[44]關注社會性，把就業問題作為社會問題，而且把搞好就業問題作為「公平的經濟和社會發展的主動力」，這一思想非常深刻。

（一）就業的經濟效益

　　就業的經濟效益高，包括微觀的經濟效率高，包括宏觀的社會總產值高、國民收入高、經濟增長速度快，也包括社會勞動要素得到比較充分的利用，閒置和浪費較少。高效就業的數量目標，可以根據宏觀、中觀與微觀的勞動生產率、全要素生產率和經濟發展速度等指標來確定。。

---

[44] 國際勞工大會第 82 屆會議局長報告，《促進就業》，第 1 頁，國際勞工組織，1995，日內瓦。

（二）就業的社會效益

就業的社會效益，是為了「人」，具體來說是指在就業領域達到社會平等、社會能夠對困難群體以幫助、透過就業使社會成員的福利擴大（這包括減少失業者的痛苦）和整體社會福利的擴大。在就業問題上，「平等」不僅僅是一般意義上的機會均等，更多的是體現在對勞動市場上弱者的幫助、向弱者的政策傾斜。

從社會的角度看，不是因為個人的懶惰，而在市場中處於不利地位、需要扶助的特殊群體有：學校畢業後缺乏就業技能的青年；中老年無技能者；殘疾人；婦女；落後地區的失業者；文化、技能條件較差者；其他處於不利地位的人（如有犯罪記錄、少數民族等）。

（三）就業的政治效益

就業的政治效益，包括政治安定和社會安定，具體來說是保證和諧的社會秩序，消除失業導致的社會動亂，維繫政權的穩定。從我國的現實情況出發，就業的政治效益指保持改革和發展的良好社會環境與政治局面、最大限度地保證改革中的工人階級的利益。

在市場經濟體制下，經濟效益、尤其是微觀經濟效益天然得到傾斜，而市場經濟的自發傾向是不考慮社會效益，相反，微觀經濟活動的外部效應還往往會損害社會效益，政治效益和宏觀經濟效益也可能受到一定損害。因此，在市場經濟的體制中，應當採取各種社會政策和經濟政策，解決好各種特殊群體的問題、特別失業人員的生活保障問題，以彌補社會效益、政治效益以及宏觀經濟效益各方面的損失。

四、積極就業

從現代社會的一般狀態看，市場經濟國家的就業中存在著公民的積極求職意願不強的問題。這與西方國家、尤其是歐洲國家的高福利有一定的聯繫，這造成了較多的自願失業，由此造成社會失業率的擴大和導致社會的惰性。

　　為了實現積極就業，不僅要解決社會求職人員的思想觀念問題，而且要採取多種物質手段，在求職人員的技能素質、社會需求資訊的傳播、社會就業資源的支援等方面給與有效的解決，從而為人們的積極就業創造良好的條件。

第三節　就業政策

　　為了擴大就業和達到充分就業，各國採取了一系列的就業政策和相關的經濟社會政策。這些政策可以概括為以下幾個方面：

一、確立就業的中心地位

　　1995 年全球最高層次的會議：聯合國《社會發展問題世界首腦會議》宣言中提出了「關於擴大生產性就業和減少失業行動綱領」。該綱領指出：要確定就業的中心地位，即把擴大生產性就業置於國家持續發展戰略和經濟社會政策的中心。具體來說，包括：

(1) 促進積極就業的政策，以便實現充分的、生產性的、有適當報酬的和自由選擇的就業；

(2) 在進行財政政策調整時，把可以直接促進長期就業的計劃放在優先考慮的地位；

(3) 掌握、分析、宣傳貿易和投資自由化對經濟，尤其是對就業的影響；

(4) 建立適當的社會保障機制，減少結構性調整和改革措施對勞動力尤其是對弱者和失業者的不利影響，並透過教育培訓創造條件使他們重新獲得工作機會。

二、兼顧就業和經濟發展

各國都注重把發展經濟與解決就業結合，透過發展經濟的各項措施達到大量吸納社會勞動力就業的效果。為此，鼓勵個人消費與團體消費及政府開支，大力刺激經濟需求與勞動需求；從各種渠道吸引投資，大量興辦生產建設專案，來使就業需求進一步擴大。

聯合國主張，創造可以大量提高就業的經濟增長模式，內容包括：

(1) 鼓勵在經濟和社會設施發展中開發勞動密集型專案；

(2) 鼓勵發展可以刺激短期或長期就業增加的技術革新和產業政策；

(3) 提高發展中國家選擇合適的科學技術的能力；

(4) 向處於經濟轉型期國家的在崗工人提供培訓，以提高他們在向市場經濟轉變中的應變能力，減少大面積失業；

(5) 促進農村的農業或非農業，如畜牧業、林業、漁業和農產品加工業的發展，以使農村地區的經活動和生產性就業持續增長；

(6) 消除中小企業面臨的障礙，放鬆不利於私營企業發展的限制；

(7) 向中小企業提供信貸、進入國內外市場、管理培訓和獲取技術資訊方面的便利條件；等等。

三、控制失業水平

在任何國家，一旦失業率大增時，必然引起政府關注，有時甚至採取強性措施限制失業率的進一步增加。有的國家實行反解雇政策，即限制雇主解雇人員。有的國家採取一定的財政補貼政策，維持一部分企業不致解雇人員和破產。

在特殊情況下，尤其是經濟惡化時，還要尋找高層次的對策。例如，在凱因斯時代，一些國家實行了減免稅收、通貨膨脹、赤字財政、舉辦公共工程等重大措施，對於應對經濟危機和保持社會穩定，起了積極的作用。

為及時控制失業率的提高和失業風險的發生，政府應當建立失業預警的體制。

四、強化教育培訓

發展教育，是提高人力資源就業素質和創業能力的一些手段。就此，聯合國提出應當實行的內容有：

(1) 把教育擺在重要位置，並對教育和培訓系統進行有效投資，以擴大其促進就業的積極作用；

(2) 加強針對新就業人員和被裁減工人的培訓計劃；

(3) 採取多種辦法幫助青年人、婦女和殘疾人掌握就業所需技能；

(4) 鼓勵和支援職業教育，以提高勞動者的技術水平，強化其就業能力；

(5) 在教育部門與政府勞動部門及工會間建立起新的夥伴關係，在政府與非政府組織間、私營部門、各社區、宗教組織間建立起夥伴關係，共同推進教育。

五、開展就業服務

就業服務，也稱勞動服務或公共就業服務（PES），是政府管理部門對於社會失業求職人員提供的各項幫助和服務工作的總和。由於人力資源是寄託在人身上的特殊資源，與「保證就業權」的社會要求相聯繫，不能等同於其他生產要素的供求實現方式，而需要有特殊的仲介組織。幫助社會成員就業的就業服務工作就成為公共部門的職責。

一般來說，政府要在各個地區設置專職就業服務機構，如職業介紹所、就業技能訓練中心等，為社會成員就業提供一個可靠的、免費的、資訊廣泛的、方便及時的服務場所，適應個人擇業和用人單位擇員的需要，為解決就業問題、促進充分就業服務。廣義的就業服務工作構成一個體系，該體系的內容主要包括：進行失業登記、開展職業介紹、提供就業訓練、組織生產自救、發放失業救濟等。

美國長期實行的民主制度，比較重視「人」在公民的公共就業服務方面有著較好的經驗。例如：提供「一站式」就業服務，使求職者獲得極大的方便，大大減少進入就業崗位的程式與時間；解決求職者的各種具體問題，減少找工作期間的困難，如在職業介紹所設立「託兒所」，使經濟困難、

雇不起看管人的求職者免除找工作和接受就業培訓的後顧之憂；協助用人單位設計就業崗位、幫助改進工作裝置和設備，適應特殊群體的就業能力和條件，如在長途汽車駕駛員座位上安裝方便殘疾人工作的扶手、靠墊等；採取特殊辦法提高求職者的就業技能，如在職業介紹所裝置了盲人特殊鍵盤和語音系統、上肢殘疾者的腳踏滑鼠等供殘疾人從事計算機工作的學習設備。

【主要概念】

　　失業失業率就業結構性失業充分就業公平就業積極就業就業政策就業服務

【討論與思考題】

1、什麼是就業？如何看待就業的社會經濟作用？

2、失業具有什麼經濟社會影響？失業對於人力資源有哪些影響？

3、如何看待就業對於人力資源的作用？

4、什麼是充分就業？如何達到？

5、結合你所在地區的實際情況，分析政府就業政策的內容。

6、結合地區實際和企業的實際，試述教育培訓等人力資源投資措施解決就業問題的作用。

7、如何看待失業問題？結合你地區的情況，分析解決失業問題的政策與方法。

8、什麼是公共就業服務？如何搞好？

第三篇

組織人力資源開發

第十章

人力資源規劃

【本章學習目標】

掌握人力資源規劃的含義

理解人力資源規劃的原則

熟練掌握人力資源規劃流程

瞭解人力資源規劃的主要專案

能利用人力資源管理資訊系統及主要指標進行人力資源規劃

掌握並能熟練運用人力資源規劃的方法經行人力資源規劃

掌握人力資源規劃的落實方法

第一節　人力資源規劃基本分析

一、人力資源規劃範疇

人力資源規劃是人力資源開發與管理過程的初始環節，是人力資源開發與管理各項活動的起點。搞好人力資源規劃對於搞好人力資源整體管理，取得人力資源效益和組織的多種效益，都具有重要作用。

（一）人力資源規劃的含義

人力資源規劃有狹義的和廣義的兩個角度，這裏分別進行闡述。

1、狹義人力資源規劃

狹義的人力資源規劃，是指組織從自身的發展目標出發，根據其內外部環境的變化，預測組織未來發展對人力資源的需求，以及為滿足這種需求提供人力資源的活動過程。簡單地說，狹義的人力資源規劃是人力資源供需預測，並使之平衡的過程。我們可以把它看做是組織對各類人員的補充規劃。

2、廣義人力資源規劃

廣義的人力資源規劃的內容很多，可以分為組織的人力資源目標規劃、組織變革與組織發展規劃、人力資源管理制度變革與調整規劃、人力資源開發規劃、人力資源供給與需求平衡計劃、勞動生產率發展計劃、人事調配晉升計劃、員工績效考評與職業生涯規劃、員工薪酬福利保險與激勵計劃、定編定崗定員與勞動定額計劃等等計劃組成。廣義人力資源規劃的內容詳見表 10-1：

表 10-1　廣義人力資源規劃的內容[45]

規劃或計劃分類	目　標	政策或辦法、制度	步　驟	預　算
總體規劃	總目標：人員的層次、年齡、素質結構，人員總量及分類，績效目標，戰略性人才培養目標等	基本政策（擴員或收縮政策，人才培養政策，改革穩定政策，管理方式及職責等）	總安排（3 年或 5 年或 10 年，如何達到上述目標）	總預算
人員補充計劃	類型與數量、結構、績效	人員來源，人員的任職要求、基本待遇	補充的基本要求與文件擬定、廣告、報名、考試、面談、錄用	招聘、選拔的費用
人員配備和使用計劃	各部門定崗定員的標準、績效考評目標、輪崗制度目標	任職資格考核辦法，聘用制度，輪崗考核制度，解聘方法	按左列內容列出時間表	工資、福利、獎酬預算
老職工安排計劃	減低老齡化程度，提高業務水平，降低勞動力成本，發揮老專業人才的幫教作用	老職工退休政策、解聘程式、聘用擔任顧問、調研員、督導員的政策辦法	按左列內容列出時間表	安置費、人員重置費、聘用老職工任新職的津貼等
員工職業開發與職業發展計劃	提高員工的業務水平，減少離職跳槽率，激勵與提高滿意度	事業開發政策、員工發展的終身教育計劃、「長處」發展措施	按左列內容列出時間表	教育培養費、考察調研費
績效評估及激勵計劃	減少離職與跳槽率，提供績效評估目標，提高士氣與信心	激勵政策、獎酬政策、工資政策、評估考核體系與辦法	按左列內容列出時間表	增資預算、獎金預算
勞動關係及員工參與、團隊建設計劃	改善管理者與員工的關係，提高員工主人翁意識與工作滿意感、團隊目標導向	參與管理的政策與辦法，「合理化建設」獎勵方法，團隊建設的政策與措施	按左列內容列出時間表	群眾性團組活動的經費支援，獎勵基金
教育培訓計劃	長期培訓計劃目標：素質提高與層次提高；短期培訓計劃目標：技能提高、新觀念的培育等	培訓時間、效果、考核的方法與對培訓獲證的資格認定程式與辦法	按左列內容列出時間表	培訓費及間接誤工費

---

[45] 石金濤，《現代人力資源開發與管理》，第 76 頁，上海交通大學出版社，1999。

　　人力資源規劃是組織中的重要工作，要圍繞著組織目標運行。它與組織目標的關係本書前面已經闡述，這裏不贅述，讀者可參見第六章。

　　具體來說，制定人力資源規劃的目的是為了確保組織能夠實現以下目標：

　　第一，取得並保持本組織所需要的、具有一定數量和質量的人力資源；

　　第二，預測和分析本組織中存在著的人力資源過剩和潛在過剩問題；

　　第三，預測和分析本組織中存在著的人力資源不足問題；

　　第四，充分利用本組織現有的人力資源；

　　第五，在保證組織目標實現的前提下，滿足員工個人的利益和需求；

　　第六，促進本組織人力資源素質的提高，以增強組織對未來環境變動的適應能力；

　　第七，減少本組織對外部人力資源供給的依賴性。

二、人力資源規劃流程

（一）人力資源規劃流程

　　一般來說，人力資源規劃的流程如圖 10-1、圖 10-2。

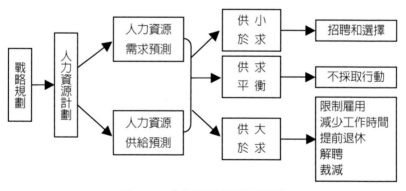

圖 10-1　人力資源規劃的流程圖

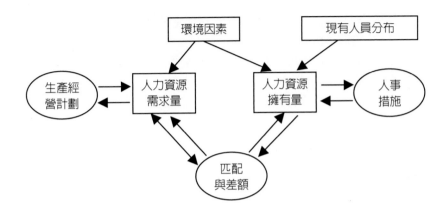

圖 10-2　人力資源規劃框架

　　人力資源規劃過程的起點是企業的戰略規劃。它是高層管理者用於確定企業總的目的和目標及其實現途徑的過程。而人力資源規劃應該與企業戰略相聯繫。制定出企業的戰略規劃後，就可以將戰略規劃轉化成具體的定量和定性的人力資源需求。人力資源需求預測就是根據能力水平扣崗位要求確定所需員工的數量和類型。這些預測將反映各種因素，如生產計劃和生產率的改變。為預測供給，既要注意內部資源（現有員工），也要注意外部資源（人力資源市場）。在分析了人員需求和供給之後，企業就可以確定其基本狀況是人力資源過剩，還是人力資源短缺。如果預測出人力資源過剩，就必須設法減少員工數，其辦法包括限制雇用、減少工作時間、提前退休和解聘。如果預測出人力資源短缺，就必須從外部獲取一定的人員，需要進行招聘和選擇。

（二）人力資源規劃的環境因素

　　影響人力資源規劃的環境因素主要有：
　　第一，宏觀經濟環境劇烈改變。如經濟體制的變化，區域性的金融危機，政局的動蕩等會影響組織人力資源規劃。
　　第二，技術創新及技術升級換代。市場競爭推動技術進步、技術創新及升級換代經常在不同行業中出現，不同的技術需要不同類型、不同專業

人力資源，如印刷業改用電腦照排後，會使企業雇員發生根本變化。這一因素對人力資源規劃影響相當大。

第三，組織管理人員的更迭。當組織高層管理人員發生重大變化時，組織的戰略目標及人事政策都會隨之而變，進而影響到組織的人力資源規劃。

第四，組織的經營狀況。組織的效率也是影響其人力資源規劃的重要因素，當組織經營不善、效率低下，或組織處於快速擴張時，人力資源規劃都會隨之而變。

第五，政策法規的變更。如社會保障法規的變更、環境保護法規的變更、戶籍管理政策的變更等，都會引起人員流動及供求的變化，進而影響人力資源規劃。

三、人力資源規劃的原則

組織在制定人力資源規劃時，應該注意以下原則：

（一）目標性原則

目標性原則，即人力資源規劃的制定和實施要與組織的發展目標相統一。人力資源規劃的應用範圍很廣，既可以運用於整個組織，也可以局限於某一部門或某個工作集體。不管哪一種規劃，都必須與組織的整體發展目標和局部目標相統一，這樣，才能確保組織各項資源的協調，使人力資源的規劃具有準確性和有效性。

（二）動態性原則

動態性原則，即充分考慮環境的變化、積極主動適應環境的變化。世界是變化的，事物是運動的，未來總是充滿許多不確定的因素，包括內部和外部不確定因素。組織內部的變化，涉及到業務的變化（尤其是銷售額的波動和產品的更新）、發展目標的更替、組織結構的變化和組織雇員的更換等；組織外部的變化，涉及到市場的變化、政府政策的變化、人力資源供求格局的變化和競爭對手的變化等。

為了更好地適應這些變化，作為對面向未來、對組織績效起著重大作用的人力資源規劃，應當對可能出現的情況做出預測和應對，才能夠發揮好人力資源這一最重要資源的價值和效用。

（三）兼顧性原則

兼顧性原則，是儘量達到組織和員工雙方的共同發展。組織和員工共同發展，是現代管理的一項理念，也是人力資源開發與管理的基本理念，因此，進行人力資源規劃，不僅要為組織服務，而且要能促進員工的發展。在知識經濟時代，隨著人力資源素質的提高，員工越來越重視自身的發展前途，組織的發展也越來越離不開員工的貢獻，兩者是相互依託、相互促進的。在人力資源規劃中，應當使組織和員工的利益都得到保證，從而達到組織和員工共同發展的結果。

第二節　人力資源規劃方法

一、人力資源需求預測法

在預測組織人力資源需求量方面，有客觀法和主觀法這兩種基本方法，它們也可以分別被稱作統計法和推斷法。

（一）統計法

統計法是透過對過去某一時期的資料進行統計分析，尋找、確定與組織人力資源需求相關的因素，確定二者的相關關係，建立起數學公式或模型，從而對組織未來的人力資源需求進行預測的人力資源規劃預測方法。統計法是以過去的事實為依據的預測方法，包括多種方法，其中最常用的是趨勢分析法、比率分析法和回歸分析法。

1、趨勢分析法

趨勢分析法是根據過去一定時間的人力資源需求趨勢來預測未來需求情況的方法。作為人力資源預測的一種工具，趨勢分析法是很有價值的，但僅僅使用該方法還是不夠的，因為一個組織的人力資源使用水平很少只由過去的狀況決定，而其他因素（例如銷售額、生產率變化等）也會影響到組織未來的人力資源需求。因此，該方法得出的結果，可以作為一種趨勢來參考，而不能認為是完全準確而機械地加以應用。

2、比率分析法

比率分析法是透過計算某種組織活動因素和該組織所需人力資源數量之間的比率來確定未來人力資源需求的數量與類型的方法。例如，教育部門的師生比、銷售數量和銷售人員數量比、單位食堂炊事人員與就餐人員比，等等。一些大企業有著嚴格的勞動定員管理標準，這些標準也可以用於比率分析法。

長期從事員工管理工作、具有實際經驗的組織領導者，腦子裏會儲存該方面的判斷標準資訊。當一個組織的工作任務與條件有所改變、需要對人員數量進行增減或者對員工進行再配置時，這些標準就會在領導者的腦海裏出現，他們把類似環境下類似組織的一些資料拿來作為參考，從而對本組織的人力資源需求量做出修正。一些崗位的資深人員也能夠就此提出比較準確的估測值。

3、回歸分析法

回歸分析法是透過繪製散點圖尋找、確定某事物（引數）與另一事物（因變數）之間的相關關係，來預測組織未來對人力資源需求數量的方法。如果兩者是相關的，那麼一旦組織能預測出其業務活動量，就能預測出自身的人員需求量。當引數只有一個時，為一元回歸；當引數有多個時，稱多元回歸。

4、勞動生產率分析法

這是一種透過分析和預測勞動生產率，進而根據目標生產/服務量預測人力資源需求量的方法。因此，這種方法的關鍵部分是如何預測勞動生產

率。如果勞動生產率的增長比較穩定，那麼預測就比較方便，其效果也較好。這種方法適用於短期預測。

（二）推斷法

推斷法是透過專家和管理人員運用自身知識、經驗以至直覺，對未來的人力資源需求數量做出推測、判斷的方法。常用的推斷法有自上而下法、自下而上法和德爾菲法。

1、自上而下法

自上而下法主要依賴組織的高層領導者做出判斷，這就要求領導者應該對組織的發展方向、各方面的情況、組織發展目標和運行情況有明確和清醒的認識。

2、自下而上法

與自上而下法相對應的是自下而上法，它是依賴各部門和各層次的直線經理，靠其經驗和判斷對未來人力資源需求做出預測。這種方法一般用於簡單的預測，只需清楚地瞭解當前的具體需要專案，而不必反映未來的和整個組織全局的目標。

上述「自上而下法」和「自下而上法」兩種方法，往往被同時使用，以提高預測的精度。

3、德爾菲法

德爾菲法是一種依靠管理者主觀判斷的預測方法。「德爾菲」一詞，是古希臘神話中可預知未來的阿波羅神殿的所在地名。美國蘭德公司在 20世紀 40 年代以「德爾菲」為代號，研究如何透過有控制反饋更為可靠地搜集專家意見，德爾菲調查法因而得名。

德爾菲法的具體做法是：專家們背靠背，分別提出各自的預測；調查組織者綜合專家們的上述意見，並再次提供給專家（可以是另外一些專家），如此反復，直到形成可行的、一致的預測結果。在人力資源需求預測方面，德爾菲法具有方便、可信和能夠在缺少資料、其他方法難於完成的情況下成功進行預測的優點。

二、人力資源供給預測法

（一）內部人力資源供給預測法

由於組織經營活動規模的擴大和內容的增加，或由於本單位員工隊伍的自然減員，組織就必須獲得必要的人力資源補充或擴充。

組織內部人力資源的供給預測，即對未來年代本組織管理人員和技術人員可接續部分的計算。從總體上看，預測期組織的人力資源內部供給，是現有各類崗位的人力資源數量減去晉升、調動、流出、退休後的數量，並加上由本組織內部變更（下級晉升和平級調動）而來的人員。

具體來說，人力資源內部供給預測的過程是：

（1）確定人員預測的範圍；

（2）估算各崗位未來年代的實際存留人數；

（3）評價和確定每一關鍵職位的接替人選；

（4）確定專業發展需要，並將員工個人目標與組織目標相結合；

（5）挖掘現有人力資源的潛力。

對於本組織的人力資源向外流動、尤其是人才流動，要分析他們流動即損耗的原因，並採取有針對性的政策措施給予一定的解決。從總體上看，人力資源流動的原因可以分為外界的吸力和內部的推力兩部分。具體來說，主要有組織用人狀況、工資競爭力、個人發展機會、組織文化、管理制度、人際關係、工作氛圍等原因。

（二）外部人力資源供給預測法

根據組織的人力資源需求預測和組織人力資源內部供給預測的結果，可以計算出本組織在一定時期對人力資源需求的缺口。這一缺口要靠外部人力資源供給來滿足。

為此，組織就要對外部人力資源供給狀況進行預測和規劃，以獲取自己所需的人力資源。組織進行外部人力資源供給預測，要考慮人力資源市場的狀況和變動，對員工的資料進行收集和分析，並要考慮諸多的經濟、社會、

文化因素對人力資源市場的影響，預測未來組織之間的競爭和合作的狀況，以決定組織未來的招聘方式和吸引人才的政策和方法。

此外，人力資源管理部門還必須根據對人力資源市場進行及時的觀察和把握，以防在補充人力資源時陷於被動。

影響外部人力資源市場供給的因素主要有：

(1) 社會新成長勞動力（即新進入人力資源隊伍的學校畢業生）數量與質量總況；

(2) 人力資源市場上本組織所需專業和職業的人力資源狀況；

(3) 本組織的工資競爭力、工作環境、公共關係形象等；

(4) 社會上同類型組織的數量與綜合競爭力；

(5) 國家有關法律和政府的勞動法規；

(6) 社會失業率與行業失業率；

(7) 政府和行業的培訓計劃。

第三節　人力資源規劃的落實

人力資源規劃的目的，是要透過搞好人力資源的開發和利用來滿足組織的需求。在完成了人力資源的需求與供給預測後，就可以根據供求關係來估算組織的人力資源基本態勢，從而決定人力資源的調節數量了。從總體上看，組織的人力資源調節可以分為人力資源短缺的解決法和人力資源過剩的處理法兩類；在人力資源過剩的情況下，還可以採取不辭退、不解雇的積極方法。

一、人力資源短缺的解決

在人力資源數量短缺的情況下，組織可以從三個方面提高生產能力。其一是增加工作設備或改進工作設備，對人力資源實現替代；其二是透過各自方式提高現有人力資源的工作能力；其三是增加人力資源投入。顯然，後兩個方面是人力資源部門應當規劃和採取的。其主要方法如下：

第一,挖掘現有崗位的有關潛力,增加工作負荷與設備產出率,提高績效水平。這可以起到「不投入即產出」的功效。

第二,結合部門機構調整,對員工結構也進行調整,將人員配置到空缺崗位上。

第三,培訓員工,以提高其工作能力,尤其是對新設置崗位或技術更新後崗位的從業者給予大力度的培訓。

第四,招收員工。為了使組織具有用工彈性,可以實行靈活的用工形式,包括正式職工、臨時工和兼職人員。

第五,工作外包,交給其他單位完成。

第六,加班加點,延長工作時間。這只能是權宜之計。

二、人力資源過剩的處理

對於任何組織而言,都會存在自己所使用的人力資源過剩、需要加以處理的問題。在當前國際性經濟不景氣和企業進行大規模兼併、重組和再造的形勢下,在我國產業結構調整和國有企業轉軌、轉制的情況下,這一局面更為明顯。在組織人力資源總量過剩及員工結構失調的情況下,就需要採用減少人員的政策。其主要方法有:

(一)裁員

裁員,即削減現行員工的數量規模。裁員的目的,是企業要減少成本、維持效益,但從實踐的角度看,裁員往往很難達到企業所預期的減少成本、維持效益的目標。其原因在於,裁員不能從根本上解決企業面臨的問題。如果企業沒有制定出適當的發展戰略,而只是一味強調降低成本,這種裁員是不可能改變企業的現行經營狀況的。

（二）變相裁員

變相裁員可以在一定程度上緩解裁員的矛盾。尤其是我國處於體制轉軌時期，社會保障還不健全，採取變相裁員的辦法，比通常的正規裁員能更順利地解決問題。變相裁員的主要方法有：

第一，鼓勵員工辭職，鼓勵停薪留職。為此，可以買斷工齡或給予其他的補償。

第二，對富餘人員實行下崗的政策，交再就業服務中心和人才交流中心等機構安排。

（三）降低員工待遇

降低現有員工的工資待遇，減少福利，可以解企業的一時之急。但這只能是臨時性的措施。

三、現有人力資源的維繫

當供求對比表明將出現勞動力過剩時，限制雇用、減少工作時間、提前退休和解聘是制止這種狀況必要的做法，而最終的辦法可能是裁員。但解決這種問題的最重要的方法是謀求組織的大發展。

（一）限制雇用

當一個用人單位實行了限制雇用的政策時，將透過不再補充已離開員工的做法減少勞動力，只有在組織的整體工作可能受到影響時才會錄用新工人。

（二）減少工作時間

市場需求下降帶來的反應也可能是減少工作時間。管理層可能決定將原來每位員工每周 40 小時的工作時間削減為每週 30 小時，實行部分工作時間制和臨時歸休制。

（三）提前退休

讓現有的部分員工提前退休是減少工人數量的另一種途徑。有些員工很願意提前退休，但有些員工則不然。如果退休條件有足夠的吸引力，則後者可能願意接受提前退休。尤其是對年紀較大者，提前退休或實行內退的辦法更合適。

（四）暫時解雇

有時，一個組織除了暫時解雇部分員工外別無選擇。暫時解雇，意味著未來組織產生人力資源需求的時候，還會回雇這些員工。一般來說，資歷最淺的員工最先被暫時解雇。在解雇管理人員和其他專業技術人員時，主要考慮其工作能力、業績等方面的因素。在企業成立了工會的情況下，暫時解雇過程通常在勞資協定中闡述得很清楚。如果企業沒有工會，暫時解雇可能由多種因素決定，如職位高低和生產率水平等。

【主要概念】

　　人力資源規劃統計法趨勢分析法比率分析法回歸分析法推斷法德爾菲法變相裁員暫時解雇

【討論與思考題】

1、人力資源規劃的原則有哪些方面？其流程有哪幾個環節？

2、如何利用人力資源規劃的常用方法解決實際問題？

3、進行人力資源規劃的常用方法有哪些？

4、用什麼方法解決組織中的人力資源短缺和過剩問題？

5、如何進行組織的人力資源調節？

第十一章

工作分析與工作設計

【本章學習目標】

掌握工作分析的有關概念

瞭解工作分析的各步驟內容

掌握收集工作分析資訊的方法

學會編寫工作說明書

瞭解現代的工作再設計各種內容

第一節　工作分析基本內容

一、工作分析的含義

工作分析，也稱職務分析或崗位分析，是系統、全面對一項具體工作或具體職務的內容和活動進行瞭解，並確定完成組織中各項工作所需知識、技能和擔負責任的方法。

組織進行工作分析時，要細化到某項工作或職務的工作內容、目的、主體、時間、地點、關係和方法七個方面。國外學者把這些要查明的問題，歸納為 6W1H，即做什麼（What）、為什麼做（Why）、誰來做（Who）、何時做（When）、在哪里做（Where）、為誰而做（for whom）和如何做（How）。也有的觀點把工作分析確定為是為了解決以下 6 個問題：

（1）工作的完成需要什麼樣的體力和腦力活動？

（2）工作將在什麼時候完成？

（3）工作將在哪里完成？

（4）將如何完成此項工作？

（5）為什麼要完成此項工作？

（6）完成工作需要哪些條件？

二、工作分析的步驟

工作分析的過程，因組織類型和結構和所要分析的各種工作的不同等，而有一定的差異。一般來說，可以分為制定計劃、工作分析設計、資訊收集、分析完成和結果運用五個階段。

（一）計劃階段

在工作分析的計劃階段主要解決以下六個問題：

1、明確工作分析的目的

制定工作分析計劃，首先需要確定其分析的結果是用於人力資源管理的哪個方面，以及解決什麼管理問題。只有明確工作分析的目的才能有針對性地進行工作分析計劃，才可能使工作分析達到預期的結果。

2、選擇和限定收集資料方法

工作分析計劃的第二步是限定收集資料的類別以及收集的方法，這樣有助於節約收集資料的時間、精力和費用。

3、選擇被分析的工作

為保證工作分析結果的有效性，在工作分析中應選擇具有代表性和典型性的工作作為樣本進行分析，之後可以以此作為參考進行其他崗位的分析工作。

4、建立工作分析小組

在自身的許可權內，應建立專門或特別的工作分析小組，合理分配工作分析各項工作的許可權和職責，以保證整個工作分析工作的協調一致。

5、制定工作分析的規範

工作分析的規範不完全統一，主要包括工作分析的規範用語、工作分析工作的時間規劃、工作分析工作的活動層次、工作分析活動的經費等。制定工作分析規範可以使工作分析的內容更全面和有效。

6、作好前期準備

在組織領導層次中達成一致意見以後，需要進行廣泛地宣傳工作分析的目的，以促成工作資訊提供者的合作，獲得真實、可靠的工作分析資訊。

隨著組織的發展，在進行人力資源決策時需要更為詳細的有關工作的整體資訊，加之工作分析的工作量也越來越大，所以工作分析中計劃階段

也越來越重要。做好工作分析計劃階段的工作，可以在進行工作分析時達到事半功倍的效果，實現工作的高效率。

（二）設計階段

工作分析設計階段主要是解決如何進行工作分析的問題，一般包括以下三個方面內容的工作。

1、選擇工作分析的資訊來源

選擇工作分析的資訊來源時，應注意到不同層次的資訊提供者所提供的資訊存在不同程度的差異，工作分析人員應站在客觀公正的角度聽取不同的資訊，避免偏聽偏信。同時，在工作分析中，應結合自己組織的實際情況進行分析，杜絕照抄照搬現象。資訊來源主要有工作執行者、管理監督者、顧客、工作分析人員、《職業崗位分類詞典》（高等教育出版社）、《國際標準職業分類》（勞動人事出版社）等資訊資料。

2、選擇工作分析人員

工作分析人員應具備一定的與被分析工作相關的工作經驗和一定的學歷，應保持工作分析人員在進行工作分析時具有一定的獨立性，避免受其他因素的干擾從而降低工作分析結果的信度和效度的可能性。

3、選擇收集有關資訊的方法和系統

工作分析人員要根據在上一階段所確定的工作分析的目的，選擇不同的資訊收集的方法和分析資訊適用的系統。具體的方法和系統在後面進行詳細的介紹。

（三）資訊收集分析階段

1、資訊收集

資訊收集是指對工作分析資訊的收集、分析、整理與綜合，是整個工作分析活動的核心階段，包括：按選定的方法、系統、程式收集資訊；研

究各種有關工作因素的分析活動，主要有資訊描述、資訊分類和資訊評價等；解釋、轉換和編輯所獲得的分類資訊，使這些資料成為可以使用的條文等等。

一般而言，工作分析所需要的基本資料的類型和範圍取決於工作分析的目的、工作分析的時間約束和預算約束等因素。

工作分析者可以透過多種多樣的來源收集與工作相關的資訊。這些來源可大致分為三種類型：產業來源、公司文件、人員來源。產業來源是指普通的工作描述、職業資料以及政府出版物中包含的資訊；公司文件是指政策、參考手冊、先前的工作描述與工會簽訂的合同以及其他書面文件；人員來源是指在職者、合作者、監督者、顧客及與工作相關的人力資源。

在大多數情況下，資訊收集由工作分析專職人員完成，也可以由在職者、監督者以及其他具備這方面能力的人完成。

2、資訊分析

資訊收集之後，要進一步對工作資訊的內容進行分析，可以把它劃分為工作名稱分析、工作描述分析、工作環境分析、任職者條件分析四個方面。

(1) 工作名稱分析

工作名稱分析是要使工作名稱達到標準化，以便透過工作的名稱就能使人瞭解到工作的性質和內容。一般要求工作的名稱應準確，同時做到名稱的美化。

(2) 工作描述分析

透過對工作描述的分析，人們可以全面地認識工作的整體。工作描述分析通常要求進行以下四個具體方面的分析：

其一，工作任務分析。工作任務分析明確規定了工作的行為，如工作的核心任務、工作內容、工作的獨立性和多樣化程度、完成工作所需要的方法和步驟等。

其二，工作責任分析。工作責任分析的主要目的是透過對工作在組織中相對重要性的瞭解來為工作配置相應的許可權，以保證工作的責任與權力相互對應，同時應儘量使用定量的方法來確定工作的責任與權力。

其三，工作關係分析。工作關係分析是瞭解、明確該項工作的協作關係，主要包括：該工作在組織中制約哪些工作；該工作

受哪些工作的制約；相關工作的協調、合作關係；在哪些工作範圍內可以進行人員的升遷或調換活動等。

其四，勞動強度分析。勞動強度分析是為了確定某項工作合理的標準活動量。勞動強度可以用此項工作活動中勞動強度指數最高的幾項操作來表示，如勞動的定額、工作折算基準、產品不合格率、工作迴圈周期等。

3、工作環境分析

工作環境分析是對工作所處的物理環境、社會環境所進行的分析。主要包括以下三個方面的內容：

（1）工作的物理環境

工作的物理環境分析是對工作場所的溫度、濕度、噪音、粉塵、照明度、震動等以及工

作人員每日與這些因素接觸的時間所進行的分析。

（2）工作的安全環境

工作的安全環境包括該項工作的危險性、可能發生的事故、事故的原因以及對工作人員身體所造成的危害及其危害的程度、勞動安全衛生條件、從事該項活動易患的職業病以及危害的程度等。

（3）工作的社會環境

社會環境分析包括工作所在地的生活方便程度、工作環境的孤立程度、直接主管的領導

風格、同事之間的人際關係等方面的內容。

4、任職者條件分析

對工作人員的必備條件進行分析，主要目的是確認工作的執行人員在有效地履行職責時應該具備的最低資格條件。它一般包括以下五個方面的條件：

（1）必備知識分析

任職者必備知識一般包括任職者的學歷最低要求，對使用機器設備、工藝過程、操作規程及操作方法、安全技術、企業管理

知識等有關技術理論的最低要求，管理人員應具備的有關政策、法規、工作準則以及有關規定的瞭解的最低要求等。

（2）必備經驗分析

　　任職者必備經驗分析是指各項工作對工作人員為完成工作任務所必須具備的操作能力和實際經驗的分析。

（3）必備操作能力分析

　　透過典型的操作來規定從事該項工作所需的決策能力、創造能力、組織能力、適應性、判斷力、智力以及操作熟練的程度等。

（4）必備基本能力分析

　　主要是指工作人員為有效完成特定的工作應具備的行走、跑步、跳高、站立、旋轉、平衡、彎腰、下蹲、推力、拉力、耐力、聽力、視力、手眼配合、感覺辨別能力等。

（5）必備心理素質分析

　　任職者必備的心理素質分析，是根據工作的特點確定工作人員應當具備的一些必要心理要求。主要指工作人員應具備的主動性、責任感、支配性、情緒穩定性等氣質傾向。

　　資訊分析的內容，應根據組織發展的特點、工作分析的目的不同，適當地加以調整，實現資訊資源的較好使用。

（四）分析完成階段

　　在工作分析完成的階段，主要是解決如何用書面文件的形式表達分析結果的問題。工作分析的結果表達形式可分為工作描述和工作規範兩類。透過對從書面材料、現場觀察與基層管理者及任職人員的談話中獲得的資訊進行分析、歸類，就可以寫出一份綜合性的工作說明書。

　　這一階段的工作相當繁雜，需要大量的時間對材料進行分析和研究，必要時還需要用到適當的分析工具與手段。此外，工作分析者在遇到問題時，還需隨時得到基層管理者的幫助。

（五）結果運用階段

在工作分析結果運用階段，主要解決如何促進工作分析結果的使用問題。其具體活動主要是制定各種具體應用的文件，如提供甄選錄用的條件、考核標準、需進行培訓的內容等。同時，培訓工作分析結果的使用者應努力提高整體管理活動的科學性和規範性，合理有效運用工作分析的結果。

第二節　工作分析的方法

獲取工作分析資訊的方法有多種。常見的辦法有觀察法、現場訪談法、問卷調查法、典型事件法、工作日志法和利用電腦工作分析系統，組織可以根據情況選擇使用某種方法或將幾種方法結合使用。

一、觀察法

採用觀察方法時，經理人員、工作分析人員或工程技術人員須對一個正在工作的員工進行觀察，並將該員工正在從事的任務和職責一一記錄下來。對一項職務之工作的觀察，可以採取較長時間內連續不斷的方式，也可採用斷續的間或訪察的方式。具體採取哪種方式，應根據該職務工作的特點而定。

觀察法一般只適用於重復性較強的工作，或者與其他方法結合使用。

二、現場訪談法

搜集資訊的現場訪談方法，要求經理或人力資源專家訪問各個工作場所，並與承擔各項工作的員工交談。在進行現場訪談時，通常採用一種標準化的訪談表來記錄有關資訊。在大多數情況下，員工和其直線經理都被列入訪談對象，以便比較全面徹底地瞭解一項工作的任務和職責。

現場訪談方法一般非常耗費時間，尤其是當訪談者與兩三個從事不同工作的員工交談時，就更是如此。專業性和管理性的工作一般更為複雜和較難分析，從而往往需要更長的時間。因此，現場訪談主要是用作問卷調查的後續措施。作為後續措施，現場訪談的主要目的是要求員工和有關負責人協助澄清問卷調查中的某些資訊問題；同時，分析人員也可借機澄清問卷中的某些術語方面的問題。

三、問卷調查法

一個典型的工作分析調查問卷，通常包括以下 11 個方面的問題：
(1) 該工作的各種職責以及花費在每種職責上的時間比例
(2) 非經常性的特殊職責
(3) 外部和內部交往
(4) 工作協調和監管責任
(5) 所用物質資料和儀器設備
(6) 所做出的各種決定和所擁有的斟酌決定權
(7) 所準備的記錄和報告
(8) 所運用的知識、技能和各種能力
(9) 所需培訓
(１０) 體力活動及特點
(１１) 工作條件

問卷調查方法的主要優點是可以在較短的時間內，以較低的費用獲得大量與工作有關的資訊，不過，其後續的觀察和訪談往往還是必要的。

四、典型事例法

典型事例法是對實際工作中具有代表性的工作人員的工作行為進行描述。下面介紹的是一個典型的事例：「2 月 14 日，顧客請飯店執行員李小姐介紹一瓶不出名的葡萄酒，李小姐當即介紹起酒的產地、商標上符號的

意義以及葡萄酒的特點。」把大量的這類真實工作場景的實例收集起來，將其進行歸納分類，就能夠對整個工作有一個概括性的瞭解。

典型事例法直接描述人們在工作中的具體活動，因而可以揭示工作的動態性。由於所研究的行為可以觀察和衡量，所以，採用典型事例法進行資訊收集所獲得的資料適用於大多數工作的分析。但是，收集、歸納事例並且把它們分類會耗費大量的時間，此外，該方法描述的往往是特別有效或特別無效的工作行為，可能會漏掉一些不顯著的工作行為，所以不易於對工作形成結構真正完整和內容達到完全的認識。

五、工作日誌法

工作日誌法就是按照時間的順序記錄工作過程，然後經過歸納、整理、提煉，取出所需工作資訊的一種工作資訊提取方法。這種方法的優點在於資訊的可靠性很高，適合於確定有關工作職責、工作內容、工作關係、勞動強度等方面的資訊，所需要投入的費用也比較低。

但是，工作日誌法可以使用的範圍較為狹窄，只是適合工作迴圈週期較短、工作狀態穩定無較大起伏的職位，而且資訊整理工作量很大，費時費力。同時也應看到，工作人員在填寫工作日誌時，會影響其正常的工作，往往還會遺漏很多工作內容。如果由工作分析者來填寫工作日誌，因工作量大又不適合處理大量的工作。這些都限制了工作日誌法的應用範圍。

第三節　工作說明書

一、工作說明書的作用

工作說明書或職務說明書是工作分析的結果，在人力資源開發與管理中具有以下作用：

其一，工作說明書可以為員工的正確選聘提供依據。此外，作為對工作所需資格和技能的反映，工作說明書也有利於正確設置培訓目標、取得較好的培訓效果。

其二，工作說明書提供了詳細的基本工作資訊，構成組織人力資源開發與管理工作的基礎，可以用於薪酬管理、員工的崗位工作技能開發、人員配置與調整、工作考核、績效管理、勞動關係管理等人力資源開發與管理的各個方面。

其三，工作說明書對組織的工作流程安排、管理控制、激勵計劃制定等多項人力資源工作，有很大的幫助。

其四，運用工作說明書，可以為組織設定工作標準和分配責任，還可以為管理者的某些重要決策提供參考，幫助各層次管理人員認識自己的職責。

其五，工作說明書還可以幫助任職人員瞭解自身的工作，明確其責任範圍。

二、工作說明書的內容

一般的工作說明書通常包括以下四個部分的內容：

（一）工作定位

第一部分是工作定位。它包括工作崗位的名稱、隸屬關係、所在部門、所在地點及工作分析的日期。

（二）工作概述

第二部分是工作概述，即工作的基本職責。這一部分簡明扼要地歸納了該項工作的責任和工作內容。通常認為，應該用 30 個或更少的字描述工作的特點。進而，應當對工作職責細化為若干點。

（三）工作具體內容

工作說明書的第三部分要將基本工作職能細化，列出各項職責的具體內容。這一部分應當清晰精煉、準確無誤地表述出該項工作的全面內容。這一內容類似崗位責任制的具體條款。

（四）對工作者的要求

工作說明書的第四部分列出了合格地從事該工作所需具備的各種條件。一般包括的條件有知識、技能和能力；教育程度和工作經歷；體質要求及工作條件方面的規定。

在人力資源開發與管理中，人們也往往把前面三個方面結合為一體，這樣，工作說明書就成為「工作崗位內容」與「工作者條件」兩大部分。

三、工作說明書編寫要求

一份好的工作說明書應當具備以下特點：

（一）清晰

在工作說明書中，對工作的描述清晰透徹，任職人員讀過以後，可以明白其工作，無需再詢問他人或查看其他說明材料。避免使用原則性的評價，專業辭彙須解釋清楚。

（二）具體

在措詞上，應儘量選用一些具體的動詞。如「安裝」、「加工」、「傳遞」、「分析」、「設計」等等。指出工作的種類、複雜程度、需任職者具備的具體技能、技巧、應承擔的具體責任範圍等。一般來說，由於基層工人的工作更為具體，其工作說明書中的描述也更具體詳細。

（三）簡明

工作說明書的語言應盡力簡單明確，避免使用冗長的詞句。

（四）客觀

為建立一個組織的工作分析系統，須由企業高層領導、典型工作代表、人力資源管理部門代表、外聘的工作分析專家與顧問共同組成工作小組或委員會，協同工作，完成此任。

下頁是一份工作說明書的實例。

第四節 工作設計與再設計

工作分析與工作設計之間有著密切而直接的關係。工作分析的目的是明確所要完成的工作以及完成這些工作所需要的人的特點。工作設計是明確工作的內容與方法，說明工作應該如何安排才能最大限度的提高組織效率，同時促進員工的個人成長。

一、工作設計

工作設計[46]（job design）是指將任務組合構成一套完整的工作方案，也就是確定工作的內容和流程安排。最初，工作設計幾乎是工作專門化（job specification）或工作簡單化（job simplification）的同義語。1776 年，亞當‧斯密在《國富論》（Wealth of Nations）一書中指出，把工作劃分為一系列小部分，讓每個人重復執行其中的一小部分，這樣可以減少工作轉化浪費的時間，並提高熟練性和技能，從而提高生產率；這就是所謂分工效益。

---

[46] 王壘，《組織管理心理學》，北京：北京大學出版社，1993.142。

表 11-1　辦公室主任的工作說明書

資料編號：A1-1

（一）基本資料：

1、職務名稱 辦公室主任	2、直接上級職位 總經理	3、所屬部門 辦公室
4、工資等級 7	5、工資水平 680-840 點	6、分析日期
7、轄員人數 4－6 人	8、定員人數 1	9、工作性質 公務管理
10、分析人員	11、批准人	

（二）工作概要：

1、工作摘要

綜合管理公司的人事、行政和總務工作，協調各部門的關係，對公司經營狀況進行常規分析，主持各種計劃與規章制度的編制並負責監督實施，同時負有管理、指導和培訓本部門職工的責任。

2、職務說明（逐項說明工作任務）

編號	工作任務的內容	許可權	工作規範號	消耗時間（%）
1	綜合處理公司各種文件、資料		01-101	
2	公共關係		01-102	
3	人員招聘與錄用		01-201	
4	職工考核		01-203	
5	勞動合同與勞動爭議管理		01-204	
6	職工保險與福利管理		01-205	
7	工資管理		01-206	
8	公司發展規劃、年度計劃的擬定		01-402	
9	公司規章制度的制定、實施、修改		01-401	
10	公司經營狀況的常規分析		01-403	
11	財務報表審核			

（三）任職資格

<table>
<tr><td rowspan="7">所需最低學歷</td><td colspan="2">小學畢業初中畢業高中畢業</td><td rowspan="2"></td><td rowspan="2"></td></tr>
<tr><td colspan="2">職業高中</td></tr>
<tr><td colspan="2">中等專科</td><td rowspan="2">專業</td><td rowspan="2"></td></tr>
<tr><td colspan="2">大學專科　√</td></tr>
<tr><td colspan="2">大學本科</td><td></td><td>行政管理與企業管理專業</td></tr>
<tr><td colspan="2">其他</td><td>說明</td><td></td></tr>
</table>

所需最低學歷	小學畢業初中畢業高中畢業		
	職業高中		
	中等專科	專業	
	大學專科　√		行政管理與企業管理專業
	大學本科		
	其他	說明	

所需技能培訓	不需要	熟練期		月
	3 個月以下	培訓科目	1、秘書學 2、領導科學 3、公共關係學 4、法律及財會知識	
	3－6 個月			
	6 個月－1 年　√			
	1－2 年			
	2 年以上			

年齡與性別特徵	適應年齡：		適應性別：

經驗	1、從事秘書工作兩年 2、從事一般法律事務工作兩年 3、從事勞資工作兩年	4、從事總務後勤工作兩年 5、有 3 年管理者經驗

一般能力	項目	激勵能力	計劃能力	人際關系	協調能力	實施能力	信息管理	公共關係	衝突管理	組織人事	指導能力	領導能力			
	需求程度	4	4	4	4	4	3	3	3	3	3	3			
興趣愛好	項目														
	需求程度														
個性特徵	項目	責任心	情緒穩定	支配性											
	需求程度	5	4	4											

職位關係	可直接升遷的職位	副總經理
	可相互轉換的職位	總經理助理
	可升遷至此的職位	總務管理員、辦公室主任助理

（四）工作執行

職責	事																	
	指導	監督	考核	培訓	工作分配		公司行政	公司總務	公司人事	制度制定	制度實施	經營分析	部門協凋	分配制度	資訊管理			
技術領域	1、人事 4.經營管理 2、行政 3、總務																	
設備運用	電話、計算器、影印機、電腦																	
管理領域	1、人事行政決策及人事制度制定實施 2、行政總務管理 3、資訊管理 4、協助總經理行使公司管理職權																	
工作結果	1、建立、健全規章制度，並監督實施效果良好 2、人、車調配以滿足公司需要 3、隨時掌握並彙報公司經營狀況和發展動態 4、後勤、行政服務，保證公司業務順利進行 5、無責任性失誤 6、協調各部門關係																	

（五）體能需求

工作姿勢		站立 15%	走動 25%					坐 60%	
視覺	範　圍	小	1	2	3	4	5		大
	集中程度	0%			50%				100%
	說　明								
精力	緊張程度	不緊張	1	2	3	4	5		非常緊張
	發生頻率	低	1	2	3	4	5		高
	體力消耗	小	1	2	3	4	5		大

（六）工作場所

工作場所	室內 80%	室外 20%					特殊場所　　%	
危險性	危害程度	具有危險性外出						
	發生頻率	極少						
	其　他							
職業病	名　稱				說　明			
工作時間	一般工作時間	穩　定　1　2　3　4　5　經常變動						
	主要工作時間	白天	備註		加班時間少			
		晚上						
		不確定						
	工作均衡性	均　衡　1　2　3　4　5　不均衡						
	環　境	舒適愉快　1　2　3　4　5　極不舒適愉快						

　　管理科學創始人泰勒提出的科學管理（scientific management）原則，主張用科學方法確定工作中的每一個要素，減少動作和時間上的浪費，提高生產率，這實際上就是一種工作設計。從經濟角度看，這種方法的確效益很高。但這種設計把工作更加機械化，忽視人在工作中的地位，結果使人更加厭倦枯燥的工作，導致怠工、曠工、離職甚至罷工等惡性事件。這提醒人們：人不是機器，不是流水線上的部件，而是有血有肉、有需求的。工作設計必須考慮人性的因素。

二、工作再設計

　　在現代的經濟管理中，有著對工作進行大量的再設計。其突出的特點是充分考慮了人性的因素，體現了以人為本的管理思想。下面主要介紹常見的六種形式：

（一）工種輪換

工種輪換（job rotation）是讓員工在能力要求相似的工作之間不斷調換，以減少枯燥單調感。這是早期為減少工作重復最先使用的方法。這種方法的優點不僅在於能減少厭煩情緒，而且使員工能學到更多的工作技能，進而也使管理當局在安排工作、應付變化、人事調動上更具彈性。

工種輪換的缺點，是使訓練員工的成本增加，而且員工在轉換工作的最初時期效率較低，可能對組織的經濟效益帶來損失。

（二）工作擴大化

工作擴大化（job enlargement）是指在橫向水平上增加工作任務的數目或變化性，使工作內容多樣化。然而工作擴大化只是增加了工作的種類，並沒有改善工作的特性。正如有的員工所說：「我本來只有一件令人討厭的工作，工作擴大化後，變成了有三項無聊的任務。」這促使人們開始考慮如何將工作本身豐富化。

（三）工作豐富化

工作豐富化（job enrichment）是指在縱向上賦予員工更複雜、更系列化的工作，使工作內容多樣化。工作豐富化能夠使員工有更大的控制權，參與工作的規則制定、執行和評估，從而使員工有更大的自由度、自主權，尤其是使一般員工具有了管理人員的職能。

（四）社會技術系統

社會技術系統（sociotechnical systems）和工作豐富化一樣，也是針對科學管理使工作設計過細而產生的問題提出的。

社會技術系統與其說是一種工作設計技術，毋寧說是一種哲學觀念。其核心思想是：如果工作設計要使員工更具生產力而又能滿足他們的成就需要，就必須兼顧技術性與社會性。技術性任務的實施總要受到組織文化、員工價值觀及其他社會因素的影響，如果只是針對技術性因素設計工作，

難於達到提高績效的預期，甚至可能適得其反。因此可以說，社會技術系統實質上是將人本管理思想用於工作設計中。

（五）工作生活質量

工作生活質量（quality of work life，簡稱 QWL）旨在改善工作環境，從員工需要考慮，建立各種制度，使員工分享工作內容的決策權。關於工作生活質量的內容請參見本書第八章，這裏不贅述。

（六）自主工作團隊

自主工作團隊（autonomous work teams）是工作豐富化在團體上的應用。自主性工作團隊對例行工作有很高的自主管理權，包括集體控制工作速度、任務分派、休息時間、工作效果的檢查方式等，甚至可以有人事挑選權，團隊中成員之間互相評價績效。概括說來，自主性工作團隊有三個特性。成員間工作相互關聯，整個團隊最終對產品負責；成員們擁有各種技能，從而能執行所有或絕大部分任務；績效的反饋與評價是以整個團隊為對象的。

【主要概念】
　　工作分析工作崗位崗位分類工作說明書工作規範書工作再設計工作擴大化工作豐富化自主工作團隊

【討論與思考題】
1、什麼是工作分析？如何使用工作分析所提供的資訊？
2、說明你將如何進行一項工作分析。
3、什麼是工作說明書？其主要專案有什麼？
4、試編寫一份常見職業的工作說明書。
5、工作再設計有哪些形式？
6、結合某公司的實例，討論為什麼要進行工作再設計？

第十二章

人力資源測評

【本章學習目標】

理解人力資源測評的作用

理解人力資源測評原則

掌握人力資源測評分類

掌握並會熟練操作人力資源測評的步驟

熟練運用人力資源測評方法進行人力資源測評

第一節　人力資源測評原理

一、人力資源測評概念

（一）人力資源測評的定義

進行人力資源的各項管理工作，應當透過對人的合理配置達到對其的高效率利用。這必須建立在對人力資源素質有效測評的基礎上。

人力資源測評，是綜合利用心理學、管理學、統計學、社會學以及電腦科學等多方面學科知識，對組織的人力資源狀況，尤其是個體狀況進行科學、系統、客觀、標準化的測量、診斷和綜合評價，為人力資源的開發、配置、管理提供參考依據。

（二）人力資源測評的內容

人力資源測評的內容主要包括以下幾個方面：

１、知識技能測評

知識是以概念及其關係的方式存儲和積累下來的經驗系統，不同的崗位要求不同的知識，這些知識是崗位的最基本的素質要求。技能是以操作、動作活動的方式凝聚的經驗系統，技能也是崗位要求的具體的操作活動，技能透過現場的操作可以進行測試。

２、能力測評

從心理學角度上看，能力是指順利完成某種行為活動的心理條件。例如觀察力、注意力、記憶力、想象力、語言能力、創造力、思維能力等都是基本能力範疇；高級管理人員的計劃、組織、協調、溝通、變革等則是

屬於管理能力範疇。能力測驗是最早被用於人力資源測評中的,能力測驗對於人員的招聘和選拔具有很好的預測效度。

3、個性測評

心理學家的研究表明,有些工作更適合具有某種類型性格的人來承擔;有些人更適合與具有某種個性特徵的人共同工作。合理的人事安排可以帶來更高的工作效率。例如,一個性格內向,不善言辭,不喜歡過多地與他人打交道的人,應儘量避免從事產品推銷或公關一類的工作。因此,對人才的情緒、氣質、人格的測驗應用到人員招聘與選拔的工作中,有利於提高選聘工作的有效性。

4、職業適應性測評

它主要從個體的需求、動機、興趣等方面考察人與崗位工作之間的匹配關係。由於這一類測評主要瞭解個體的生活目的、追求或願望,反映個體對工作的期望,因此對於選拔人員、激勵設計等方面很有參考價值。

5、綜合素質測評

在現實工作中,有些崗位(職務)所要求的工作能力上的素質並不是某種單純性的素質,而是多種素質的綜合;這些素質很難被分解,我們稱為綜合素質。例如,高級管理者常常需要具備計劃、組織、預測、決策、溝通等綜合管理能力,還需要對多方面管理業務的整合能力等。對這些具有複雜的構造成分的素質所進行的相應的測評、評價的難度相對比較大,但現有的測評手段也可以在一定程度上解決這一問題。

二、人力資源測評的作用

進行人力資源的各項管理工作,應當透過對人的合理配置達到對其的高效率利用。這必須建立在對人力資源素質有效測評的基礎上。人力資源測評,是對組織的人力資源狀況,尤其是個體狀況的測量、診斷和綜合評價。人力資源測評在人力資源管理工作中具有以下方面的重要作用:

（一）為人力資源獲取提供依據

根據人職匹配的原理，企業在人力資源的獲取時必須明確：（1）招聘職位對任職者的素質要求；（2）招聘對象是否具有該職位所要求的基本素質。這兩方面都需要人力資源測評發揮作用，提供依據。

就前一方面而言，除了做好工作分析以外，還需要對該職位的現有任職者進行測評，以確定工作分析所確定的該職位的素質要求是否正確、合理。就後一方面而言，人力資源測評的意義是顯而易見的，儘管求職者可能會在測評過程中進行偽裝，但這是需要在測評中防範的問題，而不是要不要進行測評的問題。

（二）為人力資源使用提供指導

人力資源在使用過程中，其素質也會發生變化。因此，人力資源測評不可能一勞永逸，而需要在對人力資源的使用過程中做進一步的測評。人力資源使用過程中的測評，具有以下幾方面的作用：

1、為職位升降提供指導

在人力資源個體的職位升降上，單憑業績水平來決定是不科學的，必須同時參照素質水平。從邏輯上看，人力資源個體的業績水平與素質水平之間應存在強正相關關係，但也有相關度不高，甚至背離的現象。因此，在個體的職位升降上，必須綜合考慮素質水平與業績水平兩方面的因素。

2、為崗位競爭提供參照

當企業內部形成一種公平合理的崗位競爭環境時，人力資源的使用效率會大為提高。為做到崗位競爭的公平、公正，一是要對各崗位的任職資格進行嚴格、科學的設定；二是要對各競爭者的素質及績效水平進行客觀的測評及評價。

3、為員工制定職業發展規劃提供參考

對自己有一個客觀、正確的評價是企業員工制定職業生涯發展規劃的基礎。人力資源測評可以幫助企業員工正確地認識自己。相關的測評技術，

比如各種能力測驗、16PF 人格測驗、氣質測驗、職業技能測試等都可以使員工更好地瞭解自己，找准職業方向，制定合理的職業生涯規劃。

（三）培訓計劃的依據和效果分析

隨著企業生存環境的更趨複雜多變，對員工的培訓越來越受到用人單位的重視。但是，許多組織的人力資源開發和培訓活動效率都是不理想的，培訓並沒有給受訓者或公司帶來真正的好處，有近一半公司的培訓成本被浪費掉了。從規範化的人力資源管理來看，安排培訓首先要進行培訓需求分析，即要在事前進行對員工的測評，培訓活動就能夠做到「有的放矢」。進而，在培訓之後進行測評，能夠得到培訓效果的反饋，從而進一步改進培訓與開發工作。

三、人力資源測評原則

（一）整體性原則

人是一種複雜的客體，人的素質則是一個由許多方面構成的內容非常豐富、結構相當複雜的客體。因此，對人的素質測試必須要有整體性，要從全局出發，並分析清楚素質的結構，把握主要方面，又不遺漏雖然相對次要、但在生涯的設計和調整中仍然發揮著相當影響的方面。

（二）目標性原則

素質測試是對人的素質所進行的瞭解和把握，這種測試從屬於一定的目的，是基於用人單位以及員工個人的實際需要。對於用人單位而言，有安排培訓計劃、選擇提拔目標、招聘擇員等需要；對於個人而言，有選擇所學習的專業、設計人生的道路、選擇工作的崗位、考慮職業變動的需要。因此，素質測試要根據目標，即根據具體的測試需要確定測試的具體專案，再據此選擇合適的測試工具和方法。

（三）鑒別性原則

測試是要觀測一個人的具體情況，因此必須達到較好的測試鑒別性。從心理測量學的角度看，鑒別性好，就是要達到比較高的信度與效度。高的信度，是指測試結果真實、可信，即可靠性高，能夠正確地反映被測試的客體；高的效度，是指測試結果區分度高，準確性高，能夠很好地反映出被測試的客體與一般客體、其他客體的差異。要達到滿意的鑒別性，需要依靠測試工具的可靠和測試方法的科學。

（四）預測性原則

透過測試，除了能正確地反映被測試者的現行狀況外，還應當能夠對其素質（總體和某些主要方面）的發展做出判斷，從而為個人的生涯設計與調整和為用人單位的人力資源管理活動服務。

（五）易行性原則

科學不是越複雜越好，卻往往是越簡單、越明瞭越好。素質測試是為了人們能夠觀察、分析人，好的測試恰恰是應用比較簡便易行的工具和方法，而得到正確、滿意的測試結果。

四、人力資源測評類別

這裏從心理測量學的角度，對人力資源素質測試進行劃分。

（一）從測試材料的角度分

從測試材料的角度，可以分為文字測試和非文字測試。

文字測試所使用的測試材料是文字，被測試者用文字、語言或者數位回答。文字測試主要採取測試量表的形式，這是一種相對簡便易行的測試方法。

非文字測試所使用的測試材料是圖片、實物、工具、模型、器械等。非文字測試在實施上往往受到測試材料尤其是專門工具、器械的限制。

（二）從測試對象範圍的角度分

從測試對象範圍的角度，可以分為個體測試、團體測試和自我測試（即自測）。

個體測試是一個主持人對於一個被測者進行測試，其測試比較精細，但所花費的時間與成本均比較大。它適用于心理諮詢、選聘人員、職業指導和心理治療等領域。

團體測試是一個主持人對於一批被測者進行測試，其優點是測試的範圍可以很大，例如一個班 50 個學生，它可以用於大面積的職業指導、人員篩選以及人文科學的研究。

自我測試是個人使用現成的測試方法，對自己進行一定的心理測試。自測方法的優點，是方法簡便易行，測試者的目的明確、態度認真；其缺點是一般人的心理學知識不足，由於自測量表魚龍混雜，測試者難於選擇，且只能依賴測試材料所提供的結果，對測試結果難於進行準確的解釋分析和更深入的把握。

（三）從被測試者特點的角度分

從被測試者特點的角度，可以按年齡分為嬰幼兒測試、青少年測試、成年人測試、老年人測試，也可以按人的身份分為在校學生測試、求職人員測試、在業人員測試。

（四）其他劃分

測試方法還有談話法、（活動）觀察法、作品分析法、行為分析法等等。

第二節　人力資源測評方法

一、心理測驗法

（一）測驗法及其分類

所謂測驗，是對行為樣本的客觀和標準化的測量。通俗地講，是指透過觀察人的少數有代表性的行為，對於貫穿在人的活動中的心理或其他方面的特徵，依據確定的原則進行推論和數量化分析的科學手段。

測驗，在人力資源開發與管理中通常指心理測驗。按照心理測驗中所測量的目標，心理測驗可分為五類：（1）智力測驗，測量被試者的一般能力水平（即 G 因素）。（2）特殊能力測驗，測量被試者具有的某種特殊才能（即 S 因素），以及瞭解其具有的有潛力的發展方向。（3）成就測驗，測量被試者經過某種努力所達到的水平。知識，即人在某領域的成就的反映，因而知識測驗也可以納入心理測驗的內容。（4）技能測驗，即對被試者熟練從事某種活動的能力的測試。（5）人格測驗，測量被試者的情緒、興趣、態度等個性心理特徵。

上述類別中的智力測驗、特殊能力測驗統稱為能力測驗，從組織實際應用的角度看，技能與之類似，也可以歸入能力的範疇。因此可將心理測驗分為能力測驗、成就測驗和人格測驗三大類。在組織中測評人力資源時，最普遍運用的測驗方法即知識測驗和能力測驗，對一些人員也採用人格測驗方法。在社會職業大量分化、各種職業能力的差別越來越大的情況下，職業能力測驗也成為組織測評人員的重要方法。

（二）心理測驗的要求

1、合理選擇樣本

心理測驗以行為樣本為基礎。樣本可以是一套試卷，也可以是精心設計的一個情景，等等。樣本設計必須保證能測出被試者之間的差異性。比如，知識測驗的試卷設計要求被試者的成績呈正態分佈，否則，該試卷（樣本）的設計就是不合理的。

2、過程標準化

心理測驗在測驗編制、實施、計分和測驗分數解釋等方面要保證一致性，亦即要保證對於所有的被試來說測驗的條件都相同。這樣，不同的被試的結果才具有可比性。常模是比較測驗分數的標準。常模的可靠性取決於其賴以建立的樣本的大小及群體特徵，樣本沒有足夠的數量以及樣本的群體特徵與被試群體的特徵差異大，樣本的可靠性都會降低。

3、測驗的客觀性

它是指心理測驗要剔除主試者的主觀影響。一是在測驗的編制上要能在反映出被試者的一般水平的基礎上充分體現個體間的差距，標準過高或過低都不可取；二是在測驗的過程中要避免主試者的主觀影響，要將被試者放在平等的地位進行比較。

4、測驗的信度

信度是指測驗分數的一致性和穩定性，亦即可靠性程度。測驗的信度可以透過再測信度、複本信度、一致性信度等來反映[47]。再測信度是指個人在同一測驗下數次測量結果的一致程度。當然，絕對的一致是沒有的，只要達到一定的相關程度即可認為可信。複本信度是指相似的測驗所反映出的結果的一致性。一致性信度是指相同素質測評專案分數間的一致性程度。如果按邏輯被試者在第一個專案上得分高，那麼在第二、第三個專案上也應較高；在第一個專案上得分低，那麼在第二、第三個專案上也應較低。如果測驗結果確實如此，該測驗的可信度就較高。

---

[47] 蕭鳴政，《人員測評理論與方法》，第 196-200 頁，中國勞動出版社，1997。

5、測驗的效度

效度是指測評結果對所測素質反映的真實程度。具體表現在三個方面：一是實際上測試的內容與想要測試的內容是否一致，亦即想要測試的素質內容與實際所測的素質內容是否一致；二是根據樣本所推測出來的素質水平是否真正反映了被試素質的實際水平。三是測試結果與某種相關標準的一致性，比如對道德水平的測試，測試中表現好，工作中是否也表現好。

（三）能力測驗

1、智力測驗

近百年來，學術界對智力的概念眾說紛紜。現有的智力測驗一般是對認知能力的測驗。企業招聘中最常用的智力測驗有以下幾種：

（1）奧斯特的心理能力自我測驗。該測驗以集體的方式進行，所花的時間短，適用於篩選不需要很高智力的職位的應聘者。

（2）韋斯曼人員分類測驗。該測驗也是一種集體測驗，時間 30 分鐘左右。測驗包含語言部分及數位部分，並提供了推銷員、生產監工等的常模。

（3）韋克斯勒成人智力測驗。該測驗主要用於高級人員的挑選工作，包括語文與作業兩個量表，共有測試題 311 個，費時較長。

（4）桑斯通（L.Thurstone）個別智力測驗。桑斯通認為，智力存在言語理解、言語流暢性、歸納推理、空間知覺、數位、記憶和知覺速度等七種互不相關的因素，並對每種因素都設計了測驗。[48]

（5）瑞文推理測驗。《高級瑞文推理測驗》是廣泛使用的非文字性能力測驗，可用於個別及團隊測試。

如前所述，20 世紀 90 年代以來情緒智力頗受學術界及社會的很大關注，但到目前為止，情緒智力還是一個有較大爭議的概念，也沒有公認的量表。參見第二章。

---

[48] 彭聘齡主編，《普通心理學》，第 545 頁，北京師範大學出版社，1988。

2、能力傾向測驗

在人力資源測評中，能力傾向測驗的應用較為廣泛。能力傾向與智力不同。後者是一般能力，前者是個體在某一方面所表現出來的潛在能力或特殊能力。能力傾向測驗也不同於成就測驗，前者測評的是某種潛在的能力，後者測評的是經過開發的結果。

普通能力傾向成套測驗，簡稱 GATB，是美國勞工部職業安全局 1934 年起用了 10 多年時間研製而成，這套測驗在許多國家得到廣泛應用。該方法對人的 9 種能力進行測定，然後將幾種主導性的能力進行組合，從而判定某個人在 32 個職業群中屬於哪一類。GATB 方法由 15 種分測驗構成，如工具匹配、名詞比較、計算、組裝、分解等。

其他能力傾向測驗有：文書傾向測驗，運動技能傾向測驗，機械傾向測驗，音樂能力測驗等。

（四）人格測驗

人格測驗是對人的興趣態度、價值觀、情緒、氣質、性格等方面的測驗。應用人格測驗的目的是為了考察人格特點與工作行為之間的關係。不同的職位對人格的要求有一定的差異，進行人格測驗有利於企業提高人力資源的獲取、使用及開發效率。人格測驗的方法有問卷調查量表法、投射法、情景測驗法。

卡特爾 16 因素（16PF）問卷法是最常用的方法。該問卷有 187 個問題，每一種因素有 10～13 個測試的問題，每個問題後附有 a、b、c 三個選項。卡特爾 16PF 有著較高的信度與效度，國內外均有在人力資源測評方面的運用。例如，國外學者透過 16PF 來測量管理人員情緒智力的嘗試[49]。

---

[49] Victor Dulewicz, Malcolm Higgs, "Emotional Intelligence-A Review and Evaluation Study", pp:1-26, Journal of Managerial Psychology, Vol.15, Issue 4.

二、知識測驗法

知識測驗是在組織中應用極為普遍的測驗，最常用的形式是筆試。例如，用於對操作工人應知應會的測驗、對員工培訓後的測驗等。知識測驗一般包括記憶、理解及應用三個方面的內容。

（一）記憶

企業中的成員，無論是操作工人、技術人員，還是管理人員，都需要有大量的與工作相關的知識的記憶。對於操作工人來說，需要記憶的有操作規程、設備性能、安全條例、工作紀律等；對於技術人員則有本專業基礎知識、發展動態等；對於企業管理人員來說則有管理理論知識，本企業的基本經濟指標、技術指標，企業生存環境的基本概況等。總的說來，企業的人力資源的總體素質是與企業員工的知識量直接相關的。因此，企業有必要對員工的知識記憶進行測驗。

（二）理解

記憶是理解的基礎，理解是應用的橋梁。在現實中知識沒有得到很好的理解仍是一個值得關注的現象。就企業管理人員培訓而言，其基本內容往往是相關的理論知識，有研究表明管理人員對理論知識的理解仍是不充分的。對知識的理解一是對知識點本身的理解；二是知識系統的理解，亦即融會貫通；三是遷移理解，亦即知識在材料內容不同、關係結構不同的情境中的理解。

（三）應用

知識應用是運用理論知識解決現實問題的活動。在應用層次上測試知識水平，一是看是否具有自覺地運用理論知識的意識；二是看能否分辨具體問題，靈活地運用知識，而不是機械地套用；三是看能否掌握理論的實質，創造性地發揮。

　　企業對員工知識水平的測驗應形成一種制度，每年至少進行一次。每年測驗內容的側重點可根據具體情況而定。對於企業管理人員培訓而言，現實中的知識測驗存在形式化的弊端，這與企業管理人員開發的目標是不相合的。

三、評價中心法

（一）評價中心的含義

　　評價中心是指採用多種方法對管理人員的素質進行測評的一系列活動。評價中心是一種測評方式，是一種程式，而不是一個單位，也不是一個地方。評價過程中針對特定的目的與標準採用測驗、情景類比測評、面試等多種評價技術在集中的幾天時間內對管理人員的各種能力進行評價。

　　也有觀點認為評價中心既是一種評價活動，也是一種開發活動。客觀地看，可以認為素質評價是素質開發活動的重要組成部分，評價具有開發功能。但評價中心畢竟是以素質評價為直接目的的，而不是以素質開發為目的。因此，將評價中心定義為評價活動是合理的，將其定義為評價與開發活動則會引起概念上的含混。

（二）評價中心的特點

　　第一，評價技術的多樣性。評價中心往往採用問卷、量表、測驗、投射、面試、小組討論、公文處理、角色扮演等多種測評技術對管理人員的素質進行評價，而不是僅僅採用一種技術進行評價。

　　第二，評價中心對管理人員的評價是在團體中進行的，由多個評價人員對一組管理人員同時進行評價。這與管理工作的性質是相近的，管理工作總是透過人與人之間的相互作用來完成的。每個小組的人員一般為 6-12 人。

　　第三，對管理人員從多個方面進行評價。評價的素質專案一般有領導能力、決策水平、人際關係能力、合作意識、創新意識、靈活性、現實性、動機和智力等。

　　第四，評價程式的標準化。評價內容、測評方式以及評價標準等都是以工作分析為基礎而精心設計的，具有一致性。評價活動中每個小組成員都有平等的競爭機會。

　　第五，時間較長，費用較高。一般來說，評價中心需要 3～6 天時間才能完成對管理人員的評價。評價時間長，評價費用也相對較高。但評價結果的質量也相對較高，具有較高的信度與效度。

（三）評價中心的主要評價方法

1、心理測驗

　　主要包括智力測驗、人格測驗、各種操作能力和能力傾向測驗。測試者在對測驗結果進行解釋時應注意常模與被試者情況之間的差異性，因為有些常模的建立時間較長，並且不是針對管理人員的。管理人員作為一個特殊的群體，其心理特徵與一般社會大眾的心理特徵具有一定的差異。

2、公文處理

　　公文處理是以書面材料的形式提供給被試若干需要解決的問題以及相關的背景資料，讓其在較短的時間內進行處理，以考察其分析問題及解決問題的能力的一種評價方法。公文處理的方法可以有效地測試被試利用資訊的能力，系統思維的能力以及決策能力，具有較高的信度及效度。

3、小組討論

　　小組討論的方法是給被測試的小組一個待解決的問題，由他們展開討論以解決問題，評價者則透過對該過程的觀察來對被試的人際能力，在群體裏分析、解決問題的能力以及領導方式等進行評價。小組討論有多種形式，如無領導小組討論、有領導小組討論、不指定角色小組討論、指定角色小組討論等。

4、管理遊戲

　　管理遊戲是指設計一定的情景，分給被試小組一定的任務由他們共同完成，如購買、搬運等，或者在幾個小組之間進行類比競爭，以評價被試

者的合作精神、領導能力、計劃能力、決策能力等多種能力的一種評價方法。管理遊戲一般具有較強的趣味性，但設計的工作量大。管理遊戲一般具有較好的信度及效度。

5、角色扮演

角色扮演是在一個精心設計的管理情景中，讓被試者扮演其中的角色以評價其勝任能力的類比活動。要提高評價的準確性，管理情景的設計是關鍵，情景中的人際矛盾與衝突必須具有一定的複雜程度，使得被試者只能按其習慣方式採取行動，從而降低偽裝的可能性。

除以上各種方法外，評價中心還採用面試、筆試、案例分析、演講等其他方法。

四、其他方法

人力資源測評方法除以上幾種方法外，在企業中應用較多的還有觀察評定法，申請表法，民意測驗法，履歷分析法等。

（一）觀察評定法

觀察評定法是借助一定的量表，在觀察的基礎上對人的素質進行評價的一種測評活動。觀察評定具有以下幾種基本類型：日常觀察評定、現場觀察評定、間接觀察評定等。其優點是客觀、方便；缺點是可控性差，觀察結果難於記錄及處理。

（二）申請表法

申請表法是透過對求職者在申請表上所提供的資訊進行分析，對其素質進行判斷、預測的一種測評方法。申請表法是素質測評中最常用的方法之一。對於求職量特別大的企業來說，該方法可以提高篩選的效率。

（三）民意測驗法

民意測驗對敬業精神、合作意識、工作態度、領導方式等素質專案的測評具有較好的效果。主要原因是上述素質要素在其他測評方法中被試者易於偽裝，民意測驗法則能有效地消除偽裝的影響。

（四）履歷分析法

履歷分析法是指根據檔案記載的事實，瞭解一個人的成長歷程和工作業績，從而對其素質狀況進行推測的一種評價方法。該方法可靠性高，成本低，但也存在檔案記載不詳而無法全面深入瞭解的弊端。

（五）筆跡分析法

筆跡分析法是以分析書寫字跡預測求職者能力、個性及未來業績的一種方法。運用筆跡分析法的專家認為筆跡能顯示一個人的潛力和能力，在國外，有素養、有經驗的筆跡學家所作的分析通常被客戶評價為極為準確。目前在西歐，筆跡學分析被運用得最廣泛。

（六）行為類比與觀察法

行為類比與觀察的測評方法可以盡可能接近和觀察被測者的各種行為或反應，是一種有效的測評方法。一般來說，對處於某種情境下個體的真實行為的觀察最能反映個體的綜合素質。這種方法可以有效地測評被試者的素質和潛能，同時察覺被試者的欠缺之處。行為類比與觀察的測評方法的技術核心是行為觀察法，它是透過安排一定的情境，在其中觀察特定個體（或群體）的特定行為，從中分析所要考察的內在素質或特徵。行為觀察法又可以分為自然觀察法、設計觀察法和自我觀察法。

（七）人機對話法

人機對話是引入電腦後所進行的一種測評方法。人機對話也稱系統仿真測評、人工智慧專家系統等。一般要求被試者置身於由電腦技術構成的

近於實際系統的動態模型之中，讓其扮演特定的角色，用人機對話的方式進行；電腦根據其在規定時間內的全部答案或「工作實績」來預測其各種潛能。人機對話為測評資料的綜合分析提供了很大的便利。需要說明的是，一般的標準化紙筆測試都可採用人機對話的方法進行，只是需要將紙筆測評的計分系統、解釋系統、常模等用電腦技術整合在人機對話中就可以了。

第三節　人力資源測評過程

一、明確測評目標

確定測評目標是設計測評方案的前提及基礎。一般來說，人力資源測評有以下三個方面的目標：(1)作為人力資源獲取的依據；(2)為人力資源的配置和使用提供參考；(3)明確培訓需求，檢驗培訓效果。就某一具體的測評專案而言，還需結合現實，將測評目的細化，明確測評應該達到什麼樣的效果。

就人力資源獲取而言，需要明確以下方面：其一，測評在招聘的哪些環節發揮作用、發揮什麼樣的作用；其二，測評結果在招聘決策中占多大的比重；其三，測評應該具有多大的信度及效度；等等。

二、確定測評內容

在國際上具有權威性的加拿大《職業崗位分類詞典》，對於各種職業從業者的條件提出了需要把握的一般性內容，這也就是對人員測評的一般性內容。測評專案全面的內容包括：能向（即能力）、普通教育程度（GED）、專門職業培訓（SVP）、環境條件（EC）、體力活動（PA）、工作職能（DPT）諸項基本條件和興趣、性格的參考條件。上述各項條件，按照各自程度和水平分別打分、區分為不同的等級。

　　所謂「能向」，即人們能力的特性與方向。在加拿大《職業崗位分類詞典》的「資格檢測表」體系中，能向的各個要素包括：(1) 一般能力，即智力要素，用 G 來表示。(2) 特殊能力，其要素則分別為：V－言語表達能力，N－數學計算能力，S－空間感覺能力，P－形體感覺能力，Q－文書事務辦公能力，K－動作協調能力，F－手指的靈活性，M－手的靈巧性，E－眼－手－腳配合的能力，C－辨色能力。每一種具體的職業，都有不同的職業能力的要求，這就要求從事某一種職業的人具有特定的職業能力。人要走好自己的生涯之路，必須要選擇適合自身特點的職業，即要達到人的各項條件與職業的要求相互適應。

　　職業資格檢測表的結構示例如表 12-1、12-2：

表 12-1　職業資格檢測表一（能向水平）

職業名稱	G	V	N	S	P	Q	K	F	M	E	C
礦物地質學家	<u>1</u>	<u>1</u>	<u>1</u>	<u>2</u>	<u>2</u>	3	3	3	3	4	<u>3</u>
行政官員	<u>2</u>	<u>2</u>	<u>2</u>	3	3	<u>3</u>	4	4	4	4	5
室內設計師	<u>2</u>	<u>2</u>	3	<u>2</u>	<u>2</u>	4	<u>2</u>	<u>2</u>	<u>3</u>	5	2

注：表中數位下面劃線的是強制性標準。

表 12-2　職業資格檢測表二（其他專案水平）

職業名稱	PA	EC	GED	SVP	興趣	性格
礦物地質學家	L23467	B26	6	8	781	09Y41
行政官員	L47	16	6	8	781	0Y914
室內設計師	s-L4567	1	5	8	86	X9

三、把握測評重點

　　測評內容即需要測評的素質要素。測評內容要根據測評的目的而定，應盡最大努力使之具體明確，切忌抽象、空洞。測評內容只有方向明確、專案具體，才易於掌握和較好地付諸實施。要根據需求崗位的工作內容和

被測評群體的特點，做出有針對性的測評專案。以下是各類人員測評的重點內容。

（一）技術人員測評內容

對於科技工作人員來說，測評內容的重點是：

第一，智力水平，尤其是思維能力；

第二，創造力；

第三，與自己專業有關的特殊能力，例如工程師應測試機械設計能力；

第四，成就動機、意志、毅力；等等。

（二）管理人員測評內容

管理工作人員可以分為政府行政人員——即國家公務員、企業事業單位的管理人員和「自己作老闆」幾種。對於管理工作人員來說，測評內容的重點是：

第一，智力水平；

第二，言語能力；

第三，責任心、意志；

第四，人際關係能力；

第五，個人修養、包容力；

第六，競爭素質；

第七，健康狀況；等等。

（三）生產人員測評內容

對於生產性人員來說，測評內容的重點是：

第一，與工作內容密切相關的智力因素，如觀察力、注意力；

第二，與工作內容密切相關的特殊技能，如操作能力、空間想象能力；

第三，責任感；

第四，工作之中的交往溝通能力；

第五，身體素質；等等。

（四）服務人員測評內容

對於服務性人員來說，測評內容的重點是：

第一，與工作內容密切相關的智力因素，如觀察力、注意力；

第二，與工作內容密切相關的特殊技能，如言語能力、操作能力；

第三，責任感、個人修養；

第四，人際交往、溝通能力；

第五，職業道德；等等。

（五）畢業生選拔測評內容

對於將要畢業的在校學生測試，根據所在學校、專業的不同而不同。對於在校學生而言，測評中一般更加側重的內容是：

第一，職業適應性及特殊才能方向；

第二，職業興趣方向；

第三，價值觀和成就動機；

第四，人際交往能力、處事能力；

第五，責任感與職業道德；

第六，自信心、進取心、意志等；

第七，一般心理健康的內容，如情緒穩定性、情感問題、應付挫折的能力等。

四、設計測評指標

一般而言，素質測評需要針對每一素質要素編制評價專案，進而形成評價的指標體系，並給出評定標準。評價指標體系的科學與否，對測評的信度及效度具有重要影響。評價標準的確定應力求客觀、明確。對每一評價等級應有相對清晰的評價標準，不同的評價等級之間應能明確地區分開來。若只是給出評價等級，如僅設立優、良、中、差、不合格五個等級，而沒有明確的數量標準，或相應的代表性的行為的描述，其評價效果肯定不佳。

如果是知識測驗,則需精心組織命題,並給出評分標準。命題者對測評的目的及要求應有充分的認識,對知識本身也要有全面的理解。在命題時,應當遵循以下原則:(1)代表性原則,即題目要具有代表性,能代表知識總體;(2)難易適度原則,過於簡單及複雜都不易區分被測評者間的差異;(3)遷移原則,在試題中對知識遷移的考察要占有較大的比重,即注重考察對知識的學以致用;(4)表述簡明原則,即試題本身及答題指導語簡明。

五、選擇測評方法

(一)測評方法的比較

選擇測評方法是指對素質要素的測評方法進行比較、選擇。某一素質要素可能有數種測評方法,這就需要對各種方法進行深入分析、比較,認真選擇。在選擇測評方法時切忌簡單化或複雜化。比如,對心理健康水平的測評,可採用量表進行測試,也可採用面試的方法。倘若測試是針對企業管理者,僅採取面試的方法就過於簡單;若是針對一般員工的招募,採用量表進行測試則可能過於複雜。

(二)多評價主體

對某些素質要素的測評可能要選擇多個評價主體。例如對人的能力或工作態度的測評,往往需要由上級、同事、下級等多個評價主體來進行評價。

此時,應注意各個評價主體的權重的分配。

(三)成功的測評方法的引入

需要注意,在其他地方成功的測評方法在本企業、本地區不一定是有效的,在引入新的方法時要對其進行驗證,以確定其適用性。

六、組織測評實施

　　要對測評的全過程進行過程管理，對提高測評工作的效率具有重要作用。過程管理的內容包括測評由哪個部門負責、具體的專案由誰負責、過程中由誰進行協調、主試的選擇與培訓、表格設計、時間安排、資料的傳遞和處理程式等方面的內容。測評的組織者應對測評的每一個環節、每一個方面都應精心設計，認真組織實施。鑒於人力資源測評在人力資源開發與管理中的重要性，企業應加強對人力資源測評工作的認識，加強對人力資源測評過程的組織與管理，以充分發揮人力資源測評的積極作用。

　　測評的設計者及組織者應對各類人員的素質構成以及各素質要素間的相互關係有深入的研究及認識，否則，測試過程將是低效率的。比如，對於企業管理人員，人們可以輕鬆地列舉出十多種素質，但這些要素中，哪些是核心要素，各要素間的相互關係如何，哪些是名不同而實質上高度相關的要素？這些都要進行深入地研究分析。測評的設計者及組織者應注重對人員素質理論以及素質測評理論、技術的研究，成為這方面的專家，以便充分發揮人力資源測評的功能。

【主要概念】

　　人力資源測評心理測驗信度效度能向知識測驗技能測驗智力測驗能力傾向測驗人格測驗評價中心

【討論與思考題】

1、結合實際，討論人力資源測評包括哪些內容？有什麼功用？並分析怎樣發揮人力資源測評的基礎作用？

2、人力資源測評過程有哪些環節？

3、什麼是測評的效度及信度？它們之間的差別是什麼？

4、怎樣提高人力資源測評過程的效率？

5、如何才能使人力資源測評工作不流於形式？

6、人力資源素質測評的諸方法各自適合什麼對象？使用中應當注意哪些方面？結合實際進行討論。

第十三章

人力資源獲取

【本章學習目標】

掌握招聘的含義及依據

掌握招募的途徑及各種途徑的優缺點

理解人力資源甄選的原則

掌握人力資源甄選程式

理解面試的含義和特點

瞭解面試的類型

掌握面試的步驟

第一節　人力資源獲取基本分析

一、人力資源獲取範疇

（一）人力資源獲取定義

人力資源獲取，是指組織根據用人條件和用人標準，運用適當的方法手段，對應聘者進行的審查、比較，從中獲得自身需要的人力資源的過程。

獲取在現代組織的人力資源開發與管理活動中占有重要地位。它除了要為組織提供符合標準的人員外，同時也成為組織經營管理活動的一部分，又是與社會勞動市場直接連接的開放性人力資源業務工作。

（二）人力資源獲取作用

搞好人力資源獲取，對於人力資源開發與管理主要有以下作用：

其一，可以保證所吸納的員工素質優良。

其二，有利於實現人力資源的優化配置。組織能夠得到所需之才，人力資源個人能夠走上適當的崗位，避免大材小用、小材大用和用非所學等問題。

其三，有利於形成員工隊伍的合理結構，從而實現組織成員的密切配合，達到互補和整體的優化。

其四，有利於降低員工的流失率，從而節約招募甄選及崗前培訓等費用。

其五，有利於後續各項人力資源開發與管理的有效實施，諸如考核、激勵、培訓、升降、工資等，從而使組織取得效益。

二、人力資源獲取原則

（一）效率優先原則

　　組織獲取人力資源的首要原則是效率優先原則。一般來說是指選用適當的形式和方法，盡可能減少獲取成本而能夠招聘到組織所需的人員。

　　節約招聘成本又能有效獲取人員的常用方法有兩種：一是依靠「證書」進行篩選。一般來說，擁有證書的人群比沒有證書者工作技能要強，但應注意使用「證書」特徵來獲取人員容易造成的兩類錯誤：可能錄用了差的員工，拒絕了好的應聘者。另一種是利用內部晉升制度獲取人員。這種做法用證書來篩選員工更加可靠，因為內部晉升制度可以根據員工在職位上的表現來確定員工的去留與升降，給單位一個觀察員工實際工作能力的機會和時間，確保職位能夠由勝任者填補。

（二）保證質量原則

　　保證質量原則，即保證所獲取的人員能夠真正適合崗位的需要，以及有利於被獲取者能夠充分發揮作用。一般來說，保證質量體現為「寧缺勿濫」，即寧可暫時空缺某個職位，也不要讓不合適的人占據不恰當的職位，對組織的經濟效益和人力資源開發與管理的各個環節造成不利的影響。

　　就所獲取的人力資源質量問題而言，當然是要勝任工作而且比他人突出。對於這一問題，參見本章第三節。

（三）公平公正原則

　　人力資源獲取必須遵循國家的法律、法規和政策，面向全社會，公開招聘條件，對應聘者進行全面考核，公開考核結果，透過競爭、擇優錄用。這種公平公正的原則是保證單位獲取到高素質人員和實現獲取活動高效率的基礎。

　　在人力資源獲取過程中，不公正的問題是很容易出現的。例如對應聘者不能一視同仁，甚至對不合格人員給予照顧，對某些類別的人員歧視（如不管職位是否需要，只招聘男性35歲以下人員）等，應當加以避免。

三、招聘及其依據

（一）招聘的含義

　　人力資源招聘，是組織人力資源開發與管理的重要工作內容，由此就有了組織對所招用人員的任職。招聘與任職構成人力資源管理操作體系之中的第一部分。

　　招聘，是用人單位尋找合格員工的可能來源，吸引他們到本組織應徵並加以錄用的過程。招聘可以分為「招募」和「甄選」兩個階段。所謂招募，是透過各種途徑從社會上以及本組織中尋找可供選用的人力資源人選，這是招聘的前期階段；所謂甄選，是對已經獲得的可供任用的人選做出進一步的甄別、比較，從而確定本單位最後錄用的人員，它是招聘的後一階段，也是招聘工作任務的最終完成階段。

（二）招聘的依據

1、招聘崗位的設立

　　對於一個組織來說，要設立什麼樣的新崗位進行招聘、招聘多少人，對哪些崗位要補充員工、補充多少人，主要取決於以下因素：(1)組織發展戰略和相應的人力資源規劃；(2)組織近期的人力資源補充需求；(3)組織的人力資源觀、人才觀和招聘理念；(4)工作崗位的需要，這主要體現在工作說明書或職務說明書上；(5)一定工作崗位的任職條件，這也體現在工作說明書上；(6)外部市場的人力資源供給狀況及有人才競爭力的組織。

2、工作說明書

　　工作說明書能夠反映一個崗位的工作內容，也反映在其上任職者所從事的工作內容、工作任務與職責、工作方法和工作環境條件。因此，工作說明書就成為組織招聘人員的主要依據之一。這一問題參見本書第十一章「工作分析」，這裏不贅述。

第二節 人力資源招募

一、招募的途徑

組織為獲得人力資源所進行的招聘，包括內部獲取和外部徵聘兩種途徑。一般來說，在招聘時應當首先考慮內部獲取，即從本組織內部的員工中晉升或調職。

內部獲取和外部徵聘又可以進一步分為不同的途徑與方法，各種招募人才的方法各有利弊，應當根據各用人單位的招聘的數量、類型以及社會的人力資源供求狀況，採用不同的方法。

下面對內部獲取和外部徵聘途徑分別進行闡述。

二、內部獲取

（一）內部獲取的常用方法

所謂內部獲取，即在組織中搜尋合格人才，透過晉升或調職來滿足空缺崗位的人力資源需求。該途徑的常用方法主要有：

1、查閱人事檔案資料

人力資源管理部門可以透過查閱人事資料（檔案）庫和「人才庫」中的資料，來搜尋合格人才。例如，IBM 公司的「IBM 甄募資訊系統」就可以用來搜尋公司內部的合格人才來填補崗位空缺。此外，還可以透過查閱專門詳細記載具有特殊才能的現職人才的「人才庫」，來搜尋所需人才。

2、發佈內部招募公告

在組織內部發佈招募公告，也是內部獲取的方法之一。它是透過組織內部報刊或宣傳櫥窗等，將空缺的崗位公佈於眾，讓員工們瞭解這一晉升或轉調機會。公告的內容包括：空缺崗位名稱、工作說明、工資待遇、所需條件等。然後，由員工自願申請，經人力資源部門審核後按程式決定晉升或轉調，最後將這一結果公佈於眾。如果空缺屬於主管級的崗位，除了用「招募公告」方法外，也往往由組織決策層在管理人員中物色合適的人選，並做出具體的培養計劃。

（二）內部獲取的優缺點

1、內部獲取的優點

內部獲取是在組織中搜尋合格人才，透過晉升或調職來滿足空缺崗位人力資源需求的活動，該種方式的優點是：

其一，能夠對員工產生激勵作用。對於獲得晉升的員工來說，由於自己的能力和表現被組織肯定，因此士氣大增，績效和忠誠度都會有相當高的增加。對於大多數員工來說，由於組織為大家提供晉升機會，使人們感到升遷有望，工作會更加努力，也能夠增加員工對組織的忠誠和歸屬感，從而有助於穩定員工隊伍。

其二，所獲得人員的素質比較可靠。因為組織對晉升者以前的素質和表現都有比較深入的瞭解，因此在任用時能減少用人方面的失誤。

其三，由於晉升或調職者在組織內已工作一段時間，對組織目標和組織結構有所瞭解，對內部情況與工作環境熟悉，因此在新工作的接受過程中較節約時間，而且不需要一般性的職前培訓。

其四，內部獲取方式可節約費用。由於內部晉升或調職不必支付廣告和甄選費用，因此工資成本很低。

2、內部獲取的缺點

內部獲取方式的缺點是：

其一，內部獲取方法所得到的人才往往是一脈相承、「近親繁殖」，因而在觀念、思維方式和眼界方面可能狹窄，缺乏創新與活力，以至因循守舊。

其二,在甄選過程中容易引起員工之間的競爭,可能產生一定的內耗。提出申請而未能升遷的員工會感到心理不平衡,晉升者對原來的同級員工也往往難以建立聲望和有效地進行管理。

三、外部徵聘

(一)外部徵聘的主要途徑

外部徵聘的途徑很多,主要包括就業市場、招聘廣告、校園招聘、社會選拔、獵頭公司、他人推薦和求職者自行上門求職等。

1、就業市場
(1)就業市場機構的劃分

在市場經濟體制下,組織獲得人力資源通常是透過就業市場機構獲取。就業市場機構可以分為「市」與「場」兩種類型。所謂「市」,即參加各種人才招聘會,用人單位在招聘會上設立攤位,這類似於集市。在這種招聘會上,用人單位可以收集大量有求職意向的人員資訊,對其篩選,進行面試和錄用。所謂「場」,即到就業服務機構的常設辦公地點去查詢人力資源供給,這類似於商場。實際上,「市」的途徑也往往是由就業服務機構舉辦的。

從總體上看,就業市場服務機構有三種基本類型:其一,政府公立職業介紹機構,包括人才交流中心和職業介紹所;其二,非營利性職業介紹單位,如我國不少行業部門的人才交流機構、工青婦組織的職業介紹所、經濟發達國家的專業性團體設的職業介紹組織等;其三,私立收費性職業介紹所。一般來說,就業市場是用人單位對普通的初級、中級人力資源進行外部招聘的主要渠道。

(2)就業市場機構代理

由於就業市場服務機構是專業性工作機構,他們收集和儲備大量的人力資源並加以鑒別、分類,因此他們可以為用人單位從事招聘代理的工作,能夠將經過篩選的特定人力資源提供給有需求的用人單位,這可以減少該組織徵聘員工的招募和甄選時間。

用人單位採用招聘代理法時，應當注意有時會出現被推薦者並不
符合工作崗位要求的情況，從而造成高流動或效率低下等現象。

為了避免上述現象的發生，有關專家建議：

第一，用人單位要向就業市場機構提供準確完整的職務說明
書和工作規範，使其對崗位工作的性質有深入瞭解，對所需人員
的資格條件有清楚的認識，從而選擇推薦合格的應徵者。

第二，用人單位向就業市場機構詳細說明應該採取的篩選手
段，如測驗、面談等，並瞭解就業市場機構實際採取了哪些篩選
手段，以判斷其人才評價和推薦的可靠性。

第三，用人單位可透過選擇，與一、二家職業介紹機構建立
長期關係，並指派一名專職人員作為組織與職業介紹機構之間的
聯繫人。

2、招聘廣告

廣告是傳遞職位空缺、吸引求職者的一種打破時間、空間局限的範圍
非常廣泛的招聘資訊發佈法。招聘單位在報紙、雜誌或專業刊物上刊登廣
告，或用張貼街頭告示的辦法等，可以使大量求職者接觸到其崗位空缺的
資訊，從而得到大量的人力資源外部供給。

為了使招聘廣告產生良好的作用，應注意下面三點：

(1) 媒體的選擇

媒體的選擇取決於空缺崗位工作的類型。一般地說，徵求較
低層次人員的廣告，刊登在地方性報紙上即可。徵求某類專業人
員的廣告，以商業性或專業性的報刊上為宜。特殊重要崗位任職
者的徵聘廣告，可以刊登在發行量大的全國性報刊上。此外，還
可以透過廣播電視媒體和互聯網發佈廣告，廣招賢才。

(2) 合理的內容

招聘廣告的內容，一般為廣告標題、單位簡況（該專案不是
必要內容）、審批機關、招聘崗位與數量、招聘條件和聯繫方式
等。製作招聘廣告，應當遵守真實、合法與簡潔的基本原則。

(3) 明顯的效果

要使招聘廣告達到較高的水平，應當遵循以下原則：其一，
形式上引人注目，如用不同大小的字體和圖形來吸引讀者，適當

的空白也會產生良好的對比效果。其二，內容上引人興趣。如把所招聘的工作內容、工作的某些特點等描述清楚，以引起人們的興趣。其三，廣告要使讀者產生欲望。招聘廣告要針對應聘者的需求，把本單位所提供的條件列舉出來，例如工資待遇、發展前途、特殊學習機會等。其四，廣告能促進閱讀者付諸行動，如在廣告的末尾附上一句「請在一週內與我們電話聯繫」、「請到××處領取詳細資料」等。

3、校園招聘

所謂校園招聘，是從學校直接招聘專業技術人員和管理人員，它是現代大公司招聘工作的主要形式。大學是人才薈萃的地方，許多用人單位招聘專業技術人員和管理人員，基本上都從學校直接招聘。透過校園招聘，用人單位往往能夠起到進行公共關係宣傳和擴大自身影響的良好作用，能達到「百裏挑一」地精選外聘人員的作用，還能夠對未來員工進行組織文化的滲透，從多方面產生人力資源管理功效。

人力資源管理部門去學校招聘的基本任務有兩項：

(1) 初選應聘對象

校園招聘可以分為大小兩種。大型校園招聘的程式，一般是招聘單位到目標學校舉行報告會，向該校的數百畢業生介紹組織的基本情況、招聘崗位、招聘條件等方面的內容，然後發放求職登記表，在收回後進行篩選。小的校園招聘，一般是由一兩名招聘人員到學校就業機構和有關專業院系，由就業工作機構和院系幫助提供招聘之畢業生名單，以供見面。篩選之後，再進行初次面談。面談時要態度誠懇、尊重學生，要把組織的情況清楚地向學生做介紹，努力把優秀畢業生吸引到組織中來。

初選的考慮因素包括求職者專業、學業情況、工作意向和言談舉止所反映的人格特徵等。

(2) 精選人才

初選名單確立以後，通常要對其進行第二次精選。這種精選，可能在校園中搞面試、心理測試、專業能力選拔、綜合素質測試等；也可能發出在單位進一步面試的通知。這是精選人才的重要

環節。如決定錄用，最好將決定當面告訴學生，以便及時簽約，避免本組織預定錄用的對象在有其他工作機會時另做打算。

在通常情況下，招聘單位要與學校就業指導機構合作，學校就業指導部門能夠為其提供多方面協助，如通知學生、安排面談、提供場所和學生履歷表等。

4、社會選拔

用人單位為了能獲取優秀的人才，往往採取多種形式從大量社會成員中選拔其中的優異者。由社會選拔的優秀人才，一般來說都是等級較高的職業崗位，或者說，往往是根據高等級崗位的工作需要從社會的範圍予以選拔的。

具體來說，「社會選拔」就是由政府或者其他社會權威性組織來鑒定確認優秀人才，用人單位簡單地予以認可和招聘即可。我國現在開始實行的國家公務員考試錄用制、研究生招考制、一些高級職業資格和從業資格考試（如國際註冊會計師、高級精算師考試），企事業單位經營管理人員和工程技術專家的社會招聘制（例如北京市組織「雙高人才招聘」工作）等，都屬於社會選拔的招聘方式。上述社會選拔通過者，可能成為組織某一方面比較出色的人才。

用人單位採取社會選拔途徑招聘外部人才，需要注意以下三個問題：其一，真正從組織的職位需要出發，避免造成人才的不對口和浪費；其二，要尊重這些優秀人才的個人意願，在招聘和職務安排中給以充分的考慮；其三，我國目前假證書泛濫，用人單位在採取社會選拔途徑時必須加以鑒別，要去偽存真。

5、獵頭公司

「獵頭」一詞英文名為「Head Hunter」，「獵頭公司」作為高級人才招聘公司的俗稱，是指專門替用人單位搜尋和推薦高層管理人才和專業人才的公司。在發達國家，雖然獵頭公司為企業提供的人才數量不大，但極為重要的主管和專業技術人才大都由這些公司所提供。

獵頭公司有極為寬廣的聯絡網，而且特別擅長於接觸那些正在工作而且還沒有流動意向的人才，被人們稱為「挖牆角」的公司。他們秘密物色人選，接觸目標人才時也為用人單位保密，直到目標人才「進入情況」為

止。他們的工作為用人單位節約不少廣告征才和篩選大批應徵者所花的時間、費用和精力，搜尋工作通常只需 60 天以內即可完成。獵頭公司是工商企業在人才競爭中的得力助手。

獵頭公司招聘求才方式，也存在一些不足和問題。主要有：

（1）收費相當昂貴

在美國，這筆費用通常是所推薦人才年薪的 25～35%，幾乎都由用人單位支付。此外，還有各種名目的費用開支，如開展初步接觸的開銷、反復搜尋的費用等，這些費用大約是上述費用的 10～20%甚至更多。為此，用人單位要在事先談好服務費用，以避免事後的麻煩。

（2）搜尋能力有限

根據美國主管甄募顧問公司協會的規定，獵頭公司替用人單位推薦的人才，在兩年之內禁止替另一個用人單位挖走這個人才，這使獵頭公司搜尋人才的範圍大大縮小。為此，用人單位必須對獵頭公司進行選擇，以便真正能請到那些確實有能力開展完整的搜尋工作的公司為自己服務，尤其是想從競爭對手那裏挖掘高級人才的時候，這種選擇更為重要。

（3）工作人員能力有限

一般來說，「獵頭」的活動是一項相當複雜和困難的工作，負責搜尋的人員素質決定搜尋工作的後果。如果獵頭工作人員沒有人力資源管理專業知識和「挖牆角」的能力，就很難搜尋到用人單位所需要的優秀人才。而獵頭公司在洽談業務時，往往派出其招牌人物，實際負責搜尋工作的卻又派另一個人，造成搜尋工作質量下降。為此，用人單位一般要事先向獵頭公司以往的客戶瞭解該公司及成員的業務能力，在選定獵頭公司後，還要與負責搜尋業務的人員見面，以確保業務能力強的人員為自己服務。此外，這種人員的選擇還有用人單位安全方面的考慮，因為這個獵頭者在搜尋人才之前要瞭解用人單位的工作情況，他必須要對該組織的技術、市場等諸多商業秘密保密，是該用人單位信得過的人。

6、他人推薦

他人推薦也是用人單位外部招聘的一條可行道路。處於擇業階段的青年人的父兄長輩，往往會對其子弟的職業生涯進行各種幫助，為其謀職出主意想辦法、四處奔走親自作「工作崗位」的安排等。這種途徑不僅在傳統體制下大量存在，而且仍然是現代社會中人力資源就業的重要途徑。

從發達國家的情況看，透過推薦途徑獲取人力資源，可以節約招聘廣告費用和職業介紹所費用，用人單位還能獲得較高水準的工作應徵者；此外，在技術競爭和員工流動劇烈的情況下，用人單位採取親友介紹就業的方法，能夠使新老雇員穩定和盡責地工作。這顯然不同於我們一些單位招聘中不負責任地「走後門」，而是約束新老員工，使他們都努力工作、都對公司效益負責的制度。

7、自薦

自薦方式一般用於大中專學校的畢業生和技術工人等人員的招募。他們會採取寫求職信、電話求職或自行登門來求職的方式。組織應當對求職者予以有禮貌的接待，透過一定的審核程式擇優錄用。

（二）外部徵聘的優缺點

1、外部徵聘的優點

外部徵聘方式的優點在於：

其一，外部徵聘有利於因事求才，廣招賢人。由於從社會中徵聘選才的途徑很多、視野開闊，因而可能從眾多的求職者中篩選出符合崗位要求的優秀的人才。

其二，具有工作經歷的外聘人才，往往能帶來別的組織的工作經驗和理念，其中的一些可能是本組織的不足。在這樣的情況下，他們就如同新鮮血液的輸入，為組織增強活力。

2、外部徵聘的缺點

外部徵聘的缺點是：

其一，外聘人才與用人單位員工之間因缺乏相互瞭解，往往會存在溝通和配合的困難，工作適應的時間較長。

其二，任用外聘人才擔任管理職務，可能使組織內部員工感到升遷無望，從而挫傷許多人的工作積極性。

其三，該形式比透過內部獲取人才的費用高、工作量大。

第三節　人力資源甄選

一、甄選的原則

為了把甄選工作做好，真正選用組織所需的人員，必須按人力資源開發與管理的客觀規律辦事，遵循反映這些客觀規律的科學原則去從事工作。具體來說，甄選的原則有：

（一）因事擇人原則

所謂因事擇人，就是以事業的需要、崗位的空缺為出發點，根據崗位對人員的資格要求來選用人員。堅持因事擇人的原則，從實際的「事」（工作崗位）的需要出發去選用合適的人員，才能實現事得其人、人適其事，使人與事科學結合起來。相反，如果先盲目地錄用人，然後再找崗位進行安排，就很難做到事得其人、人適其事，不是大材小用，就是小材大用，甚至出現用非所學現象。如果因人設事，為了安排人而增設不必要的崗位，就會造成崗位虛設、機構臃腫、人浮於事，工作績效下降、用人成本增加的後果。可見，貫徹因事擇人原則是合理進行甄選的首要前提。

（二）人職匹配原則

每個職業崗位都有特定的工作內容、崗位規範和對從業者的素質要求，每個求職者也都有自己的從業條件和個人意願。組織在招聘人力資源

時要儘量達到二者之間盡可能的匹配，這對其後的人力資源個性化管理也是至關重要的。

衡量招聘職位與求職者個人條件是否匹配，需要對比以下專案（見下圖）：

招聘崗位		個人條件
文化素質水平	——	學歷等級
職業種類	——	專業工種類別
工作強度	——	身體素質
工作內容	——	生理心理特點
技能經驗	——	培訓和經歷

圖 13-1　招聘崗位與個人條件的匹配

（三）用人所長原則

人力資源管理重視「用人所長」，其內涵有多方面：其一，注重員工現有能力的有效利用，因事擇人，適才適所，不埋沒人才；其二，注意發掘人的潛在能力，在人才選用中，要透過人員素質測評與能力性向的測驗，來判斷應聘者的能力優勢與發展的潛能，據此把他（她）安置在相應的崗位上；其三，在員工的日常管理中注重發現人之所長，及時進行崗位調整，為人才的潛能發揮提供舞臺。

堅持用人所長的原則，在人員選用中要注意克服求全責備的思想，樹立「多看人的長處、優點」的觀念。世上本無完人，因此，在人力資源選拔中就不該「求全」。為了尋覓一個完美無缺的人來任職，選來找去找不到合適的人選而採用「平安」和「保險」的辦法，最終難免會找出一個既無大錯、也無勝任崗位能力的「老好人」。這種「寧用無瑕之石，也不用有瑕之玉」的做法，是用人之大忌。

（四）德才兼備原則

「德才兼備」歷來是一個重要的用人標準。在經濟發達國家招聘人員時，除進行能力考核、選拔其中的優異者，而且還要進行背景調查，在應

徵者品行端正、聲譽良好時，才能錄用。這是因為，德和才雖然是兩個不同的概念，但二者又是一個不可分割的統一體。才的核心是能力問題，德的核心是能否努力服務的問題。德決定著才的發揮方向和目的，才又是德的運用，使德得到體現和具有了實際意義。

在一定條件下，由於「德」的缺陷，一個人的才能越大，對組織所造成的危害也越大。為此，在甄選工作中，必須堅決反對重德輕才和重才輕德等錯誤傾向，始終堅持德才兼備的選用標準。

一、用的甄選方法

要做好人力資源測評工作，選擇有效的方法是關鍵，在這裏簡單介紹幾種常用的人力資源甄選方法。

（一）認知能力測驗

通常採用紙筆或電腦輔助方式來測量邏輯、閱讀理解、言語或數學推理，知覺能力等心理能力。

（二）結構化面試

採用一套標準化的問題與行為反應錨點來評估候選者的多種技能與能力，特別是非認知技能（如：人際技能、領導風格等）。

（三）非結構化面試

對於同樣的工作，面試問題亦因面試考官和面試對象的不同而各異，在評估候選者反應時通常不採用具體的標準，可以測量多種技能與能力，特別是非認知技能（如：人際技能、領導風格等）。

工作樣本測驗：採用那些與實際工作相似的績效任務來測量候選者的工作技能，如電子維修，規劃與組織等。

（四）工作知識測驗

通常使用多重選擇題或論述題等形式來測量工作需要的知識，通常是技術方面的知識。

嚴謹性測驗：採用多重選擇或對/錯形式測量候選者在嚴謹性方面的各項特徵。

（五）傳記式問卷

透過有關教育、培訓、工作經驗和興趣方面的問題來測量多種非認知技能與個人特徵，如責任性，成就傾向。

（六）情境判斷測驗

透過向個體顯現短的情境（或者是書面形式或者是錄影形式），並向其詢問他們最有可能的反應或他們認為最有效的反應來測量多種非認知技能。

正直性測驗：通常採取多重選擇或對／錯形式來測量與個體誠實、可靠性、可信賴性和可信度有關的態度和經驗。

（七）評價中心法

透過一系列反應工作內容與工作中面臨問題的工作樣本／經驗測驗、認知能力測驗、人格量表或工作知識測驗來測量候選者的知識、技能和能力。

（八）推薦信法

提供候選者過去績效的資訊或透過詢問與候選者以前有過工作經驗的人來評估候選人在其簡歷或面試中提及有關情況的準確度。

三、甄選程式

　　一般而言，面向社會徵聘員工的甄選程式，包括接見申請人，填寫申請表、初步面談、測驗、深入面談、調查背景及資格、有關主管決定錄用、體格檢查、最後安置9個程式。這種甄選程式屬於「淘汰法」的性質。所謂「淘汰法」，是指在上述甄選全過程中，只要有一個程式或關卡沒有通過，就會被淘汰掉。

　　具體來看，淘汰法甄選程式的9個步驟，如框圖所示。在各個步驟框圖右側的文字，是通常的淘汰原因。詳見圖13-2。

接見申請人	明顯不符合條件者
填寫申請表	資料不合需要
初步面談	一般印象不佳
測　　驗	測驗成績不好
深入面談	第二次印象不佳
審查背景和資格	學歷經歷不符合
有關主管決定錄用	決定不予錄用
體格檢查	身體條件不適合
安排工作崗位	辭謝

圖 13-2　甄選的程式

　　這裏對人力資源甄選程式的9個步驟具體進行闡述。

（一）接見申請人

　　若申請人基本符合應徵空缺崗位的資格條件時，就予以登記，並發給崗位申請表。

（二）填寫申請表

1、申請表的內容

為了取得應徵者的有關資料，要求應徵者填寫申請表。申請表所列內容包括：

（1）申請崗位名稱。

（2）個人基本情況。包括姓名、性別、住址、電話、出生年月、籍貫、婚姻狀況、家庭人口、住房情況等。

（3）學歷及專業培訓。包括讀書和專業培訓的學校名稱、畢業時間、主修專業、證書或學位等。

（4）就業記錄。包括就業單位名稱、地址、就業崗位、工資待遇、任期、職責摘要、離職原因等。

（5）證明人。包括證明人姓名、工作單位、電話等。

2、申請表填寫要求

申請表所列內容的要求是：

第一，必須是能測試應徵者未來工作表現優劣的有關內容。例如，在一般情況下，已婚者多比未婚者的工作表現好，而且已婚者、擁有住房者和年齡較大者更具有工作穩定性。賽思獵頭諮詢公司總經理高偉在談到人才流動特點時曾指出，在「下海」的人才中，28歲以下未婚人員的流動最為活躍，他們的平均跳槽周期不足一年。可見，年齡、婚姻狀況等內容也該作為重要的甄選指標。

第二，應當盡量避免一些與工作無關的私人問題。例如，美國的公平就業法規定，用人政策不能因種族、宗教、性別、膚色、出生國等而有差別待遇。因此崗位申請表中所列內容及招聘決策時要避開上述問題或謹慎處理，以淡化差異，以免有招聘歧視的嫌疑。

（三）初步面談

這一步一般是由人力資源部門面試工作人員與應徵者進行短時間的面談，以觀察和瞭解應徵者的外表、談吐、氣質、教育水平、工作經驗、技

能和興趣等。如果不符合空缺崗位所需的資格條件則予以淘汰；如果大致符合，則通知進行下一程式。

（四）測驗

透過測驗，可以進一步客觀地判斷應聘者的能力、學識和經驗，作為正確地做出招聘決策的依據。

傳統的測驗最常用的是知識性筆試和實際操作，在現代測驗中則主要採取人員素質測評的有關方法。

（五）深入面談

應徵者測驗合格後，要由面試工作人員再做一次與應徵者的深入面談，以觀察和瞭解應徵者的態度、進取心、適應能力、人際關係能力、應變能力以及領導能力等。如果上一步「測驗」程式中已採用人員素質測評技術，則本程式可省略。

（六）審查背景和資格

對上述程式篩選合格的應徵者，要進一步進行背景及資格的審查。這種審查的具體內容包括應聘者的品行、學歷和工作經驗等。審查的方法是對學歷和資歷的證明文件，如畢業證書、職業資格證書、專業職務資格（職稱）證書等進行審核，也可以查閱人事檔案，或向應徵者以前的學習或工作單位進行調查。

（七）錄用決策

一般情況下，人力資源部門在完成上述初選程式後，就把候選人名單送交具體用人的部門，由該部門主管考慮、定奪錄用。這時，人力資源部門可以對用人部門的選擇決策提供具體資料和提出參考意見。

（八）體格檢查

在用人部門決定錄用某應聘者以後，要對之進行體檢。透過體檢判斷應徵者在體能方面是否符合崗位工作的要求。體格檢查合格者，則正式發出錄用通知書。

體檢程式之所以放在最後，是因為在大批不合格者被淘汰之後，只給少數內定錄用者進行體檢，可以大大節約費用。

（九）試用和正式任用

經過上述程式，被錄用者報到後，就安置在相應的空缺崗位上。為觀察新進員工與崗位的適應程度，組織對新員工都有一定試用期，試用期長短視工作性質和工作複雜程度而定。試用期滿，經考核合格，用人單位對新進員工的工作滿意，則正式給予轉正和任用。

應當指出，上述程式不是絕對的。由於各組織的規模不同，招聘崗位的要求不同，所採用的甄選程式也會不同。

第四節　面試

一、面試基本分析

（一）面試的含義

面試，是一種在特定場景下以面對面的交談與觀察為主要手段的甄選技術方法，是由表及裏地測評應試者有關素質的方式，它在人力資源招聘中大量使用。具體來說，「面試」一詞具有以下含義：

第一，面試不是一般性的交談或談話，而是經過專門設計的；

第二，面試不是在自然情景下對應試者做日常的觀察和考察，而是在特定場景下進行的，考場是按一定要求設置的；

　　第三，面試不像一般的口試只強調口頭語言的測評，它包括對非口頭語言行為的綜合分析和判斷，透過「問、聽、察、覺、析、判」等多種方式對應試者的能力水平進行測評；

　　第四，面試並非是萬能的，它不是測評一個人的所有素質，而是根據招聘職位的特點有選擇地針對其中一些必要的素質進行測評，比如體態、儀錶、舉止、口頭表達能力、反應能力、應變能力、敏感性、情緒穩定性，以及知識的廣度與深度、實踐經驗與專長、工作態度與求職動機、興趣愛好與活力等。

（二）面試的特點

　　面試作為現代人力資源測評中的一種重要方法，有著其他測評形式不可替代的特點。面試的特點有以下幾點：

1、對象的單一性

　　在面試中，無論採用個別面試還是集體面試，由於面試考題一般要因人而異，測評的內容主要應側重於個別特徵，因此主考官一般是逐個提問、逐個測評。即使是在面試中引入一定的討論，評委們也是對應試者們逐個提問和觀察的。

2、內容的靈活性

　　由於不同空缺崗位的任職資格要求不同，每個應試者的經歷、背景和資格條件等也不同，因此，面試不是向所有應試者都提同樣的問題、按同一的步驟進行。面試中所提出的問題可多可少，視所獲得的資訊是否足夠而定；同一問題可深可淺，視主試人的需要而定；所提的問題可異可同，視應試者情況與面試要求而定。一般而言，所提的問題以 10 個左右為宜，面試時間大約在 30 分鐘左右。

3、資訊的複合性

　　研究表明，素質表現的總信息量中，言辭占 7%，聲音占 38%，體態占 55%。而面試是透過主試人對應試者的問（口）、察（眼與腦）、聽（耳）、析（腦）、覺（第六感官）綜合進行的。也就是說，對於同一素質的測評，

既注意收集它的語言形式資訊，又注意它的非語言形式資訊。因此，以面試形式測評素質，所收集的信息量可以達到 100%。而且，這種資訊的複合性還增強了面試的可信度。

4、交流的直接性和互動性

面試中主試人與應試者的接觸、交談、觀察是面對面直接進行的，也是相互的，是主客體之間的資訊交流與反饋。面試的這種直接性和互動性提高了主試人與應試者之間相互溝通的效果與面試的真實性，同時還能瞭解到許多在筆試中瞭解不到的資訊。

5、判斷的直覺性

面試不僅僅依賴於主試人嚴謹的邏輯推理，而往往有著很大的印象性、情感性與第六感覺特點。這就可能使面試帶有一定的主觀色彩。

二、面試的類型

（一）定型式面試

在定型式面試中，主試人員是遵循事先規劃出來的一系列問題向應試者提問的。採用這種面試一般是先根據空缺崗位的工作性質，準備出相應的問題，再把這些問題製成表格。該類表格以美國學者羅伯特・麥克姆利（Robert N. Mc Murry）所設計的最有名。主試人按照表格向應試者發問，並把應試者的反應記錄在適當的空白處。在表的空白處下方還有提醒主試人注意的重點問題，例如，向應試者詢問的問題中有一項是「您應聘本工作的目的是什麼？」在答案的空白處下方就寫有這樣的文字：「是否基於職位、安全感或收入的理由？」

在表格上的問題全部詢問完畢後，主試人員要根據應試者的答案對其能力、工作態度、人際關係、耐力、自信心和工作熱情做出評價和建議。

（二）結構性面試

結構性面試與定型式面試相似，是所提出的問題是一系列事先準備好的題目。二者的區別在於，結構性面試所提的問題在內容上還有與崗位工作有關的問題，這些問題是經過工作分析後提出的，並且在事先設計出應試者可能有的各種答案，其標準化、系統性更強。主試人根據應試者的回答，就在表格上圈選是否「不理想」、「一般」、「良好」或「優異」即可。最後，綜合主試人員的集體意見，做出評價。

（三）非定型式面試

非定型式面試亦稱非引導式面試。在運用這種面試工具時，主試人也許手邊有一份工作規範作為指引，但所提出的問題，並不遵循什麼既定的路線，而是具有很大的隨機性，往往是根據應試者的反應，提出不同方面的問題。因此，雙方的對話往往呈現出各種方向。這種面試靈活且自然，可以廣泛地發掘應試者的興趣所在。當然，這種面試要求主試人對空缺崗位的工作相當熟悉，所提出的問題應當以空缺崗位的工作規範（或崗位說明書）為依據。

（四）系列式面試

系列式面試亦稱循序式面試，它是由幾個主試人，如公司各個層次的管理者陸續對應試者進行面試。在這種面試中，經常採用非引導式面試，即各主試人根據自己的看法，對應試者提出不同的問題，然後將自己的評價意見寫在一張標準化的評估表上。最後，要組織所有的主試人討論和比較評價結果，以達成共識。

（五）陪審團式面試

陪審團式面試亦稱小組面試，它是由一群主試人同時對應試者進行面試。與系列式面試相比，陪審團式面試的優點在於，各位主試人員同時參加面試，應試者可以一次性陳述基本情況，可以在共同的場合回答不同主

試人提出的問題，不僅可以避免時間上的浪費，同時還可以使主試人員瞭解更多的情況。

（六）壓力式面試

　　壓力式面試是以窮追不捨的方式針對空缺崗位工作中的某一事項發問，逐步深入，詳細而徹底，直至應試者無法回答為止。這除了可以深入瞭解應試者的崗位知識技能外，真正注重的是測試應試者應付工作壓力的機智程度、應變能力、心理承受能力和自我控制能力。採取這種面試方法，要求主試人必須熟悉空缺崗位的工作，並具備較高水準的面談控制能力，使面試中所施予應試者的壓力真正是空缺崗位的工作中所需要的。

三、面試過程

　　無論採用何種類型的面試，其主要內容一般都包括如下五個步驟：

（一）面試前的準備

　　面試前首要的準備工作是培訓主試人員。培訓的內容主要有兩項，一是工作作風培訓，要求主試人員做到大公無私，堅持原則，辦事公道，認真負責；二是面試方法培訓，包括組織主試人員學習掌握面試表格的使用方法、面試技巧和評分標準，熟悉空缺崗位的職務說明書，瞭解空缺崗位的工作內容，工作職責和所需任職人員的資格條件，查閱應試者的報名表和簡歷，記下含糊不清的問題，以便在面試時提出澄清。

　　安排面試場所也是一項重要的準備工作。考場要求隱密安靜，不裝電話，盡可能減少各種干擾。

（二）製造輕鬆的面試氣氛

　　製造輕鬆的面試氣氛目的有二點：一是減少應試者的緊張，使其心情放鬆、態度安詳，產生平和恬靜的情緒，從而言談比較開放，願

意打開心扉,在面試中能發揮正常水平;二是無論應試者能否被錄取,輕鬆的面試氣氛都能'給人留下良好的印象,從而有助於維護用人單位的聲譽。

為此,要求考場環境要潔靜大方;面試前對應試者的接待要熱情、友好、自然,面試一開始要找一些讓人感到輕鬆、自在的話題,例如談談當日的天氣和交通狀況等;面試中主試人員要以平等、關心的態度進行對話,並設法控制音調和談話的速度,努力創造一種輕鬆和諧的氣氛。

(三)進行面試

面試類型有許多種,上面已經就主要類型做了介紹,用人單位可以根據實際情況選定。在進行面試時,應當注意的問題有以下幾點:

其一,要盡量避免只回答「是」或「不是」的問題,而要提出需要仔細回答和發揮的「開放性」(或「開口型」)問題,以便啟發應試者的思路,考察出其真實水平。如:「你在大學讀書期間,當過幹部嗎?」「您頻繁調動工作,是否因為在原工作單位難以施展自己的才能?」與「你在大學期間,承擔過哪些社會工作?」「什麼原因促使您在兩年間調換了三次工作?」就是兩組截然不同的提問方式,顯然後者的問題要好。

其二,要先易後難,循序漸進地提問。面試中所準備提問的問題一般都是根據重點內容的需求擬定的。在提問中則應該將那些應試者熟悉的容易回答的問題先行提出,當應試者進入角色後,再逐步加大提問難度,這樣有利於應試者逐漸適應,樹立信心,發揮正常水平。

其三,面試進行中不要有任何提示或認可,否則應試者的回答將以主試人員的觀點為轉移。主試人員提出問題後,要仔細「傾聽」應試者的陳述,其間主試人員的反應可以沈默不語,也可以不時點點頭,或是「唔,唔」發出鼻音,不含任何評價之意,只是鼓勵應試者做完整的表達。當然,主試人員也不是只提出問題就一聽到底,可以適當插話交流,以活躍面試的氣氛。

其四,及時作好面試記錄,以便最後對應試者進行全面評價。

（四）結束面試

在面試結束之前，應當留有時間讓應試者提出問題，也可以將有關工作的詳細情況告訴應試者。結束面試時，要以誠懇的態度告訴應試者：如果被錄用，大約在何時可獲得錄用通知。

（五）評估面試結果

應試者離去之後，主試人員應立即仔細檢視一遍面試記錄，認真回顧面試印象，並把相關資料和評估意見填入面試表格中。

【主要概念】

招聘內部獲取校園招聘獵頭公司甄選人職匹配鑒別性 面試結構性面試陪審團式面試壓力性面試

【討論與思考題】

1、簡述人力資源獲取對人力資源管理的影響。

2、什麼是人力資源甄選？其原則是什麼？甄選的程式有哪幾步？

3、內部招聘和外部招聘各有什麼利弊？試舉例說明

4、試簡述各種類型面試的特點和適用的情況。

5、面試提問有哪些技巧？面試中的常見錯誤有哪些？

6、組織一次類比面試，人數在 10～20 人之間。類比面試後，對考官和求職者的表現進行評價和討論。

第十四章

培訓與開發

【本章學習目標】

掌握培訓與開發的區別和定義

掌握培訓一般流程

掌握培訓需求分析的內容和方法

瞭解培訓評估的內容和方法

瞭解培訓的類別

掌握培訓的技術和方法

第一節　培訓與開發基本分析

一、培訓與開發的內涵

　　所謂培訓，一般指組織對成員進行旨在提高工作績效的知識傳授、技能訓練和行為引導活動。而在人力資源領域中，「開發」一詞往往與「培訓」運用或混用，實際上，開發並不等同於培訓，但又離不開培訓。它可以是一種戰略性培訓，也可以是對企業的市場競爭力和長期發展都具有決定性影響的一種高端培訓，旨在期望員工能獲得持續學習的能力，不斷運用新知識、新技術自覺地、積極能動地進行創造性工作，並能與其他成員共用知識、互通資訊、精誠合作，最大化實現組織績效和發展目標。

　　很多人將兩者合稱作「培訓與開發」，對這一範疇的內涵表述是：企業從組織戰略的角度出發，透過計劃的、有系統的各種努力，使員工獲得或改進與工作有關的知識、技能、動機、態度和行為，以有利於提高員工的績效以及員工對企業目標的貢獻，實現企業與員工的共同成長。

二、培訓與開發的區別

　　培訓與開發作為兩個不同的辭彙，它們之間也有很大的區別，主要表現在以下幾點：

　　其一，培訓主要著眼於獲取目前工作所需的知識技能，而開發則著眼於組織長期戰略性目標。這是培訓與開發的最本質的區別。

　　其二，培訓的階段性比較清晰，而開發的階段性比較模糊，可以說基本無法區分其階段性，因為開發連續不斷的在進行。

　　其三，培訓的時間較短，而開發的時間比較長遠，甚至可以說貫穿員工的整個職業生涯，工作不止，學習不止。

其四，培訓更多考慮的是組織的利益，而開發在考慮組織利益的同時，十分關注員工個人的發展，更能體現「以人為本」的精神。

其五，培訓的內涵較小，而開發的內涵則比較大，包含的內容更多，形式也更多樣。人力資源開發（HRD）已經成為相當大的一個範疇。

三、培訓的流程

「流程」一詞，英文為 Process，是對事物運動內容與環節的概括，其經典解釋是「一系列連續有規律的行動或操作（Operation）」[50]。流程設計，是現代管理學的一個重要方法。進行組織的培訓規劃與管理，其工作起點就是進行培訓流程的設計。

人力資源培訓的具體工作環節，包括準確的培訓需求分析、精細的培訓規劃方案設計、嚴密的培訓組織實施和全面深入的培訓工作評估 4 個方面，它們還形成了反饋迴圈。圖示即：

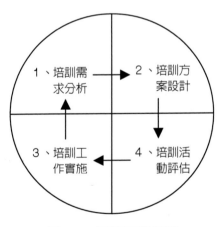

圖 14-1　培訓流程迴圈圖

進一步來說，人力資源培訓與發展總體還構成人力資源開發與管理作業系統體系之中的一個重要部分。

---

[50] 轉引自英國學者 J・佩帕德和 P・羅蘭，《業務流程再造》，中信出版社，1999。

第二節　培訓流程分析

一、培訓需求分析

（一）培訓的需求來源

　　培訓流程的首要步驟是培訓需求的設定。為此，要進行培訓需求的分析（Training Need Analysis，TNA）。

　　一般來說，組織的員工在知識、技能、資訊以至觀念方面，與組織的工作要求之間存在差距；員工個人著眼於職業生涯的發展，尤其是近期、中期的發展和晉升，都會有一定的培訓需要。組織透過培訓克服員工的上述差距，以及組織長期發展戰略目標對員工的更高要求，也要進行各種有針對性的培訓。總之，培訓是解決「差距」和「高要求」問題的良好方法，是促進人力資源發展的主要手段。

　　就管理者來說，在決定進行培訓之前首先應該回答以下幾個問題：

✧ 什麼是組織的目標？
✧ 什麼是達成這些目標的工作？
✧ 什麼行為對於負有工作完成責任者來說是必需的？
✧ 什麼是負有工作完成義務者在表現應有行為時所缺乏的？是技術、知識或態度？

　　以上四個問題與人員培訓需求的決定是緊密相連的。一旦管理者能夠明確地回答這四個問題，就是對培訓需求的本質和內容有所瞭解，培訓的定位就比較清楚了。

（二）組織培訓需求的層次

　　進一步分析，組織的培訓需求具有組織層、工作層和個體層三個層次或層面。可以說，好的培訓方案是能夠將這三者進行整合、進行兼顧。

1、組織層次分析

從組織總體的角度看，培訓具有戰略性的功用，確定培訓需求可以從以下渠道把握：

第一，組織目標和發展計劃。這能反映培訓大方向和面向未來培訓的價值。

第二，組織結構的變化。這提供了組織未來發展的資訊，從而也在一定程度上展示了未來的培訓需求情況。

第三，人力資源規劃。這能向培訓管理者提供培訓的多方面具體資訊。

第四，工作績效資料。這反映了實際業績和期望業績之間的差距，成為培訓需求的直接依據。

第四，人力資源統計資料。它提供有關員工流動和缺勤的情況，這也為培訓管理者顯示一定的問題與原因，從而為培訓提供依據。

2、工作層次分析

工作層次分析亦即職務分析，這有助於確認針對日常工作的、更加具體的培訓需求。在進行工作層次分析時，有不少方法可以使用，包括對照職務說明書內容的考察、專門性調查、考察手頭的任務、工作日志等。員工的自我考察也是確定工作層次培訓需求的一種有效方法。

3、個體層次分析

任何工作都是由一個個員工完成，對員工個人層次的分析，是培訓對象和培訓目標的真正落實點。對於該層次的分析，除了可以採取「工作層次分析」的有關方法，還應當對人力資源有關統計材料進行細緻的分析，並配合以對員工的調查等方法。具體包括：

(1) 個人考核績效記錄。主要包括員工的工作能力、平時表現（請假、怠工、抱怨）、意外事件、參加培訓的記錄、離（調）職訪談記錄等。

(2) 員工的自我評量。自我評量是以員工的工作清單為基礎，由員工針對每一單元的工作成就、相關知識和相關技能真實地進行自我評量。

（3）員工技能測驗。以實際操作或筆試的方式測驗工作人員真實的工作表現。

（4）員工態度評量。員工對工作的態度不僅影響其知識技能的學習和發揮，還影響與同事間的人際關係，影響與顧客或客戶的關係，這些又直接影響其工作表現。因此，運用定向測驗或態度量表，就可幫助瞭解員工的工作態度。

（三）員工的個人培訓需求

現代組織的培訓目標，實際上包括組織的目標和員工的目標兩個方面。員工個人除了在完成工作任務、提高工作績效和適應組織發展與機構變動而應當接受的培訓外，還有由於個人特長、個人興趣的培訓需求。這些都應當在培訓需求分析中予以重視，並在一定程度上納入培訓規劃。

（四）確定培訓需求的方法

確定培訓需求的方法有兩種：

1、工作任務分析法

工作任務分析法是指對工作的內容進行詳細研究，以確定工作中需要哪些特殊技能，並根據一定的工作任務所需要的技能，制定培訓計劃。例如，裝配工人的工作需要焊接技能，「面試」技術是人力資源管理工作人員的技能等。任務分析法主要適用於新員工的培訓。

由於職務說明書中記載著各崗位的職責和工作所需的資格條件，因此，它可以成為任務分析法的主要方法。此外，任務分析還可以採用「任務分析記錄表」和「工作盤點法」的方法。任務分析記錄表主要是列出工作中的主要任務和子任務，及其所對應的技能或知識，然後據此決定培訓需求。工作盤點法是列出崗位任職者所應從事的各項工作活動，以及各項工作活動的重要性程度和執行時所需花費的時間，然後據此排出培訓活動的優先次序。

2、績效分析法

對於培訓需求的績效分析,是首先透過檢查工作進行績效評估,確認有績效偏差存在,然後進行原因分析,最後確定採用培訓或其他相應方式去矯正績效偏差。績效分析法主要適用於決定現職員工的培訓需求。

績效分析包括 8 個主要步驟,如下圖所示。

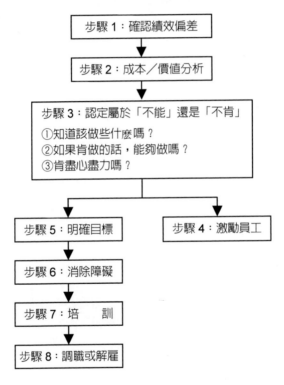

圖 14-2 培訓需求的績效評估法

步驟 1 是績效評估,以確認績效偏差存在。例如,透過檢查工作,進行績效考核,發現 3 號裝配線的次品率是容許標準的 2 倍。這一步可以稱為「找出問題」。

　　步驟 2 是成本價值分析。就是權衡一下，花費時間和努力去解決上述問題是否值得，因為在某些場合讓問題存在比進行培訓要合算。如果值得解決，就進入下一步，這一步可以稱為「要不要解決問題」。

　　步驟 3 是績效偏差的原因分析。在這一步驟，要認定究竟是「能不能」的問題還是「肯不肯」的問題，即分析績效偏差的原因是員工「不能做」還是「不肯做」。如果員工不瞭解崗位工作的內容和績效標準，或者員工肯盡心竭力地工作，但也不能夠做好工作，說明績效差的原因是員工「不能做」；如果員工知道崗位工作的內容和績效標準，也有能力做好工作，但是不肯盡心竭力去做，說明績效差的原因是員工「不肯做」。

　　步驟 4 是激勵員工。這是解決員工「不肯做」的問題。在一般條件下，員工不肯做常常是由於企業沒有有效地運用激勵手段，沒有及時地表揚和批評、獎勵和懲罰所致。因此，「不肯做」的問題可以透過運用激勵手段來解決。

　　步驟 5 是明確標準。從步驟 5 開始，要解決「不能做」的問題。對「不能做」的問題，並非都要透過培訓來解決。因為培訓不一定是最好的辦法，有時還可能是成本最高的解決辦法。例如，裝配線工人根本不瞭解「次品率不得超過 10%」的績效標準，而且也不瞭解自己的次品率高。這樣的問題就可以透過明確績效標準和強調產品質量來解決。例如把質量標準及顯示每小時次品率的圖表貼在工作現場，問題可能很快得到解決。這一辦法省時省力，節約成本，不用培訓。

　　步驟 6 是消除障礙。步驟 3 所述「員工肯盡心竭力地工作，但也不能夠做好工作」的問題，也並非都由培訓來解決。因為在這裏，影響員工績效的因素主要有兩個，一個是員工的自身能力，一個是工作的客觀環境。如果是客觀環境造成的障礙，就應當設法消除障礙，以提高員工的績效。例如，該裝配線次品率高，是因為對象經常不能及時運到裝配現場，致使工人在對象送到後進行突擊造成的。在這裏，就可以透過解決對象運送不及時的問題，來排除影響裝配工人績效的障礙。

　　步驟 7 是培訓。如果影響員工績效的因素是員工自身的能力問題，如裝配工人的焊接技術不過關，這顯然需要透過訓練來解決。至此，可以確定培訓需求的所在，並著手進行培訓。

　　步驟 8 是培訓後仍不能達到滿意績效者，則可考慮變換工作內容、調職直至按合同規定解除勞動關係。

二、培訓規劃設計

　　培訓規劃包括長期計劃和短期計劃兩種。長期計劃是人力資源規劃的組成部分，它是以組織的長期經營戰略規劃為基礎制定的；短期計劃即培訓實施計劃，它以長期培訓計劃為依據，並從現實中的培訓需求出發和結合有關條件具體制定，以提高培訓的針對性和有效性。

　　這裏所講的培訓規劃是指擬定培訓實施計劃，即短期計劃，包括培訓什麼、培訓誰、何時培訓、在哪里培訓、誰從事培訓和怎樣培訓等方面內容。

（一）明確培訓內容和目標

　　培訓計劃要明確培訓內容和目標。培訓內容包括思想教育、文化知識教育、業務技能培訓、經營管理知識培訓等。培訓目標在於指出培訓對象在接受培訓以後，應達到的工作行為標準或應具有的工作表現。目標要力求具體，要能夠觀察、可以衡量，能夠成為人們評估培訓效果的依據。

（二）確定培訓對象

　　培訓計劃要先確定培訓對象，然後再確定培訓內容、期限、場所、師資和方法等。培訓對象有縱向或橫向的劃分。縱向可以按級別分，如三級崗位、中級技工等；橫向可以按崗類、崗群、崗系分，如營銷崗系幹部、財務崗系幹部等。

（三）確定培訓時間

　　培訓的時間可根據培訓的目的、場所、師資和培訓對象的素質水平、上班時間等因素來確定。新員工可實施1周至10天，甚至1、2個月的崗前培訓。一般員工則可根據培訓對象的能力、經驗來確定培訓期限。培訓時間的選定，以盡可能不過分影響工作為宜。

（四）安排培訓場所

培訓場所要根據培訓內容與手段的需要而定。一般可分為本單位內部培訓基地與外部培訓機構兩種。培訓場所要提供必要的設備。

（五）確定師資隊伍

從事培訓工作的師資包括本組織自有的師資和從外部聘請的師資兩部分。要提高培訓質量，必須建立一支實力雄厚的師資隊伍。教師必須具有精深的專業知識和豐富的經驗，還應具有卓越的訓練技巧和對教育培訓工作的執著、耐心和敬業精神。

（六）選定培訓教材和方法

組織要根據不同的培訓內容和培訓對象等來選定不同的課程和教材，並根據自身的規模、經費、技術性質、培訓對象、人數、目的等實際情況選定適合的培訓方法。總的來說，應採用適合成人學習的方法和現代化手段，採用互動式教學方式，集教學、小組討論於一體，將理論講授、角色扮演、管理遊戲相結合，使學員有更多的參與機會，真正做到教員與學員、學員與學員之間的經驗共用，切實做到理論聯繫實際。同時，在培訓過程中，輔之以電化教育、電腦類比等現代化手段，使培訓更加形象、生動。

三、培訓工作實施

培訓工作從受訓者身份的角度看可以分為在職培訓和非在職培訓兩大類別，從操作模式上也有不同的培訓方法。下面分別進行闡述。

（一）培訓課程的實施管理

培訓課程的實施是把課程計劃付諸實踐的過程，它是達到預期的課程目標的基本途徑。它是整個培訓過程中的實質性內容。

1、實施前的準備工作

在新的培訓專案即將實施之前做好各方面的準備工作，是培訓成功實施的關鍵。準備工作包括以下幾個方面：確認並通知參加培訓的學員；培訓後勤準備；確認培訓時間；教材的準備；確認理想的講師。

2、培訓課程實施階段

做好培訓課前的措施；做好課堂教學服務工作；做好培訓器材的維護、保管。

3、培訓課程實施的控制

對於培訓實施的控制步驟如下：收集培訓相關資料；比較目標與現狀之間的差距；分析實現目標的培訓計劃，設計培訓計劃檢討工具；對培訓計劃進行檢討，發現偏差以及培訓計劃糾偏；公佈培訓計劃，跟進培訓計劃落實。

（二）培訓內容與方法的選擇

培訓內容是應當賦予受訓者的知識、技能與思想理念材料，培訓方法是為了有效地實現培訓目標而挑選出的手段和技法。培訓的內容與方法必須與教育培訓需求、培訓課程、培訓目標相適應，同時必須考慮培訓對象的特點。選擇培訓的內容與方法要考慮以下幾方面的要求。

1、針對具體的工作任務

要想為學員指定適合於某項工作的培訓方法，就需要有一種機制來分析特殊的培訓要求，這就是任務分析。透過任務分析，可以明確某項工作對培訓內容與方法的要求，即一系列相互聯繫的問題。這包括：此項工作需要哪些技能？這些技能在何種條件下運用？它們是否有某些特徵利於或不利於學習？學生的特徵是有利於還是不利於學習？選擇培訓方法時必須考慮這些問題。

任務分析的主要方法有兩種：一種方法是列出工作人員在工作中的實際表現，進而對它們進行分類，並分析它們的技術構成。另一種方法是列

出工作人員在工作中的心理活動，然後進行分類和分析其技術構成。在這兩種方法中，設計者既可靠主觀分析，又可靠客觀定量分析。究竟採用哪種方式，要由費用、時間等因素來決定。

2、與受訓者群體特徵相適應

企業培訓針對不同的受訓者制定相應的培訓目標，劃定培訓的領域。在這些領域中有效地開展培訓活動時，要想為某項工作的任職者指定合適的培訓方法，就需要分析受訓者特殊的培訓要求和培訓條件。分析受訓者群體特徵時，可使用以下參數：

(1) 學員構成

在目標參數條件既定的條件下，學員構成這一條件透過學員的職務特徵、技術心理成熟度與學員個性特徵三方面來影響培訓方式的選擇。

(2) 工作可離度

所謂工作可離度，是指任職者工作或崗位的可替代性。如果學員工作可離度低，進行集中培訓會影響其業務的開展。當學員工作可離性高時，企業可以根據其他條件對培訓方式進行選擇。

(3) 工作壓力

當企業中員工的工作壓力很大，內外部競爭激烈時，即使企業不組織集中正式培訓，員工也會為了提高自己的競爭實力而去自學，此時適合採用控制力較弱的學習方式。當企業中員工的工作壓力較小時，由於其控制力弱，員工的學習惰性往往會導致培訓的失敗。因而此時適合正式的培訓。如目前企業在制度中對員工的職業資格、素質標準做出硬性規定，透過對員工施加制度壓力的方式來促進企業內學習風氣的養成。

四、培訓工作評估

對於培訓工作的評估，目的在於瞭解培訓目標是否達成，進而肯定成績、找出差距，以改進培訓工作，提高培訓工作的水平。

（一）培訓評估的對象

　　培訓評估的對象，包括績效評估和責任評估兩項。績效評估是以培訓成果為對象進行評估，包括接受培訓者的個人學習成果和他在培訓後對組織的貢獻，它是培訓評估的重點。責任評估是對負責培訓的部門或培訓者的責任的評估，目的是進一步明確培訓工作方向，改進培訓工作。

（二）培訓評估的指標

1、培訓績效的指標

　　其一，反應指標。即測定受訓者對培訓計劃的反應，包括培訓計劃是否針對著客觀的培訓需求，計劃的內容是否合理和適用等。

　　其二，學習指標。即測定受訓者對所學原理、技能、態度的理解和掌握的程度。

　　其三，行為指標。即測定受訓者經過培訓後在實際崗位工作中行為的改變，以判斷所學知識對實際工作的影響效果，例如受訓者的生產質量提高、工作態度改進等。

　　其四，成果指標。即測定受訓者在培訓後對企業經營成果的貢獻，例如次品率降低、產量提高、缺勤率和離職率降低等。

2、培訓責任的指標

　　其一，培訓計劃評估指標，包括：培訓計劃是否以企業長期經營規劃為基礎；培訓有無必要，有無客觀需求；培訓目標是否正確；培訓時間是否適當。

　　其二，培訓設施評估指標，包括：環境是否良好、安靜；教室和訓練場地是否適用；設備是否充足；輔教器材是否運用得當。

　　其三，培訓師資評估指標，包括：專業知識是否充分；語言是否清晰流暢；表達能力是否令人滿意；教材準備是否充分；教學方法是否合適。

　　其四，培訓教材評估指標，包括：內容是否符合培訓目標，並切合受訓者的程度；教材編寫是否自成體系，並突出重點，內容是否深入淺出、針對性和實用性強。

其五，培訓成果評估指標，包括：受訓者對所學原理、技能、態度的掌握程度如何；培訓結果對受訓者工作績效的影響如何；受訓者對培訓工作的意見如何；接受受訓者的意見，改善了哪些工作；培訓與人力資源管理措施的結合程度如何（如晉升、調職、加薪等）。

（三）培訓評估方法

1、培訓績效的評估方法

進行培訓績效的評估，可以分別運用問卷法、測試法、考核法和現場成果測定法進行評估。

其一，問卷法。用問卷法收集受訓者的反應意見，然後由培訓負責人和專家等組成的評估小組，對反應出的意見進行分析與評估。

其二，測試法。用測試法測定受訓者的學習成果，包括口試、筆試和工作現場的實際操作等形式。

其三，績效考核法。用績效考核法測定受訓者在接受培訓之後的崗位工作中的行為變化。這種考核應當由對受訓者的工作情況最為熟悉的上級、下級、同事和本人發表看法，進行分析和評估。

其四，現場測定法。用這些方法測定經過培訓後受訓者對經營成果的具體而直接的貢獻，如次品率降低、產量提高、缺勤率和離職率降低、士氣提高等。

2、培訓責任的評估方法

培訓責任評估工作，主要由負責培訓的部門及其責任者進行自我總結和評估，以便肯定成績，找出差距，改進培訓工作。採用的方法有問卷法、追蹤法、現場驗證法及對照法等。

（四）培訓投資效果分析

一般來說，對組織內培訓投資的分析，可以使用「成本——收益分析」的方法，測定投資的效果。

1、培訓成本

培訓成本可以分為直接成本和間接成本兩個方面。直接成本包括組織所支付的講課費、外請教師的食宿、交通費、圖書文具、受訓者的津貼等實際金額。間接成本包括受訓者在培訓期間損失的工作量、返回工作崗位後的生疏感和工作的遲緩，以及因離開工作崗位而引起的人際關係疏遠等因素。

2、培訓收益

培訓收益也可分為直接效果和間接效果兩個方面。培訓收益的直接效果，是指受訓人勞動生產率的提高。因為培訓能使受訓人工作能力提高、使工作態度改善。培訓收益的間接效果，是指由於培訓使受訓者的工作能力提高和增加晉升可能等利益，以及促進競爭意識和向上精神，提高士氣，進而產生績效。

第三節　培訓與開發的形式和內容

一、培訓與開發的形式

培訓是指一定組織為開展業務及培育人才的需要，採用各種方式對員工進行有目的、有計劃的培養和訓練的管理活動，其目標是使員工不斷地更新知識，開拓技能，改進員工的動機、態度和行為，使其適應新的要求，更好地勝任現職工作或擔負更高級別的職務，從而促進組織效率的提高和組織目標的實現。

（一）入職培訓

入職培訓指的是企業在新員工進入企業時所從事的提高其價值的人力資源管理活動。職前培訓的主要目的是讓員工儘快熟悉企業、適應環境和形勢。

入職培訓的特點如下：

1、基礎性培訓

入職培訓的目的，是使任職者具備一名合格員工的基本條件。作為企業的一員，任職者必須具有該企業產品的知識，熟悉企業的規章制度。因此，入職培訓又被稱為上崗引導活動。

2、適應性培訓

在被錄用的員工中，有相關工作經驗者一般占相當大的比重，許多企業只聘用有一定工作經驗的求職者。這些人儘管有一定工作經驗，但由於企業和具體工作的特點，仍須接受培訓，除了要瞭解這個企業的概況、規章制度之類外，還必須熟悉這個企業的產品和技術開發的管理制度。

3、非個性化培訓

入職培訓的內容和目標是以企業的要求、崗位的任職條件為依據的。也就是說，這種培訓是為了使新員工能夠達到工作的要求，而較少考慮他們之間的具體差異。根據每一個員工的具體需要進行培訓，是在崗培訓的基本任務。

（二）在職在崗培訓

在職在崗培訓指在工作中直接對員工進行培訓，是透過聘請有經驗的工人、管理人員或專職教師指導員工邊學習邊工作的培訓方式。在職在崗培訓是一種歷史悠久、應用最普遍的培訓方式，也是一種比較經濟的方式。在職在崗培訓不僅僅使員工獲得完成工作所需要的技能，還可以傳授給員工其他的技能，諸如如何解決問題、如何與其他員工溝通、學會傾聽、學習處理人際關係等。

崗位培訓是企業員工培訓的一種基本辦學形式和工作重點，強調緊密結合職業，實行按需施教、急用先學的原則，按職務崗位需要進行培訓，以確保勞動者上崗任職的資格和能力為出發點，使其達到本崗位要求，其實質是提高從業人員總體素質。

（三）在職脫產培訓

在職脫產培訓指為有選擇地讓部分員工在一段時間內離開原工作崗位，進行專門的業務學習與提高的培訓方式。其形式有：舉辦技術訓練班，開辦員工業餘學校，選送員工到正規院校或國外進修等。脫產培訓花費較高。隨著企業人力資本投資比例的增加，組織對員工工作效率的日益重視，在職脫產培訓在一些實力雄厚的大型企業和組織嚴密的機關事業單位將會得到普遍採用。

（四）職業資格培訓

職業資格培訓是提高企業員工職業適用性和開放性的重要內容。企業性質決定了其培訓活動首先要解決生產經營所需要的實際問題。許多職業或崗位需要透過考試取得相應資格證才能上崗，而且資格證一般幾年內有效。資格證到期時，員工需接受培訓並再參加資格考試。

要求上崗者須具備資格證的崗位的分類：一是國家有關部門規定的崗位，二是企業規定的崗位。針對第一類崗位的資格培訓一般由有關部門授權的機構組織，針對第二類崗位的資格培訓由企業自己組織。

二、培訓與開發的內容

（一）管理開發培訓

管理開發培訓是一種計劃和管理過程的總稱，是組織為了提高其生產力和贏利能力，確定和持續追蹤高潛能員工，幫助組織內經理成長和提高的專案。管理開發培訓不僅是正式的培訓專案和教育，它還包括與組織內部和經理人員有關的許多政策和慣例，如在職培訓、績效評估、工作輪換、職業軌跡、管理繼任和高潛能人員確認系統，特別專案以及職業發展諮詢活動。管理開發是一個持續不斷的過程，它從上至下滲透到整個組織，對組織發展來講，這是一項戰略性的任務。

　　一項有效的管理開發專案可以不斷地提供稱職和經過良好訓練的各級管理人才，並使新任經理人員接受組織的價值觀和準則，具體來說，其作用在於：

　　第一，透過幫助經理人員掌握管理技能和技術，提高他們的自信，提升他們幫助下屬提高的能力，改進他們在現任崗位上的生產力和有效性；

　　第二，幫助組織確認將來的領導人，並加速他們的成長，以確保領導的連續性；

　　第三，能為組織培養相當數量的經理人，以滿足組織成長的需要；

　　第四，鼓勵經理人員的自我成長，提升經理人員的能力，使他們能承擔更多責任，發揮所有潛能；

　　第五，為高級管理人員和經理提供可能對組織有影響的企業理論和實踐方面的創新或新技術；

　　第六，鼓勵建立一種參與管理的氛圍，組織和個人可以共同建立業績目標和評估方法。

（二）專業職能培訓

　　專業職能培訓指對財務人員、工程技術人員等，圍繞其業務範圍、進行掌握本專業的知識技能的培訓。在現代組織中，團隊工作方式日益普遍，如果各類專業人員局限於自己的專業領域，彼此之間缺乏溝通與協調，必將妨礙團隊的工作。培訓的目的，首先是讓他們瞭解別人的工作，使他們能從組織整體出發開展工作；其次是及時瞭解各自領域內的最新動態和最新知識，不斷更新專業知識。

（三）骨幹員工技能培訓

　　骨幹員工的技能培訓主要依據工作說明書和工作規範的要求，明確職業分工、操作規程、權責範圍，掌握必要的工作技能，培養與組織相適應的工作態度與行為習慣，使之有效地完成本職工作。它有以下三個要求：（1）強調培訓的專業性，即針對不同職能部門人員進行不同類型的知識、技能培訓；（2）強調專業知識和技能的層次，對同一職能部門相同專業的不同員工分別提出不同的專業技能要求，以適應不同職務不同崗位的

需要；(３)強調培訓的適應性和前瞻性，即根據變化了的外部環境和人員結構，以及預期未來組織生存狀況，適時地開展某些專業的培訓，以調整組織內員工素質結構，適應外部形勢，或為未來儲備必要的人才。

第四節　培訓的方法

培訓與發展的目的和特性形成培訓和發展目標。在具體實施培訓活動時要劃定培訓的領域。在這些領域中有效地開展教育培訓活動時，要選擇恰當的技巧和方法，以達到培養目標所設定的領域。

一、直接傳授的方法

直接傳授式培訓法，是指培訓者直接透過一定途徑向培訓對象發送培訓中的資訊。這種方法的主要特徵是資訊交流的單向性和培訓對象的被動性。它適宜於知識類的培訓，應用範圍極廣。其具體形式主要有：

（一）講授法

講授法即教師按照準備好的講稿系統地向受訓者傳授知識。它是最基本的培訓方法。講課教師是講授法決定成敗的關鍵因素。適用於各類學員對學科知識、前沿理論的系統瞭解。主要有灌輸式講授、啟發式講授、畫龍點睛式講授三種方式。

（二）專題講座法

專題講座法在形式上和課堂教學法基本相同，但在內容上有所差異。課堂教學一般是系統知識的傳授，每節課涉及一個專題，接連多次授課；專題講座是針對某一個專題知識，一般只安排一次培訓。適用於管理人員或技術人員瞭解專業技術發展方向或當前熱點問題等方面知識的傳授。

（三）研討法

研討法即在教師引導下，學員圍繞某一個或幾個主題進行交流，相互啟發的培訓方法。適宜各類學員圍繞特定的任務或過程獨立思考、判斷評價問題的能力及表達能力的培訓。主要有集體討論、分組討論、對立式討論三種研討形式。

二、實踐性培訓法

實踐法是透過讓學員在實際工作崗位或真實的工作環境中，親身操作、體驗，掌握工作所需的知識、技能的培訓方法，在員工培訓中應用最為普遍。其主要優點是：(1)經濟：受訓者邊幹邊學，一般無需特別準備教室等培訓設施；(2)實用、有效：受訓者透過實幹來學習，使培訓的內容與受訓者將要從事的工作緊密結合，而且受訓者在「幹」的過程中，能迅速得到關於他們工作行為的反饋和評價。

（一）工作指導法

該方法也稱教練法、實習法，這種方法是由一位有經驗的工人或直接主管人員在工作崗位上對受訓者進行培訓。負責指導的教練的任務是教給受訓者如何做，提出如何做好的建議，並對受訓者進行激勵。這種方法應用廣泛，適用于基層生產工人或用於各級管理人員培訓。

（二）工作輪換

這種方法是讓受訓者在預定時期內變換工作崗位，使其獲得不同崗位的工作經驗。以利用工作輪換進行管理培訓為例，其具體做法是讓受訓者有計劃地到各個部門學習，如生產、銷售、財務等部門，在每個部門工作幾個月。實際參與所在部門的工作，或僅僅作為觀察者，以便瞭解所在部門的業務，擴大受訓者對整個企業各環節工作的瞭解。

（三）行動學習

是讓受訓者將全部時間用於分析、解決其他部門而非本部門問題的一種課題研究法。受訓者 4-5 人組成一個小組，定期開會，就研究進展和結果進行討論。這種方法為受訓者提供了解決實際問題的真實經驗，可提高他們分析、解決問題以及制定計劃的能力。

（四）個別指導法

這種指導制度和我國以前的「師傅帶徒弟」或「學徒工制度」相類似。目前我國仍有很多企業在實行這種幫帶式培訓方式，其主要特點在於透過資歷較深的員工的指導，使新員工能夠迅速掌握崗位技能。

三、參與式培訓法

參與式培訓是調動培訓對象的積極性，讓其在培訓者與培訓對象雙方互動中學習的方法。這類方法的主要特徵是：每個培訓對象積極參與培訓活動，從親身參與中獲得知識、技能和正確的行為方式，開拓思維，轉變觀念。主要方法有：

（一）自學

自學適用於知識、技能、觀念、思維、心態等多方面的學習。自學既適用於崗前培訓，又適用於在崗培訓，而且新員工和老員工都可以透過自學掌握必備的知識和技能。其具體形式有：□指定與培訓專案、培訓要求相匹配的學習材料讓員工學習；□網上學習；□電視教育。

（二）案例研究法

案例研究法是一種資訊雙向性交流的培訓方式，它將知識傳授和能力提高兩者融合到一起，是一種非常有特色的培訓方法。可分為案例分析法和事件處理法兩種。

1、案例分析法

它是圍繞一定的培訓目的，把實際中真實的場景加以典型化處理，形成供學員思考分析和決斷的案例，透過獨立研究和相互討論的方式，來提高學員的分析及解決問題的能力的一種培訓方法。案例教學應具有三個基本特點：內容真實；案例中應包含一定的管理問題；案例必須有明確的目的。

2、事件處理法

這種方法讓學員自行收集親身經歷的案例，將這些案例作為個案，利用案例研究法進行分析討論，並用討論結果來警戒日常工作中可能出現的問題。透過自編案例及其交流分析，瞭解工作中相互傾聽、相互商量、不斷思考的重要性；提高學員理論聯繫實際的能力、分析解決問題的能力以及表達、交流能力；可使企業內部資訊得到充分利用和共用，培養員工間良好的人際關係，同時有利於形成一個和諧、合作的工作環境。

（三）腦力激盪法

也有人將其稱為「研討會法」、「討論培訓法」或「管理加值訓練法」等。頭腦風暴法的特點是培訓對象在培訓活動中相互啟迪思想、激發創造性思維，它能最大限度地發揮每個參加者的創造能力，提供解決問題的更多更佳的方案。

（四）類比訓練法

類比法是以工作中的實際情況為基礎，將實際工作中可利用的資源、約束條件和工作過程模型化，學員在假定的工作情境中參與活動，學習從事特

定工作的行為和技能，提高其處理問題的能力。基本形式有：（1）由人和機器共同參與類比活動。（2）人與電腦共同參與類比活動。

（五）敏感性訓練法

又稱 T 小組法，簡稱 ST（Sensitivity Training）法。敏感性訓練要求學員在小組中就參加者的個人情感、態度及行為進行坦率、公正的討論，相互交流對各自行為的看法，並說明其引起的情緒反應。目的是要提高學員對自己的行為和他人的行為的洞察力，瞭解自己在他人心目中的「形象」，感受與周圍人群的相互關係和相互作用，學習與他人溝通的方式，發展在各種情況下的應變能力，在群體活動中採取建設性行為。

（六）管理者訓練

管理者訓練（Manager Training plan）簡稱 MTP 法，是產業界最為普及的管理人員培訓方法。這種方法旨在使學員系統地學習，深刻地理解管理的基本原理和知識，從而提高他們的管理能力。適用於培訓中低層管理人員掌握管理的基本原理、知識，提高管理的能力。一般採用專家授課、學員間研討的培訓方式。企業可進行大型的集中訓練，以脫產方式進行。

四、塑造人的培訓法

（一）角色扮演法

角色扮演法是在一個類比真實的工作情境中，讓參加者身處類比的日常工作環境之中，並按照他在實際工作中應有的權責來擔當與實際工作類似的角色，類比性地處理工作事務，從而提高處理各種問題的能力。適宜對各類員工開展以有效開發角色的行為能力為目標的訓練。使員工的行為符合各特定職業、崗位的行為規範要求，提高其行為能力。培訓內容根據具體的培訓對象確定，如客戶關係處理、銷售技術、業務會談等行為能力的學習和提高。

（二）行為模仿法

行為模仿是透過向學員展示特定行為的範本，由學員在類比的環境中進行角色扮演，並由指導者對其行為提供反饋的訓練方法。適宜對中層管理人員、基層管理人員、一般員工的培訓。

（三）拓展訓練

拓展訓練應用於管理訓練和心理訓練等方面，用於提高人的自信心，培養把握機遇、抵禦風險的心理素質，保持積極進取的態度，培養團隊精神等。它以外化型體能訓練為主，學員被置於各種艱難的情境中，在面對挑戰、克服困難和解決問題的過程中，使人的心理素質得到改善。具體形式包括：拓展體驗；挑戰自我課程；回歸自然活動。

第五節　組織發展與人力資源開發

一、組織發展的含義

（一）組織發展的定義

「組織發展」一詞是近年來西方組織行為學和管理心理學研究領域中發展起來的一個新的熱門話題，也翻譯為組織開發，其英文名為「organization development」，簡稱 OD。組織發展的概念，在最初一般意義上指對組織某些部分和某些方面進行變革和修正，以後發展到對全部組織進行有計劃的、系統的、長遠的變革和開發，並形成了一整套開發和變革的戰略、措施和方法。因此，對組織發展的概念有許多不同的看法。國外學者對其的定義主要有以下幾種：

其一，組織發展是一種應用行為科學知識、旨在提高組織效率和組織健康的、從組織內部高級管理層開始實施的有計劃的努力（貝克哈德，1969）。

其二，組織發展是對變革的回應，是一種旨在改變組織的信仰、態度、價值觀和結構，以使它能更好地面對新的市場、技術、挑戰和日新月異的變化的培訓策略（貝尼斯，1969）。

其三，組織發展集中於確保部門之間和部門內部的關係健康發展，協助團隊創新和控制變革，強調個人和團體之間的關係與聯繫。它的主要作用是影響個人和團體之間的關係，以及對作為一個系統的組織產生一定的衝擊（邁克拉幹，1989）。

其四，組織發展被定義為一系列有計劃的過程，透過提高解決問題的能力來增強組織效力，同時人力資源也得到應用和進一步的發展。

上述定義中包含幾個關鍵內容：

組織發展具有長期性，它不應是解決短期績效的權宜之計。

第二，從事組織發展活動，應當得到組織高層管理人員的支援，他們通常是主要持股人和主要決策者。

組織發展主要透過培訓來實現，其目的是適應和推動組織變革。

第四，組織發展強調員工參與問題診斷、尋找解決問題的方法、挑選合適的方案、確認變革對象、貫徹執行有計劃的變革方案和評估結果等一系列環節。

（二）組織發展的內容

由於對組織發展的界定不同，它所包含的具體內容也會有所不同。即使以同一界定為基礎，其側重點不同，組織發展的內容也會存在差異。但是，按照各種研究的出發點和側重點的不同，我們可以把組織發展分成三個方面：組織方面、技術方面、個人與群體方面。

1、組織方面

在組織發展中，組織方面的研究主要集中在對組織結構的探討，即組織的形式能否較快的反映和適應外界環境的改變、組織的形式如何影響組織內決策的形成和資訊的共用等。傳統的組織形式強調的是遵守程式和規

則，這種形式只適應於組織的最初階段，本身具有自己的缺陷。而現代組織應該具有彈性和適應性，應該能盡可能的發揮員工和管理者的潛力。

2、員工方面

員工方面的組織發展主要是強調以人為中心的理念，在研究中，重視對員工的個人訓練和團隊建設。研究表明，團隊是組織提高效率的可行方式，有助於組織更好的利用員工的才能，有助於激勵員工。

3、任務、技術方面

任務和技術方面的組織發展強調的是組織任務多樣性、完整性和意義，加強工作的責任性和及時反饋工作結果的資訊，從而利用工作的本身的激勵因素來提高組織的發展。工作生活質量管理就是所能採取的措施之一。

二、組織發展的條件

（一）影響組織發展的因素

1、戰略

企業在發展過程中需要不斷地以其戰略的形式和內容做出不斷的調整，以適應新戰略實施的
需要。結構追隨戰略，戰略的變化必然帶來組織結構的更新。

2、環境

環境變化是導致組織結構變革的一個主要影響力量。當今企業普遍面臨全球化的競爭，而日益加速的產品創新，顧客對產品高質量的需求等等，這些都是環境動態性的表現。而傳統的機械式組織已不能適應新的環境條件的要求。目前許多企業的管理者開始朝著彈性化或有機化的方向改組其組織，以便使它們變得更加精幹、快速和富有創新性。

3、技術

組織的任何活動都需要利用一定的技術和反映一定技術水平的特殊手段來進行。技術以及技術設備的水平，不僅影響組織活動的效果和效率，而且會對組織的職務設置與部門劃分，以及組織結構的形式和總體特徵等產生相當程度的影響。

4、組織規模和成長階段

伴隨著組織的發展，組織活動的內容會日趨複雜，活動的規模和範圍會越來越大，這樣，組織結構也必須隨之調整，才能適應成長後的組織的新情況。哈佛大學葛雷納教授指出，組織變革伴隨著企業發展的各個時期，組織的跳躍式變革與漸進式演進相互交替，由此推動企業的發展。

5、知識經濟對組織變革的影響

知識經濟是指建立在知識和資訊的生產、分配和使用之上的經濟，在經濟活動中，知識作為一種生產投入的作用越來越重要。知識密集型產業將逐步取代勞動密集型產業，並成為創造社會物質財富的主要形式。總之，知識將會是生產的要素，是經濟增長的動力。

（二）組織發展成功的條件

由於管理問題內容的複雜，由於組織結構類型的差異，並不是任何問題都能夠透過組織發展就能夠解決的，而是有著使用限制條件的。在下列條件存在的情況下，採用組織發展方法才是有效的：

其一，組織中至少有一個關鍵決策者認識到變革的必要，而且高層管理者並不強烈地反對變革。

其二，這種認識的變革需要全部或部分地由涉及工作環境的問題引起（如個人或工作小組之間的關係）引起。

其三，組織管理者願意進行一種長期的改進。

其四，管理者和員工都願意以一種開放的心態對待內外部顧問提出的關於組織發展的改進建議。

其五，組織中存在一定的信任和合作。

其六，高級管理者願意提供必要的資源，以支援組織內部或外部專家的行動。

三、實施組織發展的步驟

（一）組織發展的動力和阻力

在實施組織發展前，要明確組織發展的動力和阻力，做到胸有成竹，以便組織發展能順利進行。

組織發展的動力，指的就是發動、贊成和支援組織調整自身的驅動力。總的說來，組織發展的動力來源於人們對組織發展的必要性以及發展所能帶來的好處的認識。比如，組織內外各方面客觀條件的變化，組織本身存在的缺陷和問題，各層次管理者居安思危和憂患意識和開拓進取的創新意識等，這些都可能形成組織發展的推動力量。組織發展中的阻力，則是指人們反對組織發展，阻撓組織發展甚至對抗組織發展的制約力。這種制約組織發展的力量可能來源於個體、群體，也可能來自組織本身甚至外部環境，成功的組織發展管理者，應該既注意到所面臨的組織發展阻力可能會對組織發展成敗和進程產生消極的影響，同時還應當看到，組織發展的阻力並不完全都會是破壞性的。比如，阻力的存在能引起組織發展管理者對所擬訂組織發展方案和思路予以更理智、更全面的思考，並在必要時做出修正，從而取得更好的組織發展效果。

組織發展過程是一個破舊立新的過程，自然會面臨推動力與制約力相互交錯和混合的狀態。組織發展管理者的任務，就是要採取措施改變這兩種力量的對比，促進組織發展的更順利進行。

（二）組織發展實施步驟

組織發展的實施，基於行為科學研究與應用方法，其主要步驟如表 14-1 所示（伯克，1982 年）。

表 14-1 實施組織發展的步驟

步　　驟	簡要說明
介　　入	組織中變革的需要變得很明顯，出現了需要解決的問題。組織中的一些人開始尋找一個能夠研究這個問題或進行變革的人
啓　　動	變革代理進入角色，圍繞問題進行工作並獲得進行變革的認可
分析和反饋	變革代理收集有關問題的資訊並向決策制定者和變革參與者提供資訊反饋
行動計劃	變革代理與決策者和變革參與者共同制定矯正行動計劃
實　　施	實施行動計劃，推進變革的過程
評　　估	變革代理幫助決策者和變革參與者評價變革帶來的進步
採　　納	組織成員接受變革，並將變革推廣到整個組織範圍內

【主要概念】

　　培訓與開發培訓流程培訓需求分析培訓規劃培訓評估培訓收益入職培訓管理開發培訓案例研究法參與式培訓敏感性訓練角色扮演法組織發展

【討論與思考題】

1、簡述培訓的一般流程及其內容。

2、什麼是培訓需求分析？它有哪些方法？

3、簡述培訓效果評估的層次和內容。

4、如何進行管理人員的培訓與發展？

5、常見的培訓方法有哪幾種？其適用性如何？

6、培訓績效的指標是什麼？評估方法有哪些？

7、什麼是組織發展？如何搞好其中的培訓？

第四篇

組織人力資源管理

第十五章

員工關係與人力資源使用

【本章學習目標】

掌握員工關係的內涵及構成要素

理解現代產業社會員工關係的特點

瞭解組織的類型與員工的類型

掌握激勵理論與常用方法

瞭解工作滿意感的內容

第一節　員工關係

一、員工關係的內涵

　　所謂員工關係，也稱勞動關係，是在一定的工作單位中由雇傭行為而產生的關係，是社會生活中人們相互之間最重要的聯繫之一。員工關係是指管理方與員工個人及團體之間產生的，由雙方利益引起的，表現為合作、衝突、力量和權力關係的總和，它受制於一定社會中經濟、技術、政策、法律制度和社會文化的背景的影響。從廣義上講、從社會層面看，一般稱為勞動關係。從狹義上講，現實經濟生活中的勞動關係是指依照政府法律所規範的勞動法律關係，即雙方當事人是被一定的勞動法律規範所規定和確認的權利和義務聯繫在一起的。

二、員工關係的構成要素

　　員工關係由三個要素構成：主體、內容、客體。

（一）勞動法律關係的主體

　　勞動法律關係的主體是勞動法律關係的參加者，是勞動權利和義務的承擔者。勞動法律關係的主體包括員工和用人單位。員工的組織工會是集體勞動法律關係的主體。

1、員工

　　員工泛指具有勞動能力，並實際參加社會勞動，以自己的勞動收入為生活資料主要來源的人。

員工必備條件是勞動權利能力和勞動行為能力。勞動權利能力是依法能夠享有勞動權利和承擔勞動義務的資格。勞動行為能力是法律認可的員工行使勞動權利和履行勞動義務的資格。

2、用人單位

用人單位使用勞動力必須具備法定的前提條件，即用人權利能力和用人行為能力兩個方面。用人權利能力受工資總額、最低工資標準、工作時間和勞動安全衛生標準的制約。凡由國家核定工資總額的用人單位，支付職工的工資額不得超過核准後的工資總額；用人單位支付職工的工資報酬不得低於最低工資標準。用人單位的用人行為能力受財產因素、技術因素、組織因素的制約，如為職工提供工資、福利等項待遇水平及勞動保護。

（二）勞動法律關係的客體

勞動法律關係的客體是勞動權利和勞動義務的指向對象，即勞動力。勞動法律關係的建立是員工將勞動力的使用權讓渡給用人單位，而勞動力的所有權主體依然是員工，基於此員工的人格和人身不能作為勞動法律關係的客體。勞動力具有如下特徵：1、勞動力存在的人身性。勞動力的載體是員工，它存在於員工的肌體中，勞動力的消耗過程就是員工生命價值的體現過程。2、勞動力形成的長期性。勞動力生產和再生產的時間比較長，一般需要 16 年。形成體力和腦力的勞動能力需要大量的投資。3、勞動能力一旦形成無法儲存，過了一定時間勞動能力又會自然消失。

（三）勞動關係的內容

1、員工的權利與義務

員工與用人單位建立勞動關係後，成為用人單位的一名職工，作為勞動關係中的勞動主體，有資格依法享有勞動權利和承擔勞動義務。

員工的權利主要包括：

（1）參加勞動的權利

員工有權參加用人單位所組織的勞動，有權請求用人單位依法定或合同約定為其安排勞動崗位，並提供必要的勞動條件，有權拒絕各種形式的強迫勞動。

(2) 獲得勞動報酬的權利

員工有權要求用人單位按自己提供勞動的數量和質量支付勞動報酬，有權獲得最低工資保障、工資支付保障和實際工資保障。

(3) 獲得勞動安全衛生保護的權利

員工有權獲得用人單位提供的符合勞動安全衛生標準的勞動條件和接受安全衛生知識教育，有權要求用人單位進行健康檢查；女職工和未成年工有權獲得在勞動過程中的特殊保護。

(4) 享受社會保險的權利

員工有權要求用人單位按規定為其繳納養老、醫療、工傷、失業、生育等項社會保險費，並有權享受社會保險待遇。

(5) 享受勞動福利的權利

員工有權享受用人單位的集體福利設施和社會公共福利設施，要求用人單位支付規定的福利性津貼或補貼。

(6) 接受職業教育的權利。

員工有權利用用人單位提供的條件和參加用人單位組織的職業教育及技能培訓，提高自己的勞動能力。

員工的義務是：按照勞動合同完成工作任務，提高技能，遵守勞動紀律和職業道德。

2、作為用人單位的組織的權利與義務

用人單位的主要權利：

(1) 錄用員工的權利

用人單位按法律規定和本單位需要擇優錄用職工，還可自主決定招工的時間、條件、方式、數量、用工形式。

(2) 勞動組織的權利

用人單位按法律規定和實際需要確定機構、編制和任職（上崗）資格條件；有權任免、聘用管理人員和技術人員，對職工進行內部調配與勞動組合，給職工下達生產或工作任務；並對職工的勞動實施指揮和監督。

（3）勞動報酬分配的權利

　　用人單位按法律規定工資分配辦法，有權透過考核或考試確定職工的工資級別，企業還有權制定職工晉級增薪、降級減薪的辦法，自主決定晉級增薪、降級減薪的條件和時間。

（4）勞動紀律的權利

　　用人單位依法制定和實施勞動紀律，有權決定對員工的獎懲。

（5）決定勞動關係存續方面的權利

　　用人單位與職工透過協定方式，續訂、變更暫停或解除勞動合同；有權在具備法定或約定條件時單方解除勞動合同。

　　用人單位的主要義務是：依法錄用、分配、安排職工的工作；保障工會和職代會行使起質權；按勞動質量、數量支付勞動報酬；加強對職工思想、文化和業務的教育、培訓；改善勞動條件，搞好勞動保護和環境保護。

三、現代社會的員工關係

（一）常見的勞資合作模式

　　在勞資雙方以合作取代對抗的國際大趨勢下，勞資合作的模式也有很多形式。勞資合作是一種策略的選擇，其最主要的目標在於提高企業組織整體營運績效，使勞資雙方的需求得到進一步滿足，從而使勞資雙方都能專心致力於把本企業的「蛋糕」做大。下面介紹幾種主要的勞資合作模式：

1、員工分紅入股計劃

　　這種勞資合作模式包括「分紅」、「入股」和「分紅入股」三種方式。分紅是在年終結算有盈餘時，給予員工獎金或分配紅利。入股是股份有限公司給予員工優惠的部分股權，使其成為股東。分紅入股是把分紅和入股制度相連，將一部分紅利改為股票給予員工，使員工既得到紅利又得到了股權，常稱為「員工持股計劃」。（見本節下文）

2、利潤分享方案

在利潤分享方案中比較普及的是斯堪龍計劃，當總勞動成本除以產品銷售或市價的比值有改善時，即給予紅利。這個計劃可以給組織帶來很多效益，例如：團隊的溝通協調、成本的降低、對市場競爭的適應能力的增強、勞資關係管理更有彈性、工會作用更顯著，總之，它對生產效率的提升有顯著的促進作用。

3、提高工作生活質量

「工作生活質量」是指員工在工作中得到的個人需要的滿足。它包括工會的目標、管理階層的目標和共同的目標。提高工作生活質量有很多優點，包括工作吸引力的提升、人員配置有彈性、透過激勵使品質有所改善、產出率增加、員工技能提升以及決策能力提高等等。

4、勞資協商會議

這是一種勞資雙方在平等的地位上共同協商和探討企業發展的協商性組織，其優點在於，使雙方擁有良好的溝通渠道，增加勞資雙方的相互信任、理解和合作。透過勞資的協商，進行組織的合理決策，確定雙方認同的工作目標，幫助員工改進工作，為員工改善勞動環境和創造更好的工作氛圍。

此外，還有包括勞動安全衛生組織、全面質量管理（TQM）以及員工福利組織等形式，這些都有利於促進勞資雙方的良性合作。

（二）員工參與方法

員工參與是指發揮員工的能力，鼓勵員工對組織的成功做出更多努力的一種管理方式，它使員工有機會參與組織的決策和日常管理，有可能規劃自己的職業生涯，大大提高員工的忠誠度和工作積極性。

員工參與一般來說有四種形式，包括參與式管理、代表參與、質量圈和員工持股方案。

1、參與式管理

參與式管理是指員工在很大程度上分享其上級的決策權。員工參與管理，包括對公司計劃的參與、解決問題的參與、組織變革的參與、工作任務的參與，以至財務的參與。當然，這種管理形式需要合理的組織形式，需要充足的時間參與，而且要有比較有素質的員工來從事。從對面的角度看，管理者對下級（尤其是一般員工）的授權，也具有同樣功效。

2、代表參與

這是指由一小部分工人代表參與組織的決策，在組織內重新分配權利，使員工能與管理層及股東之間有平等的地位和共用的利益。其主要的兩種形式是組成員工——經理工作委員會和員工代表參加董事會。對於全體員工而言，幾個代表參與的力量顯然是比較弱小的。

3、質量圈

這是由若干個員工和監管者組成一個共同承擔責任的工作群體。他們承擔著解決質量問題的責任，對工作進行反饋並對反饋進行評價。為此，他們討論質量問題及其原因，並提出解決問題的方法。

4、員工持股計劃

一些組織還實行了員工持股計劃（ESOPs）。員工持股可以提高員工的工作滿意度，可以使組織中的員工大大提高主人翁意識，從而帶來更高的績效和工作創新的動力。

第二節　人力資源使用文化

一、組織的類型

　　組織是人力資源存在和發揮作用的場所，組織機構的狀況對人力資源的使用有著重大影響。這裏首先對組織的類型進行闡述。一般來說，組織類型可分為以下 5 種[51]：

（一）大型生產結構

　　大型生產機構一般是有組織、有效率的，但管理嚴格、缺乏人性。由於它的工作非常專業化，因此專業技能訓練很重要。

　　在這類機構中，規章制度眾多，人們之間的資訊交流和決策行為細密、複雜，於是，專業化分工的組織網路形成，各部門均由精於其部門業務的經理擔任領導。如果沒有精幹的經理，這種機構將出現混亂和瓦解。經理們勢必全神貫注於控制，他要想辦法變化，並避免不安全的情況。

　　雖然這種生產型機構有高效率的技術，但也有潛在的衝突和問題。位於低層的員工會覺得規章制度不符合人性；高級管理人員所能做的，常常只是減輕或壓抑這種潛在的問題，他們覺得，要把具有人性的環境引進機械化的體系裏是不大可能的。

　　在這類生產型機構，儘管人員龐雜、等級階層分明，但一切又都可以按部就班。這種機構中的職業，對喜歡公式化、標準化和有規律的人和技術性人員有吸引力，對有「自由」和「權力」要求的人則很不適宜。

[51] 〔美〕拿破侖・希爾，《經營你的一生》，第 308-315 頁，台海出版社，2001。

（二）簡單結構型

　　簡單結構型的組織，一般是在某個領導明顯干預之下生存的小型企業或是危機中的大型企業。該類型的組織缺乏正規的結構，而呈現權力集中的特徵。

　　在這樣的小型機構中，人力資源一般只有「領導人」和「跟隨者」兩種。領導者有機會獲得高度的物質報酬，掌握實在的權力、有個人主義色彩和略顯剛愎自用。而跟隨者的發展卻大受限制。不過，由於這種組織的機構結構簡單，工作接觸面較廣，在該類組織中的員工可以領略做各種工作的樂趣，並感覺與組織的中心接近，因此他們比大機構的人員更能夠感受到工作的意義。

（三）事業性機構

　　事業性機構也是社會上常見的組織，如大學、醫院、會計事務所等等。這類組織的特點是：需要受過高度訓練的人才以滿足來自客戶的複雜需求；對從業人員的選拔要求嚴格；組織對成員缺乏強力的控制。

　　事業性機構員工的職業生涯起點，要求具備相當水平的訓練和教育；進而，他們的專業技術和經驗還需要長年累積和定期補充學習。在此類機構中，行政管理人員扮演的是「推動協調」的角色，權力也大多分散，領導風格多為勸服型而不是專制型。這種事業性的專業機構，常可以給從業者提供深度滿足的事業機會，但是由於它缺乏強力的中心組織，許多決定都是由個人做的，因此，組織成員有創意的想法常常得不到實現。

（四）分散的機構

　　在社會組織之中，存在著許多大機構下面的具有獨立分工又向上負責的分支機構。在這種分散機構中，有大量專家角色的人員和輔助性人員。

　　分散機構中的事業吸引尋求「地位」和「權力、影響」的人，特別是吸引那些不希望過於冒險、又尋求包辦事務的人。因為分散機構經理的職務工作特點是：（1）資金由總部分配，不會成為經理個人的責任；（2）經營嚴格管理的單位，可以使自己發展許多管理技巧。

　　在分散機構中工作的中層管理人員，有相當大的工作的自主性，而且比生產機構少受規章制度的約束。但因為單位很小，很難體驗到組織的全面運作。

　　在分散機構中工作的專業人員，一般都有較高的專業才能，在分散機構中可能獲得「群龍之首」的地位。

（五）有機的機構

　　在新的開拓性工作領域，尤其是研究與開發組織（R&D），則應採取有機型的機構。例如，要研製新一代電腦，前面的四種組織就不宜採用，有彈性的小組才適合。有機型的機構，具有創意和彈性，且工作的成果莫測。

　　有機型機構的成長複雜而紊亂，但這是其創新活力所不可或缺的。這類組織的成員、尤其是其領導者，可形成「處理混亂狀態」的才能，最終可以成為協調和資源調度的專家。該類組織高層管理人員的主要角色，在於聚積資源、選派專家去適應眼前的需要，並花費許多時間去鑒定策略性選擇、理清大目標，在極複雜的爭議中做選擇，他們往往是擁有專精技術的人。

二、員工的類型

　　從個人在組織之中的角色角度，一般可以把員工分為五大類型[52]：

（一）操作工

　　操作工是一般單位員工中數量最大的部分，他們從事操作機器、運用工具、看管設備、駕駛車輛之類的工作。他們有的需要高超的技術，如光學鏡片的技師；有的則不大需要高超的技術，如食品店裏的清潔人員。

　　從整體而言，操作工的地位較低、報酬也低，同時，不少工作由於技術進步而正在逐漸被機器所代替。

---

[52]〔美〕拿破侖・希爾，《經營你的一生》，第306-308頁，台海出版社，2001。

（二）管理者

凡有人群在一起共同工作，就必然有管理活動存在，這種管理的職能包括制定目標、控制進度、協調活動、擬定計劃和採取應對行動等。

一般來說，管理工作很瑣碎，責任以及要求很多，這要求從事者具備足夠的智力，要情緒愉快，能冷靜地尋求更好的做事方法。

（三）分析師

在大型生產機構中，其生產經營工作相當複雜，因此需要由專業性人員來設計有效的工作程式體系，以便能夠控制住其龐大和複雜的局面，維持組織的正常運轉。例如研製和生產新的電腦或組織大型歌舞晚會都是很困難的事，只有運用技術訓練和科學管理技術，才能完成這種龐大、複雜的任務。分析師在組織之中也兼具顧問的角色，這是因為他們較高的專業技術水平賦予了其較大的影響力。產品設計師、系統分析師、會計理財師、人事測評師等都屬於這一類。

（四）輔助員

在任何單位，都不可能把員工全部用於生產、經營技術工作，而必須要使用打字、掃地、負責炊事等等輔助、服務、打雜的輔助性工作人員。擔任輔助工作的人員，大都職位比較低，工作升遷機會比較小，他們常只講自己「有工作」，而不說「幹某種職業」。在現代科技越來越發達的情況下，他們可能變成高科技、機械化的犧牲品。

（五）經理人

任何一個組織，都需要有好的帶頭人來統籌大局，把本組織帶向成功。在各個組織之中，經理人都具有高度權威，其角色通常是負責擬定整體經營戰略，進行指揮並在組織發展方面做決策。

三、員工的歸屬感

（一）員工歸屬感的內容

員工歸屬感，即員工對於組織的歸屬感，也稱組織認同感[53]，是員工對所在組織的認同、義務、奉獻和忠誠態度，它導致員工對於組織長期的、全面的、自覺的工作積極性[54]。

員工對組織歸屬感的來源，直接的是來自組織對員工需要的滿足並提供保護，但更重要的是員工對組織目標與價值觀的尊崇與接受。前者產生的激勵是因組織的外在牽動，是組織與員工的交換性；後者的激勵則是組織價值內在化而生成的內在驅動，是道德性的和自覺性的。

高組織歸屬感，對於搞好人力資源開發與管理，發揮人力資源效能具有重要作用：

第一，大量的利組織行為：工作熱情積極，主動盡責，奉獻與犧牲，不計報酬。

第二，組織價值觀的內在化：高度的忠誠心，使命感與責任感。

第三，對組織的感情依戀及對組織成員身份的珍視。

余凱成教授根據管理學理論和對中國管理現實的研究，提出了員工的組織歸屬感模型。見下圖：

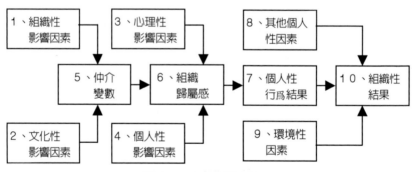

圖 15-1　組織歸屬感模型

---

[53] 〔美〕羅伯特・L・馬希斯、約翰・H・傑克迅，《人力資源管理培訓教程》，第 41 頁，機械工業出版社，1999。

[54] 余凱成，《人力資源開發與管理》，第 166-169 頁，企業管理出版社，1997。

（二）影響歸屬感的因素

影響員工歸屬感的因素包括以下幾個方面：

第一，組織性因素：其中又分為管理性因素、組織的結構性因素、工作本身因素和組織的經濟性因素四個亞類。

第二，文化性因素：主要指價值與信念，既包括社會意義的文化，也包括處於亞文化層次的組織文化。它具體體現在是否以人為中心、群體性、敬業精神、提倡實效、鼓勵互惠等。

第三，心理性因素：主要包括員工對工作生活質量的滿意感，以及組織內的分配公平感等。

第四，個人性因素：包括人力資源本身狀況、個性和其他個人特徵，如對自己在組織中前程的預計等。

培養員工的高組織歸屬感，是管理者的根本性任務，它比對個別員工進行激勵的意義要大得多。

第三節　員工激勵

一、激勵範疇分析

（一）激勵的含義

所謂激勵，是指激發動機、鼓勵行為，是為了形成人的動力，也就是人們常說的調動積極性。

激勵可以看作是需要獲得滿足的過程。心理學家指出，人類的行為基本上都是動機性的行為，也就是說，人的行為都是有一定目的和目標的。而這種動機又起源於人的需求欲望。有需求欲望，就產生動機，有動機就有行為。當需要未被滿足時就會產生緊張，造成人的身體或心理失去平衡而感到不舒服，進而激發個體的內驅力，這種內驅力將導致尋求特定目標的行為。例如，饑餓時大腦會支配人去尋找食物，口渴時大腦會支配人去尋找水源。這種大腦指揮人去行動的心理過程就是動機。如果最終目標實

現，則需要得以滿足，緊張得以消除。在這裏，行為是為消除不舒服和緊張而達到目標的一種手段。當目標達到之後，原有的需求和動機也就消失了。

因此，一個激勵過程就是人的需求滿足過程，它以未能得到滿足的需求開始，以需要得到滿足而告終（即解除了緊張）。如下圖所示：

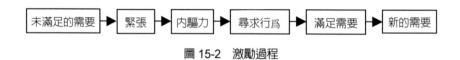

圖 15-2　激勵過程

從組織的角度看，激勵是指透過高水準的努力實現組織的目標，而這種努力以能夠滿足個體的某些需要為條件。因此，在激勵過程中起作用的關鍵因素有個人的需要、個人的努力和組織目標三個方面，這就成為人力資源管理的重要內容，也構成人力資源開發與管理作業系統體系之中的一個部分。

（二）激勵的劃分

不同的激勵類型對行為過程會產生程度不同的影響，因此激勵類型的選擇是做好激勵工作的一個前提條件。激勵有多種類型，可以從不同角度進行劃分：

1、從內容上劃分

從激勵內容的角度，可以分為物質激勵與精神激勵兩種類型：(1)物質激勵是從滿足人的物質需要出發，對物質利益關係進行調節，從而激發人的向上動機並控制其行為的趨向。物質激勵多以加薪、減薪、獎金、罰款等形式出現。(2)精神激勵是以滿足人的精神需要出發，對人的心理施加必要的影響，從而產生激發力，影響人的行為。精神激勵多以表揚和批評、記功、評先進、授予先進模範稱號或處分等形式出現。物質激勵和精神激勵二者目標是共同的，但它們作用的著力點是不同的：前者主要作用於人的物質需要的滿足；後者則著眼於人的心理，是對人的精神需要的滿足。

2、從性質上劃分

從激勵性質的角度，可以把激勵分為正激勵和負激勵兩種類型：

(1) 正激勵是當一個人的行為符合組織的需要時，透過獎勵的方式來鼓勵這種行為，以達到保持這種行為的目的。正激勵的手段如獎金、獎品、表揚、樹立先進典型等。

(2) 負激勵是當一個人的行為不符合組織需要時，透過制裁的方式來抑制這種行為，以達到消除這種行為的目的。負激勵的手段可以是物質方面的，如降低工資級別、罰款等；也可以是精神方面的，如批評、通報、處分、記過等。

正激勵與負激勵都以對人的行為進行強化為目的，但二者的取向相反。正激勵起正強化的作用，是對行為的肯定；負激勵起負強化的作用，是對行為的否定。

3、從對象上劃分

從激勵作用對象的角度，可以把激勵分為內激勵和外激勵兩種類型。

(1) 內激勵。

內激勵源於人員對工作活動本身及任務完成所帶來的滿足感。它是透過工作設計（使員工對工作感興趣）和啟發誘導（使員工感到工作的重要性和意義）來激發員工的主動精神，使人們的工作熱情建立在高度自覺的基礎上，以發揮出內在的潛力。

(2) 外激勵。

外激勵是運用環境條件來制約人們的動機，以此來強化或削弱相關行為，進而提高工作意願。它多以行為規範或對工作活動和完成任務付給適當報酬的形式出現，來限制或鼓勵某些行為的產生，如建立崗位責任制，以對失職行為進行限制；設立合理化建議獎，用以激發工作人員的創造性和革新精神。

二、激勵理論

半個世紀以來，管理學家、心理學家和社會學家從不同的角度研究了應當怎樣激勵人的問題，提出了許多激勵理論。這些理論基本上可以分為四類。下面分別進行闡述：

（一）內容性激勵理論

內容性激勵理論側重研究激發動機的因素。由於這類理論的內容都圍繞著如何滿足需要進行研究，因此也稱為需要理論。它主要包括：馬斯洛的「需求層次論」、赫茨伯格的「雙因素理論」、麥克利蘭的「成就需要激勵理論」和奧德弗的「生存－相關－成長」（ERG）理論等。

馬斯洛的需求層次論啟示管理者們，在工作中找出有關的激勵因素，採取相應的組織措施，來滿足不同層次的需要，以引導員工們的行為，實現組織目標。針對各個層次的需要，管理者們應注意以下幾點：

1、滿足員工們的基本需要

如果員工們還在為生理的需要而奔波，他們就無法專心於本職工作，只要能謀生，任何一種工作都能接受。在現代的組織環境中，管理者可以透過增加工資、改善勞動條件和生活條件，給予更多的業餘時間和更長的工休時間等辦法來激勵員工、調動積極性，並把滿足安全需要作為激勵的動力，為員工能夠提供安全、有保障、能長期從事的職業，使員工不致因技術進步而失業。

2、滿足和諧人際關係的需要

一些能夠為人們提供社會交往機會的職業能產生較大的吸引力。當領導者和管理人員發現員工們追求的是這一需要時，應強調同事的共同利益，開展一些有組織的體育活動、聯歡活動等，來增進相互間的感情，逐步形成集體公認的行為規範。透過這種激勵，可使員工產生較高的滿意感和對組織的忠誠感。不過，這也可能導致生產績效的降低，因為員工的注意力可能從工作轉移到社交上去。

3、滿足尊重需要，提高工作的自豪感

當員工們做出成績時，對他們進行公開的獎勵和表揚、發給榮譽獎章、設立光榮榜，並提供更多的獨立自主地從事工作的機會，來提高員工們對工作的滿足感和效率。

4、促進員工創新和發揮潛能

有著「自我實現」需要的人，會把他們的創造性和建設性技能貢獻於工作中。領導者和管理人員應很好的利用人們的創新心理和能力，吸引更多的組織優秀成員參與決策，注重民主管理，傾聽員工的意見，給技術精、水平高、能力強的人安排重要工作，讓他們充分認識到自身價值。同時，在設計工作程式、規定制度與執行計劃時，也應當給予員工施展才能的餘地。

馬斯洛的需要層次理論是經典性理論，但其使用價值有一定的局限。管理學家們在實踐中又提出了新的需要激勵理論。

（二）過程型激勵理論

過程型激勵理論著重研究從動機的產生到採取具體行為的心理過程。這類理論都試圖弄清人們對付出勞動、功效要求、薪酬獎勵價值的認識，以達到激勵的目的。它主要包括弗隆姆的「期望理論」、亞當斯的「公平理論」和洛克的「目標設置理論」等。

1、期望理論

按照期望理論，個體動機行為的活動過程為：「個人努力→個人成績→組織報酬→個人目標」。該理論核心是「期望值」。一個人積極性被調動的程度取決於各種目標的價值大小和期望概率的乘積。用公式表示即：激勵力量＝目標價值×期望值。這一理論說明，激勵對象對目標價值看得越大，估計實現的可能性越大，激發的力量也就越大；期望值的大小則決定於目標的價值大小和目標實現的可能性兩因素，為此，應當在人力資源使用和管理中，解決努力與績效的關係、績效與報酬的關係、報酬與滿足個人需要的關係。

2、公平理論

公平理論是指個人將自己的投入──報酬關係與他人進行比較得到一定的感受，這種感受的反饋會影響下一步的努力。公平理論對管理實踐有很重要的價值。首先，公平理論強調組織對待員工公平的方法的重要性，管理人員應該讓員工們充分感受到他們受到了公平對待。其次，公平理論還提出在以人為中心的管理中，不僅注意組織中各個人的自身狀況，還要特別注意組織內外的人與人之間比較的影響，防止人的「社會比較」所引起行為的負效應。

（三）行為改造型激勵理論

行為改造型激勵理論，著眼於行為的結果，認為當行為的結果有利於個人時，行為會重復出現；反之行為則會削弱和消退。這類理論以斯金納的操作性條件反射為基礎，側重研究對被管理者行為的改造修正。它主要有「強化論」、「歸因論」、「力場論」和挫折理論等。

斯金納的強化理論，又稱行為修正理論，它是指行為與影響行為的環境之間的關係，即透過不斷改變環境的刺激因素來達到增強、減弱或消失某種行為的過程。對行為的強化類型包括正強化和負強化，用以鼓勵或者反對和改變一定的行為，從而達到組織的預期目標。

（四）綜合型激勵理論

激勵是一個十分複雜的問題，涵蓋眾多因素。學者們一直試圖開發出包含與激勵有關的所有主要因素的複雜激勵理論和模型。在上述三類激勵理論的基礎上，一些學者提出了綜合型的激勵理論，波特──勞勒模型是一種具有代表性的模型。

波特──勞勒模型是以弗魯姆的期望模型為骨幹的，弗魯姆認為一定的激勵會產生一定的努力，並導致相應的工作績效；透過達到一定績效，可以獲致所期望的外在性與內在性獎酬，這些獎酬才是工作者的真正目標。波特和勞勒對此做了重要補充，增加了一定的影響因素和認知因素。

三、激勵的應用

（一）對一般員工的激勵

1、以績效為中心

要把工作績效以及對企業的奉獻與個人的報酬收入緊密結合起來。例如，在實行崗位責任制和勞動合同制的基礎上實行結構工資制，將員工的實際收入與崗位責任、工作的數量和質量挂鈎，體現能者多勞、多勞多得、優質優酬的原則。一般來說，在結構工資中，崗位職務工資是工資構成中的不變部分，其比例應當在 70%以下；業績工資為工資構成中的可變部分，應當占 30%以上。許繼電氣公司董事長王紀年提出，一個企業的活工資低於 15%時，就到了「死亡線」。實際上，美國企業的工資「死活」比例為 30：70；日本企業的「死活」比例為 50：50；許繼電氣公司的工資「死活」比例為 40：60，其激勵性是比較大的。此外，在企業還可從利潤中提取一部分作為獎勵基金，重獎為企業做出突出貢獻的員工。

2、採取彈性獎勵的手段

彈性獎勵則是根據員工的需要，有針對性地選擇獎勵的時間和地點。這是因為，有人希望得到獎金，有人可能需要休假的時間長一點，另一些人則渴望晉升，還有人更珍惜進修學習的機會。採用彈性獎勵辦法，代替僵死的獎勵辦法，會起到較好的激勵作用。

3、對不同員工激勵的權變

對不同的員工要有不同的激勵辦法。這裏把員工分為四類：

第一類員工，是善於聽命執行的守成者。他們負責任，守紀律，但不願冒險。對於這種特質的員工，要定期表揚，側重於有形獎勵。

第二類員工，是喜歡迎接挑戰的叛逆者。他們喜歡行動，不重理論，追求自由，這類人要把新任務交給他們，獎勵辦法是讓他們去學習和組建新團隊。

　　第三類員工，是有遠見卓識的策略者。他們善於思考和分析複雜問題，不僅看眼前，也重視未來。對其授權，或實行彈性工作時間，對這類人很有激勵作用。

　　第四類員工，是追求環境和諧的尊重人者。他們重視和諧人際關係，追求公平，因而結合他們的優點，公開表揚他們對同事的友情與工作中的合作精神，會起到一定的激勵效果。

4、達到激勵的公平

　　公平，是激勵的基本原則。在中國這樣一個注重平等的國家，更應當注意公平。拉開獎勵的檔次，是打破大鍋飯、增加激勵力度的重要措施，但這可能會使不少員工在心理上感到不平衡。最好的辦法是提高員工參與度，增加分配的透明度，讓員工相信分配是公平的、差距是合理的，否則，組織付出的再多也沒有效果。

（二）對管理人員的激勵

　　懂技術、善經營、高素質的管理層，是組織成功不可缺少的條件。要建立和完善企業激勵制度，必須對管理層實施有效的激勵。

1、引入競爭機制

　　管理層是經營決策者聯繫普通員工的橋梁，是上情下達和下情上達的主要溝通渠道，是能動性地發揮人力資源創富價值的一個重要環節。建立開放、流動的用人機制，實行管理崗位競爭上崗，使能者上、庸者下甚至平者下，形成能升能降的制度，有利於選拔優秀人才和保證組織經營管理決策的順利實施。一些企業實行的「末位淘汰制」，是一種有效的競爭激勵措施。

2、適度授權

　　授權，可以增強各層次管理人員的工作責任感和積極性，能提高其管理能力，使管理者獲得相應的培訓和發展機會，這也有利於組織培養未來的領導者。此外，授權還有利於組織打破嚴格等級觀念，讓更多的中低層管理者參與組織的經營決策，有利於集思廣益，提高決策的科學性和有效性。

授權是一種很好的激勵方式，它既能夠滿足管理者的權力需要，也可以使管理者真正有效地從事工作。但必須注意適度授權，有效監督，防止濫用職權。因為，憑籍權力的控制力和影響力，組織的管理者在招聘、解聘、任命、獎懲、剝奪下屬員工的某些權利以至開除方面，有了很大的個人作用。因此，在授權的情況下，必須建立員工意見申訴和監督處理機制，使授權沿著合理的軌道運行。

3、用好薪酬杠杆

確定合理的薪資水平，將管理者的個人報酬與其工作業績直接掛鉤，有利於激勵的實現。實行目標管理，是運用薪酬杠杆進行激勵的有效手段。

從現代管理的角度看，高層管理人員的物質獎勵常見方式是年薪制和期權制度，這兩種方式的優點是，將企業經營業績與經營者個人收入直接掛鉤。經營者與產權所有者以簽定合同的方式，把個人收入與企業的經濟效益直接聯繫起來。經營效益好，經營者就能拿到較高的年薪，還可能獲得其他獎勵，尤其是隨著經營活動效果和組織市場價值的大幅度提升，經營者可以得到鉅額的回報；如果企業效益差，經營者只能拿到基本工資，甚至可能被解職。這既有利於從經濟利益方面對經營者進行激勵，也有利於對其進行有效的約束。

4、強調精神激勵

在市場經濟條件下，精神激勵並不過時。需要理論告訴我們，高層次人員往往有著更高層次的需要，他們要求發揮自己的聰明，追求自我價值的實現，而且往往具有很強的自我實現欲望。反映在管理工作中，即他們具有最大限度地發揮自己的才能與利用組織資源的需要。突出他們的經營思想、創新精神，承認他們的工作努力和績效，往往比物質鼓勵更具有威力。

對於管理人員的精神激勵，要注意針對性，不能停留在發獎狀、開表彰會上，而要為他們提供良好的工作條件和環境，使他們有充分施展才能的空間，讓他們從職位工作中獲得最大的心理滿足，體驗工作成就所帶來的樂趣。

第四節　工作滿意感

一、工作滿意感基本內容

（一）工作滿意感的含義

在員工的職業生涯過程中，一般意義上的工作滿意度，通常是指某個人在組織內進行工作的過程中，對工作本身及其有關方面（包括工作環境、工作狀態、工作方式、工作壓力、挑戰性、工作中的人際關係等等）有良性感受的心理狀態。

例如，一個人做清潔工，工作辛苦、工資很低並且被別人輕視，這樣，他對自己現在的工作肯定很不滿意，希望得到更好的工作，這時他的工作滿意度就很低；另一個人在圖書館從事管理工作，有著明亮的辦公室、和善又有文化的同事、穩定又較高的工資、優厚的福利待遇等等，他覺得這份工作比較可心，比較愜意，這就是說他的工作滿意度較高。

（二）工作滿意感與人的職業生涯

從組織的角度看，個人工作滿意感的高低，不僅是影響組織業績的重要因素，而且是影響人才是否流動的重要因素，因而也是影響個人職業生涯發展路徑的重要因素。美國俄亥俄州立大學的研究表明，員工的流動與工作滿意度之間存在著緊密的反向聯繫，而與工作、與績效之間的關係則較小。在我國，這方面的問題很大，因此，組織應當抓住「其中的關鍵，就是必須改變傳統的以工作為中心的領導方式，輔之以對人的價值的思考」[55]。工作滿意感與職業流動即生涯變動的關係。見圖 15-3。

---

[55] 參見孫彤、許玉林主編，《組織行為管理學》，第 174-175 頁，紅旗出版社，1993。

		工 作 構 成 導 向	
		高	低
關心人的關係導向	高	高績效 滿意 低流動	低績效 滿意 低流動
	低	高績效 不滿意 高流動	低績效 不滿意 高流動

圖 15-3　工作滿意感與流動的關係

二、影響工作滿意感的因素

（一）決定工作滿意感的根本因素

工作滿意感受到主觀和客觀多方面因素的影響，例如職位、工資、榮譽、與上下級和同事的關係、組織中的文化、工作氛圍等等。在分析人的工作滿意感中，非常重要的就是一個人是否能得到自己希望得到的東西。也就是說，決定著一個人的工作滿意感的根本因素，是人們的各種需要和價值觀。

例如，我們看到有時員工並不追求工資的高低，什麼是比工資還重要的東西呢？如果一個人希望從工作中學到更多的知識、技能和實踐經驗，亦或是以自己暫時的「忍讓」換取未來的更好利益和高職位時，他就不會苛求工資的一時高低。顯然，晉升可能、學習機會、職位安穩等等影響和決定人們職業生涯的因素都是很重要的，這比一時的工資對於人的價值更大。

美國心理學家戴維‧坎貝爾指出：工作的差別、工作對人的意義的「三個重要方面」，一是「工作本身的內容」，二是「合作共事的有哪種人」，三是「工作所提供的獨特報酬」[56]。卡茨認為，在這三個方面中，第一個方

---

[56] 〔美〕戴維‧坎貝爾，《人生道路的選擇》，第 83-84 頁，湖南人民出版社，1987。

面是內在因素,第二、第三方面是背景性因素,這三個方面都是「工作滿意感的激發點」[57]。

(二)工作五核心因素

哈克曼、勞勒等學者在大量進行工作分析的基礎上,提出了工作由「技能多樣性、任務完整性、任務重要性、工作自主性和工作結果反饋五個核心」因素構成的學說。其具體內容為[58]:

1、技巧的多樣性

技巧的多樣性是指從事某種工作職務,要求工作人員以多種技巧和能力來完成。

2、任務的完整性

任務的完整性是指工作職務要求工作人員完成可以辨認的一項完整的任務的程度,也就是把一件活從開頭一直幹到末尾,搞出一件「看得見結果」工作的程度。

3、任務的重要性

任務的重要性是指工作職務能對本單位的人或更大範圍中的人的生活造成實在的並可以感知到影響的程度。

上述三個核心方面,形成員工對自己所從事工作(職位)「意義」的認識。

4、自主權

自主權是指工作者在安排工作進度的快慢及確定工作將怎樣進行方面的自由、獨立和自主權的大小程度。這一核心方面,使得員工對工作具有了責任感心理。

---

[57] 〔美〕愛德加・薛恩,《組織心理學》,第 110 頁,經濟管理出版社,1987。
[58] 〔美〕愛德加・薛恩,《組織心理學》,第 111-13 頁,經濟管理出版社,1987。

5、反饋

反饋是指員工從工作本身（例如自己進行質量檢驗），或者從上級、同事、質量檢驗員以及其他員工那裏，得到自己「工作情況好壞」的資訊。這使得員工對自己的工作成果狀況有所瞭解。

上述五項因素還要受到「工作人員的能力與技術、個人成長需要的強烈程度和背景條件的滿足」三項調節因素的影響，才能夠取得激勵的效果。見表 15-1。

表 15-1　工作核心因素、心理狀態和結果的關係

工作的核心方面	員工心理狀態	產生的結果
1、技巧的多樣性 2、任務的完整性 3、任務的重要性	體驗到工作的意義	高度的內在工作激勵 高質量的工作績效
4、自主權	體驗到對工作結果的責任	對工作的高度滿意感
5、反饋	瞭解到工作活動的真正結果	低缺勤率與離職率
	調節因素	
	工作人員的能力與技術	
	工作人員個人成長需要的強烈程度	
	背景條件的滿足	

三、工作滿意感的管理功用

在組織之中，管理層瞭解員工的工作滿意感資訊，對於搞好人力資源開發與管理具有重要的意義：

（一）監控組織狀況

工作滿意度是管理層把握組織發展狀態的重要工具。透過工作滿意感的調查，可以瞭解組織員工的總體滿意度水平，也能找出滿意或不滿意的具體領域（如對員工的服務不夠）和反映具體的員工群體（如市場銷售部

門或即將退休的員工）。換句話說，員工滿意度調查可以反映員工對自己的工作感受如何、這些感受集中在工作的哪些方面、哪些部門明顯地受到了影響、涉及到哪些人的態度（如主管、一般員工或專業人員）。這是改進組織管理的重要依據，也為人力資源開發與管理工作提供了具體的內容和對象。

（二）改進組織管理

透過員工工作滿意感的調查，可以看到員工對上級的看法，如在分派工作、給予指導、領導作風等方面的意見，這有利於從多種角度改進人力資源開發與管理。

透過員工工作滿意感的調查，還可能改善組織中的溝通。一般來說，人們搞一項活動都可能增加組織的溝通，在進行員工的工作滿意感調查時，這種溝通作用更為明顯。

（三）調動員工積極性

從一般的角度看，員工滿意度調查的直接結果，可能使人們鬱積的一些意見和情緒得到宣泄，使人們感到輕鬆，減少組織中的問題。從積極的角度看，進行工作滿意感的調查，使員工感受到自己在組織中受關心的地位，因而能夠促進組織的凝聚力增加，從而大大調動員工的工作積極性。

（四）促進員工的發展

透過工作滿意感的調查，可以進一步發現組織的問題和員工的潛力，從而可以有針對性地安排員工的培訓規劃，並為員工的職業生涯規劃與管理提供依據。

（五）監控組織改革方案

在組織改革的過程中，透過工作滿意感的調查，可以瞭解組織改革的進展、遇到的困難和取得的效果。這些資訊可以幫助管理者改進工作，使

組織發展處於比較正確、合理與可行的狀態，有時，還可以對組織變革新方案的制定提供參考。

【主要概念】
　　員工關係員工權利義務組織權利義務員工持股計劃利潤分享工作生活質量員工參與歸屬感員工激勵工作滿意感工作核心因素

【討論與思考題】
1、如何理解勞動關係的實質？
2、如何看待市場經濟條件下雇傭關係的性質和特點？
3、結合實際分析員工關係的改善問題。
4、搜集一個勞動關係爭議案例，並進行討論。
5、工作組織分為幾種類型？它們的用人特徵各是什麼？
6、組織中的員工包括幾種類型？對他們應當進行什麼樣的管理？
7、什麼是激勵？常要的激勵方法有哪些？
8、什麼是工作滿意感？如何進行測量？

第十六章

考核與績效管理

【本章學習目標】

理解績效考核基本範疇

掌握績效管理的思想

掌握績效考核流程的詳細內容

掌握並能夠熟練應用常用的績效考核方法

能夠運用 KPI、平衡計分卡等現代方法解決組織管理問題

掌握並能夠熟練應用績效管理操作方法

掌握如何控制考核誤差

學習考核申訴的處理

瞭解完善績效管理的措施

第一節　績效考核基本分析

一、績效考核範疇

（一）績效與績效考核

「績效」一詞，英文為「Performance」，其含義是「表現」，是個體或群體的工作表現、直接成績和最終效益的統一體。按照我們現行人力資源開發與管理工作的理解，績效往往指員工在經濟效益方面的具體貢獻，例如營銷員完成的銷售額、「考核」一詞，其含義是評價、評估，是一定的主持人對被考核對象的評價、打分。

績效考核，是指對員工在工作過程中表現出來的工作業績（工作的數量、質量和社會效益等）、工作能力、工作態度以及個人品德等進行評價，並用之判斷員工與崗位的要求是否相稱。績效考核是人力資源開發與管理中非常重要的範疇，是管理工作中大量應用的手段，也構成人力資源開發與管理作業系統五大體系之中的一個部分。績效考核的目的是，確認員工的工作成就，改進員工的工作方式，提高工作效率和經營效益。

進一步來看，廣義的考核不僅僅是對員工工作績效的考核，還可以對員工的各項素質狀況及其是否適合從事某項工作進行把握。人員素質測評的內容，在本書「人力資源獲取」一章中已經講述，這裏不贅述。

（二）績效公式

績效受多種因素的影響，是員工個人素質和工作環境共同作用的結果。瞭解績效的相關因素，對正確設計和實施績效考評有著重要作用，這些因素包括技能、激勵、環境和機會，可以用以下的公式來反映：

$$P = f(s \cdot m \cdot o \cdot e)^{59}$$

在這一函數式中，P（performance）是績效，s 為技能，m 為激勵，e 為環境，o 為機會，f 則表示上述各因素之間的函數關係。

技能（skill）指員工本身的工作能力，是員工的基本素質；

激勵（motivation）指員工的工作態度，包括工作積極性和價值觀等各種因素。這兩方面是主觀方面的原因，是創造績效的主動因素；

環境（environment）是指員工進行工作的客觀條件，包括物質條件、制度條件、人際關係條件等；

機會（occasion）則指可能性或機遇，主要由大環境的變化提供。這兩方面是影響績效的客觀原因，是績效狀況的外部制約因素。

（三）績效考核分類

績效考核的方法、手段很多，又有不同的角度。它可以有以下劃分[60]：

1、按考核性質劃分

按照考核性質劃分，績效考核可以劃分為定性和定量兩大類。

(1) 定性考核。定性考核是由評估人在充分觀察和徵詢意見的基礎上對員工績效所作的較為籠統的評價。定性考核的優點是簡單易行，缺點是主觀性較強，容易受心理因素的影響。

(2) 定量考核。定量考核是指按照標準化、系統化的指標體系來進行考評。其優點是比較客觀、隨意性較小，缺點是由於「工作」包含眾多方面，難於把所有方面都給予量化，因而影響了定量考核的使用範圍。

將定性考核與定量考核方式相結合的做法是比較常見的好方法。

---

[59] 余凱成，《人力資源開發與管理》，第 120 頁，經濟管理出版社，1997。
[60] 參見戴昌鈞主編，《人力資源管理》，南開大學出版社，2001。

2、按考核主體劃分

按照考核主體，績效考核可以劃分為：

(1) 上級考核，即直接領導者對自己下屬員工的考核。這種方式是最大量應用的考核方式。

(2) 專業機構人員考核，即人力資源部門對員工進行考核。該方式能夠達到考核的高水準，也比較客觀；

(3) 專門小組考核，即由有經驗的資深員工、管理人員和人力資源部門人員三結合，組成小組來實施考核的方式。

(4) 下級考核，即員工對自己的直接上級進行的考核。這充分體現了組織的民主性體制。

(5) 自我評價，即事先制定好一系列的標準，然後由被評估人自己對照有關的標準對自己的工作做出評價。這種方法能夠充分調動被評價者的積極作用。

(6) 相互評估，即被考核的員工們相互評價的方式。這種方式使考核的眼界更寬，反映的情況和問題更加全面和深入。

(7) 外部評價，即由組織外部的有關人員或工作對象所做的評價，如經銷商對市場營銷部經理的評價、乘機者對空中小姐的評價等。外部評價具有客觀性和更多層面的看法，是組織內部考核的有益補充。

3、按考核形式劃分

按績效考核的工作組織形式劃分，可以分為：

(1) 口頭考核與書面考核。

(2) 直接考核和間接考核。這是以考核者與被考核人是否面對面為劃分標準的。

(3) 個別考核與集體考核，即對個別人的考核和對整個集體中每個成員的考核。

4、按考核方法劃分

績效考核的方法眾多，有排序法、配對比較法、要素評定法、目標管理法等。其具體內容將在本章後面專門介紹。

5、按考核時間劃分

按績效考核的時間長度劃分，可以分為：

(1) 日常考核，如每天、每周進行的例行產量、營銷數量考核，就屬於日常考核。

(2) 定期考核，每間隔一定的時間就進行一次考核。最常見的做法是按月記載上交的考勤和每年一次的績效考評。

(3) 長期考核，如對管理幹部任期業績的考核。

(4) 不定期考核，如為選拔人才而進行的考核、培訓前後進行的考核就屬於不定期考核。

二、績效考核內容

（一）確定績效考核基本內容[61]

從「績效考核」一詞的字面上，可以看出對人力資源的考核是以實際成效為中心的，是注重人們勞動成果的。但是，僅僅看「績效」也還是不夠的。基於功績制的原則，許多考核把員工的工作態度和行為，也作為考核的重點內容。如英美等國家的考核制度一般就包括「考勤」（工作態度）與「考績」（工作成果）兩大方面；在國外不少企業中，考核專案分為「個人特徵」（包括技能、能力、需要、素質）、「工作行為」和「工作結果」三大方面[62]。

與之相關的，在績效考核中還有人的個性，包括員工的性格、興趣、嗜好等等，為合理安排工作，有時必須考慮員工的性格（內向、外向、風度）、興趣、習慣和嗜好對該工作是否有利。

---

[61] 參見孫柏英、祁光華主編，《公共部門人力資源管理》，中國人民大學出版社，1999。

[62] 參見石金濤主編，《現代人力資源開發與管理》，第 164-165 頁，上海交通大學出版社，1999；張一馳，《人力資源管理教程》，第 175 頁，北京大學出版社，1999。

（二）建立考核專案指標體系

進行績效考核僅有幾大方面顯然是不夠的，為了使績效考核具有操作性，還必須對考核的內容做進一步的細化，形成考核專案指標體系。

在對員工工作分析的基礎上，要根據考核和整個人力資源開發與管理工作需要，把要考核的「德能勤績」四大要素分解為體現工作性質及相關方面具體內容的專案，規定出真正用於考核的各項詳細指標，進而形成考核的指標體系。

對於各個組織，可以在專案上進行適當的調整。例如，在「品德」因素方面，不是設置一般的表現和組織紀律性指標，而是要設置對組織的忠誠度和對組織文化的貫徹的指標；又如，在「業績」的因素方面，更加注重考核計量資料的精確性。

（三）各項目的分值分配

在列出考核的各項具體指標以後，考核管理部門就根據考核的重點，對每個指標分別給予加權及賦分。這一過程體現了某一指標在整個考核體系中的位置與重要性。例如，我們假定某公司考核得分的總分為 100 分，其中「德能」兩項按不同的崗分別占 20%－30%的分值，「勤績」兩項分別占 70%－80%的分值；在「勤」和「績」中，「勤」又占 20－40%，「績」占 60%－80%，由此，突出表明「績」在考核中的地位。在考核中，某員工得分的總和即是他本年度工作情況的量化結果。

應當指出的是，加權和賦分過程十分關鍵，對某一因素的加權、賦分不同，會導致考核結果的完全不同。同時，它具有政策導向的作用，能夠引導員工的行為。

（四）規定各項目的打分標準

在每一個考核專案分別給予賦分以後，要對每一專案的得分給出打分依據。例如，營銷員考核中的「德」總分為 10 分，其中的「對職業的態度和行為表現」專案為 4 分，其具體要求為「敬業精神、勤勤懇懇」。對於這個專案，要根據被考核者的情況劃分為不同的等級，如「高度敬業」為 4

分,「達到敬業精神」為 3 分,「基本上能做到敬業」為 2 分,「在敬業方面有一些疏忽和缺點」為 1 分,「存在明顯的不敬業問題」為 0 分。為了使打分科學、準確,還應當對得分進行更加細緻和量化的規定。例如,3 分的「達到敬業精神」要有「工作很認真,自覺加班」等具體考核標準。

又如,某公司營銷員的考核專案設置和賦分為(見表 16-1):

表 16-1　某公司營銷員考核表

考核項目		考核指標	分數
工作能力	總　　分		20
	1、專業產品知識	對行業的瞭解、對產品深入全面瞭解	8
	2、服務和計算能力	技術熟練	5
	3、語言與人際能力	語言流暢、有說服能力	6
業績情況	總　　分		55
	1、營業數量、金額	達到基本定額、完成銷售額	35
	2、市場開拓情況	有進展	5
	3、退貨率	退貨率低	2
	4、上門服務情況	上門服務及時、解決問題快	3
	5、主管評價	對綜合情況及關鍵事件評價	10
品行	總　　分		10
	1、遵守法律制度	遵守法律法規、公司規章制度	6
	2、有職業道德	對公司負責	4
工作態度	總　　分		15
	1、工作熱情	努力工作、對客戶熱心	7
	2、顧客反映	顧客口頭、書面反映、投訴等	5
	3、出勤率	出勤資料	4

三、績效考核原則

概括地說,績效考核的基本原則是:

（一）公平公正原則

「公平」是建立考核制度和實施考核工作的前提。考核之中存在不公平，就會使考核工作失去意義，甚至對組織帶來很大的負面影響。考核公平合理，才能使考核結果符合被考核人的真實情況，從而給人事工作的各項主要環節提供確切的科學依據，得到公正的結果。

（二）客觀準確原則

考核必須客觀、準確。考核結果如果不能真實地反映工作人員的情況，會挫傷工作積極性，還會造成人際關係的緊張。在績效考核過程中，應當把工作分析、工作標準同績效考核的內容聯繫起來[63]。

為了達到考核的客觀準確性，要注意以下四個方面：

第一，標準明確。即考核要素的劃分和設置要明確，打分標準要清晰，同類同級工作人員的考核標準要統一。

第二，制度嚴格。要制定嚴密的考核規章制度和實施條例，包括考核的時間、種類、專案、方法等，並嚴格加以執行。

第三，方法科學。考核方法很多，應當根據考核對象和考核內容的特點進行選擇。對諸多方法可以綜合運用，但要注意有所側重。在考核方法的選擇上應當注意，無論使用什麼方法，其宗旨都在於達到考核的客觀性、正確性和鑒別性。

第四，態度認真。考核者的工作態度必須嚴肅認真，不得馬馬虎虎、不負責任地隨意對待，更不能從個人好惡恩怨以及「印象」出發。

（三）敏感性原則

敏感性原則也稱區分性原則，是指考核的結果應當能夠有效地對員工的工作效率高低予以區分。如果考核體系不能有效區分績效不同的情況，優者、劣者不能區分，無疑會使懶惰怠工者受到縱容，這必然會挫傷員工的工作積極性。

---

[63] 戴昌鈞主編，《人力資源管理》，217頁，南開大學出版社，2001。

（四）一致性原則

不同的考核主體按照同樣的考核標準和程式對同一員工進行考核時，他們的考核結果應該是相同的、至少是相近的，這反映了考核體系和考核程式設計的客觀統一性。另一方面，同一個考核主體對相同（或相近）崗位上的不同員工考核，應當運用相同的評估標準，避免「因人而異」的隨意性和「有親有疏」的態度。

（五）立體性原則

所謂立體考核，也叫多面考核或全方位考核。它是指運用多種方式，從多層次、多角度、全方位進行考核。這既有定性考核，又有定量考核；既有集中考核，又有分散考核，還有集中分散相結合的考核；既有上級考核，又有下級考核；既有同級考核，又有自我考核；既有本單位人員的考核，又有外單位人員的考核等。360度考核就是一種流行的立體考核方式。

實行立體考核的目的，是為了使考核盡可能地客觀和全面，以防止主觀片面性。當然，在多主體進行多角度考核時，由於各方面的考核者對被考核人的瞭解程度不同、看問題的角度不同，因而需要對他們評價結果的重要程度進行不同權重的處理。

（六）可行性原則

該原則的「可行性」一詞有兩方面的含義：其一是考核工作能夠組織和實施，考核成本控制在可接受的範圍內；二是考核標準、考核程式以及考核主體能得到被考核者的認可。可行性原則往往被人們所忽視。在實際的人力資源管理中，總是有一定的經費限額的，不可能離開這個限制條件去追求盡善盡美的考核方式；缺乏員工的支援和理解，考核的目的很難達到。

（七）公開性原則

考核的內容、標準和考核結果，都應當向本人公開，特別是要進行考核面談，這是保證考核民主性的重要手段。績效考核的公開性，具有三項優點：其一，有助於減少員工對管理部門的敵對感，增加員工對組織的信任感和歸屬感。其二，可以防止考核中可能出現的主觀偏見等誤差，保證考核的公平與合理。其三，可以使被考核者瞭解自己的優缺點，以改正缺點、發揚優點，達到考核的目的。

（八）及時反饋原則

在現代人力資源管理系統中，缺少反饋的績效考核必然使得考核目的無法順利達到，激勵機制無法運行。考核結論向本人公開，反饋給員工個人後，被考核者如有不同意見，可以保留，也可要求復議；考核組織則應在一定期限內做出答復。被考核者個人也可以向上級主管機關申訴。

（九）多樣化原則

在條件許可的情況下，應盡可能選用二至三種不同的考核方法結合進行。因為不同的考核方法各有優缺點，各自的適用性和區分性也有差異，將不同方法結合應用有助於消除單一方法可能導致的誤差，提高考核結果的準確性和敏感性。

（十）動態性原則

世上萬事萬物都處在不斷發展變化之中，應當用發展的觀點看問題。在績效考核問題上，不能只注重檔案中的死材料或只進行靜態的考核，而應當用發展的思路看待考核指標、考核得分水平，要注重現實表現，尤其是注重動態的變化，要看到被考核者的態度行為、達到的業績和個人素質的變化趨勢。

第二節 績效管理流程

績效考核的流程通常按照制定考核計劃、進行技術準備、選拔考核人員、收集資訊資料、考核分析評價 5 個環節進行，此後，還要將考核結果進行運用。

一、制訂考核計劃

為了保證績效考核順利進行，人力資源部門應當事先制訂考核工作計劃。

首先，明確考核的目的和對象。不同的考核目的，有不同的考核對象。例如，為評職稱而進行考核，對象是在專業技術人員中；而評選先進、決定提薪獎勵的考核，則往往在全體員工的範圍中進行。

然後，選擇考核內容和方法。根據不同的考核目的和對象，重點考核的內容也不同。例如，為發放獎金，應以考核績效為主，獎勵員工提高績效，著眼點是當前行為；而提升職務，既要考核成績，更要注意其品德及能力，著眼點是發展潛力。考核的方法與考核的內容是相互關聯的。根據不同的考核內容確定有效的考核方法。有關績效考核的方法問題將在第三節中介紹。

而後，要根據不同的考核目的、對象和內容，確定考核時間。例如，思想品德及工作能力，是不會迅速改變的，因此，考核間隔期可長一些，一般是一年一次；工作態度及工作業績則變化較快，間隔期應短些，生產、銷售人員的勤、績可每月考核，而專業技術人員、管理人員的工作短期內不易見效，一年一次考核為好。

二、進行技術準備

績效考核是一項技術性很強的工作。其技術準備主要包括確定考核標準、選擇或設計考核方法、培訓考核人員。

（一）確定考核標準

考核標準包括績效標準、行為標準及任職資格標準。任職資格標準也稱職務規範或崗位規範。確定考核標準與前述考核體系設置是類似的或者是具體化的。

第一，績效標準，例如對生產人員的定額要求、對獨立核算單位的利稅指標等。

第二，行為標準，例如，要求服務員熱情待客，不得與顧客爭吵；採購員不得收受回扣等。

第三，任職資格標準，例如，某裝飾公司設有設計部經理崗位，其任職資格見表 16-2。

表 16-2　設計部經理任職資格

條件	最　低　要　求
學歷方面	裝飾設計專業本科以上學歷，或具有實際設計經驗的同等學歷
知識方面	必須具備從事經理業務的良好知識；非常熟悉公司的政策；必須理解接受公司的目標、標準
能力方面	強有力的領導品質；有分析、解決問題的能力；良好的溝通及人際交往能力，勤奮實幹，綜合素質高
經驗方面	有 2-3 年以上的設計部管理經驗

（二）選擇或設計考核方法

在選擇、設計考核方法環節，要解決的問題包括：考核目的確定需要哪些資訊，從何處獲取這些資訊，採用何種方法收集這些資訊。常用的收集、記錄考核資訊方法有：考核記錄、工作日誌、生產報表、備忘錄、現

場視察記錄、事故報告、交接班記錄等，以及搜集各種統計帳目和有關的會計核算資料。

三、選拔考核人員

選拔考核人員是關係著考核成敗的大事，這裏進一步予以闡述。在選擇考核人員時，應考慮兩方面的因素：(1)能夠全方位地對員工的工作表現進行觀察；(2)有助於消除或者減小個人偏見。

透過培訓，可以使考核人員掌握考核原則、熟悉考核標準、掌握考核方法、克服常見偏差。

在挑選考核人員時，按照上面所述的兩方面因素要求，通常考慮下面的人選：

(一)直接主管

員工的直接主管對於員工每天的工作表現能夠全面瞭解，因此這些人通常是最好的考核人員。主要缺點則可能會因他們的個人偏見、與員工的矛盾或者私人交情等，影響評價的客觀性。

(二)高層管理者

在不少組織的考核工作中，由一名高級管理者對員工直接主管的考核進行檢查和補充，這可以抵消某些直接主管的偏見。

(三)相關部門管理者

組織中的某個員工有時要接受幾個部門的管理，例如，車間會計核算人員既受車間主任的領導，也受財務部的領導。因此，有時需要將幾個與員工聯繫密切的部門管理者組成一個考核小組，對員工進行考核。這種考核有消除個人考核偏見的優點，如果採用小組會議的形式，還可以增加考核的訊息量。

（四）同事

同事的評價是對上述考核的補充。作為員工的同事，他們與被考核者朝夕相處，相濡以沫，因此，同事評價具有較高的信度[64]。需要注意的是，同事之間的友情、敵意等因素常常影響到他們的評價，而且容易在員工之間造成利益的衝突，影響考核的效果。

（五）下級人員

在考核工作中，可以組織被考核者的下屬員工來評價他們的上級，考核其在資訊溝通、工作任務委派、資源配置、資訊傳遞、協調下屬矛盾、公正地處理與員工之間關係等方面的能力。下屬評價要與其他評價的資訊結合使用。

（六）自我考核

自我考核可以使員工對自己的工作行為及時進行控制。首先，員工尋找各自存在的問題，並制定有針對性的、解決問題的措施。第二，制定某一階段的目標，這些目標要與個人的每日計劃相聯繫，以達到實現目標的功用。第三，採取一系列能夠實現的獎懲措施，對自己進行督促，保證工作目標的實現。自我評價可以提供有效的資訊。在組織員工進行自我績效評價時，應注意對員工正確的自我評價進行激勵；讓員工按照相對標準（如平均以下、平均、平均以上）來進行評價，而不是讓其按照絕對標準（如優秀、××分、不合格等）來評價；對員工進行績效反饋；對評定結果保密，直到自我評價結果的偏差得到解決。

---

[64] 張一馳，《人力資源管理教程》，第 171 頁，北京大學出版社，1999。

（七）客戶

對與組織外部的客戶和社會公眾大量接觸的服務性職務，客戶的評價十分重要。由於客戶對職務的性質及組織的目標並沒有充分的瞭解和認識，因此，評價的結果往往是不全面的，但在某些方面的參考價值較大。

（八）專家

外部人力資源考核、測評專家，具有專業水平高、客觀公正的優點，但也有費用高、時間不能保證和瞭解情況淺和片面的缺點。

四、收集資料資訊

作為考核基礎的資訊，必須做到真實、可靠、有效。收集資料資訊要建立一套與考核指標體系有關的制度，並採取各種有效的方法來達到。以生產企業為例，成套的收集資訊的方法有：

第一，生產記錄法。對生產、加工、銷售、運輸、服務的數量、質量、成本等資料填寫原始記錄和統計。

第二，定期抽查法。定期抽查生產、服務、管理工作的數量、質量，以代表整個期間的情況。

第三，考勤記錄法。對出勤、缺勤及原因進行記錄。

第四，專案評定法。採用問卷調查形式對員工逐項評定。

第五，減分抽查法。按職務（崗位）要求規定應遵守的專案，制定出違反規定扣分的辦法，並進行登記。

第六，限度事例法。抽查在通常線以上的優秀行動或在通常線以下的不良行動，對特別好或特別不好的事例進行記錄。

第七，指導記錄法。不僅記錄員工的所有行動，而且將主管的意見及員工的反應也記錄下來[65]。

---

[65] 白嘉主編，《企業人力資源主管》，經濟管理出版社，1999。

五、做出分析評價

這一階段的任務，是對員工個人的德、能、勤、績各方面做出綜合性的評價結果。分析評價是由定性到定量再到定性的過程，其過程具體為：

（一）確定單項的等級和分值

確定等級，是對單一考核專案的量化。一般來說，對員工某一個評價專案評定等級劃分，常用的有 10 等級、9 等級、7 等級、5 等級四種。例如，5 等級法可以分為：優、良、中、及格和不及格；7 等分法可以分為：非常優秀、優秀、比較優秀、合格、較差、差和非常差。在劃分等級後，還要賦予不同等級以不同的數值，作為考核評價的數量依據。

五等級劃分法如表 16-3 所示。

表 16-3

	優秀	良好	合格	較差	不合格
表現	非常出色	比組織期望的水平高	達到組織期望的基本要求	比組織期望水平低，但不妨礙業務	水平低，已妨礙業務
以出勤為例	全年無遲到	個別月份有過遲到	偶爾遲到，平均每月不超過 1 次	遲到較多，每月遲到 2～3 次	遲到頻繁，每月 4 次以上
以業績為例	完成業績 120%以上	完成業績 120%-100% 之間	完成業績	未完成業績任務，但在 80%以上	完成業績不足 80%

為了能把不同性質的專案綜合在一起，就必須對每個考核專案進行量化，即賦予不同考核等級以不同數值，用以反映實際特徵。

賦值方法有不同種類，以最常見的五等級為例，可以把優等定為 10 分，良好定為 8 分，合格定為 6 分，稍差定為 4 分，不合格定為 2 分。這裏以 5 等級為例，見表 16-4：

表 16-4　5 等級考核的賦值法

等　　　級	優	良	合　格	稍　差	不合格
單向等差賦值 A	5	4	3	2	1
單向等差賦值 B	10	8	6	4	2
單向非等差賦值	10	6	3	1	0
雙向對稱賦值	4	2	0	-2	-4
累進對稱賦值	3	1	0	-1	-3
不對稱非等差賦值	2	1	0	-2	-4

（二）對同一專案各考核來源的結果綜合

通常同一專案由若干人對某一員工進行考核，所得出的結果是不相同的。為綜合這些考核意見，可採用算術平均法或加權平均法。如假定上級評定 5 分，下級評定為 2 分，相關的兩個部門評定為 2 分與 3 分，按算術平均綜合，其工作能力得分為 $(5+2+2+3) \div 4 = 3$ 分。

若考慮到上級意見更為重要，權數為 2，相關部門權為 1.5，下級權數為 1，則加權平均綜合為 $(5 \times 2 + 2 \times 1 + 2 \times 1.5 + 3 \times 1.5) \div 5 = 3.9$ 分，結論就與前有所不同。

（三）對不同專案考核結果的綜合

評價一個人的能力時，要將其知識、學歷、判斷能力、人際交際能力等綜合起來考慮。這時需要根據考核的主要目的確定各考核專案的權數值。

六、考核結果反饋

（一）考核結果反饋的意義

考核流程中的反饋[66]，對於搞好考核工作以及整個績效管理，都是非常重要的。一般來說，績效考核結果反饋，具有以下作用：

---

[66] 石金濤主編，《現代人力資源開發與管理》，第 178-183 頁，上海交通大學出版社，1999。

第一，幫助被考核者認識到長處和不足，使其瞭解自己的工作狀況；

第二，有利於激勵被考核者，使其向預定的目標努力；

第三，有利於管理者指導下屬員工的工作；

第四，有利於加強考核者和被考核者之間的溝通聯繫；

第五，有利於改進和合理制定以後的考核目標。

（二）考核結果反饋面談

對績效考核的結果，應當透過談話的方式向每一個被考核的員工進行反饋。在考核面談過程中，要解決好「關係建立」和「提供和接受反饋」兩個方面的問題。

1、建立和諧的面談關係

為了搞好考核面談，要注意從以下幾個方面建立和諧的關係：

第一，在考核溝通的開始階段，致力於建立寬鬆的氣氛。要確認考核面談對象的情緒已經放鬆，並願意進行交談；

第二，適當把握考核談話的節奏。如果談話語速過快，應該使其慢下來；

第三，對考核面談對象所講的話做出反應，透過這種反應來顯示談話主持者在聆聽；

第四，談話主持者在恰當的時機，講述自己的一些經驗或興趣；

第五，觀察被考核者的表情，聽其言談，確認其對談話的反應。

2、提供資訊和接受資訊

考核面談的核心所在，是向被考核者提供資訊和從被考核者處接受資訊，其實質是面談雙方互相進行工作本身的資訊和有關考核工作的資訊兩方面的反饋。進行反饋的技巧有：

第一，仔細聆聽被考核者的陳述。

第二，提供和接受反饋時，應當避免解釋和辯解的問題，還要留給人以思考的時間。

第三，要求被考核者說明有關細節，或者說明取得成績與出現問題的原因。

第四，考核談話要採用三段論的交流方法，即「現實→澄清→現實」。

第五，對被考核者提供的資訊、反映的看法和對考核工作的配合表示感謝。

七、考核結果運用

考核結果可以為組織管理提供大量有用的資訊，主要的應用範圍包括：向員工反饋考核結果，幫助員工改進績效；為任用、晉級、提薪、獎勵等人力資源管理措施提供依據；檢查企業管理各項政策，如檢查企業在人員配置、員工培訓等方面是否有成效等。

考核結果的運用，也可以說就是進入績效管理的流程。

第三節　常用的考核方法

一、簡單排序法

（一）簡單排序法的含義

簡單排序法也稱序列法或序列評定法，即對一批考核對象按照一定標準排出「1234⋯⋯」的順序。例如，把銷售部門所有業務員按銷售數量或金額進行排隊，最高的為第一位，最差的排在最後。該方法的優點是簡便易行，具有一定的可信性，可以完全避免趨中傾向或寬嚴誤差。缺點是考核的人數不能過多，以 5～15 人為宜；而且只適用於考核同類職務的人員，對從事不同職務工作的人員則因無法比較，而大大限制了應用範圍，不適合在跨部門人事調整方面應用。

（二）簡單排序法的操作

首先，擬定考核的專案。專案的數量和內容，應當根據所考核職務的具體狀況進行設計。例如，對管理人員考核的專案設計「工作業績狀況、團隊精神、業務知識經驗、決策能力、開拓能力、責任心、創新性」等 10 個專案；又如，對研究開發人員的考核專案應當注重「研究開發專案方案評價、專案進展狀況、創新能力、溝通狀況、協作狀況、學習交流情況」；再如，對辦公室主任的考核專案應當注重「協調能力、敬業精神、執行能力」。

第二步，評定小組就每項內容對被考核人進行評定，並排出序列。最好的第一名排序為 1，第二名排序為 2，以此類推。

第三步，把每個人各自考核專案的序數相加，得出各自的排序總分數，以總序數最小者為成績最好，即總體情況的第一名。排序的結果，又分為簡單排序和分級排序兩種做法。前者是根據序數的多少，從小到大排成從第一名到最末一個的排名序列；後者是按序數得分的多少劃分為幾個等級，如總序數 15 以內的等級屬於優，16～30 的等級為良，31～45 的等級為中，46～60 的等級為及格，60 以上的等級為差」。如表 16-5 所示。

表 16-5　某公司中層經理序列評定法

評定項目 / 被考核人	工作業績狀況	團隊精神	業務知識經驗	開拓能力	工作責任心	創新性	組織能力	決策能力	指導說服能力	協調能力	排序總分數	評定分類
張建華	1	1	1	2	1	2	2	1	1	1	13	優
趙　立	2	2	3	1	2	1	3	2	4	2	22	良
孫明明	4	4	2	3	3	3	1	3	3	4	30	良
李　剛	3	5	4	4	5	5	4	5	2	3	39	中
周昭雲	5	3	5	6	4	6	4	6	5	6	49	及格
吳小林	7	7	6	5	7	7	7	6	6	5	61	差
鄭　牧	6	6	7	7	7	7	6	6	7	7	66	差

需要指出的是，上述方法是各個專案的簡單相加法。由於各個專案有著不同的重要性，更好的做法是將不同的專案確定不同的權重，然後進行加權計算。

二、要素評定法

（一）要素評定法的含義

要素評定法也稱功能測評法或測評量表法，它是把定性考核和定量考核結合起來的方法。

該方法的優點，一是內容全面，二是定性考核和定量考核相結合，三是能體現多角度、立體考核的原則，四是使用電腦處理測評結果，手段先進。透過定量考核和對定性考核結果的數量化的處理，可以形成績效量化結構，從而對每個員工的績效狀況進行定位，而且可以在員工之間和不同時期的績效狀況進行比較。

該方法的缺點，一是繁瑣複雜，二是考核標準說明是定性語言，高度概括，較難掌握，因而在實踐中可能出現打分中間化傾向或其他考核誤差。因此，此方法還有待進一步完善。

（二）要素評定法的操作

第一，首先，確定考核專案。這些專案又可劃分為若干要素（即指標）。所考核的專案和要素指標，因考核對象的職業領域或職務層次的不同而不同。

第二，將每個要素（指標）按優劣程度劃分為若干等級，一般為 3～5 級。3 級為「好、一般、差」；4 級為「好、較好、一般、差」；5 級為「優秀、良好、一般、較差、差」。然後，給每個等級打相應的分數，並以定性語言、簡潔的文字寫出每一等級的標準說明，供考核者掌握。在此基礎上，制定出統一的考核標準表和測評量表。

第三，對考核人員進行培訓，使其掌握考核標準，熟悉操作方法。

　　第四，開始進行考核活動，把測評量表發給考核者打分。考核一般包括上級領導者考核、同級同事考核、下級考核和本人的自我考核四個方面。

　　第五，對所取得的考核原始資料分析、調整和匯總。調整有著兩方面的原因，其一是由於參加考核的各方面人員對被考核者的瞭解程度不同，因此他們所打分數的重要性程度也不同；其二是每個考核要素在整個指標體系中的重要程度也不同。為此，需要制定第二套權數折算量表。具體方法是，按有關要素的重要程度分別規定其比重（即加權），然後把每個被考核者各個要素的資料登錄電腦，由電腦程式對資料加以處理，計算每個要素加權後的分數，最後，匯總得出每個被考核者的總評成績。

三、工作記錄法

　　工作記錄法，也稱生產記錄法或勞動定額法，一般用於對生產工人操作性工作的考核。在一般的企業，對生產性工作有明確的技術規範並下達勞動定額，工作結果有客觀標準衡量，因而可以用工作記錄法進行考核。該方法是先設置考核指標，指標通常為產品數量、質量、時間進度、原材料消耗和工時利用狀況等，然後制定生產記錄考核表，由班組長每天在班後按工人的實際情況填寫，經每個工人核對無誤後簽字，交基層統計人員按月統計，作為每月考核的主要依據。

　　該方法的優點在於參照標準較為明確，評價結果易於做出。其缺點在於標準制定，特別是針對管理層的工作標準制定難度較大，缺乏可量化衡量的指標。此外，工作標準法只考慮工作結果，對那些影響工作結果的因素不加反映，如由於上級決策失誤而造成的業績下滑，由於生產流水線某些環節出現問題而導致的減產等，因而其結果較為片面。目前，在績效評價中工作標準法常常與其他方法一起使用。

四、關鍵事件與行為錨定法

（一）關鍵事件法

1、關鍵事件法的含義

關鍵事件法，是指對那些能夠對組織效益產生重大影響（包括積極影響和消極影響）的行為進行記載考核的方法。例如，營銷經理在商務談判中的舉措、售貨員對顧客退貨或重大產品質量問題的處理、保安人員面對罪犯時的行為等。在關鍵事件法中，應當對員工進行一段時間的觀察，把在考察期間內的關鍵事件次數都真實地記錄下來，得出結論，並把這些資料提供給考核者用於對員工業績考核。

2、關鍵事件法的步驟

運用關鍵事件進行評價必須透過以下三個步驟：

(1) 準備階段。該階段的主要工作就是提取關鍵行為，編制關鍵行為表。在工作中有許多對工作的成功與失敗有決定意義的行為，稱為關鍵行為。獲取關鍵行為，可以採用調查法，包括談話、問卷法等。特別應注意，這些行為既包括最成功的行為，也包括最無效的行為。調查完成，編成關鍵行為記錄表。

(2) 評定階段。主管人員直接觀察被評者的行為，一旦發現有好的關鍵行為測在記錄表中相應的地方打記號；同樣，發現有失敗的關鍵行為，也在記錄表中作相應的記錄。

(3) 分析階段。匯總一個時期的關鍵行為記錄，根據每個被考評者關鍵行為的出現次數以及程度進行評定，最後得出總體結論。

（二）行為錨定法

1、行為錨定法的含義

行為錨定法，英文名為「behaviourally anchored rating scale」，BARS，其實質是關鍵事件的量化。具體來說，該方法是將某一工作可能發生的各種典型行為進行評分度量，建立一個錨定評分表，表中有一些典型的行為

描述性說明詞與量表上的一定刻度即評分標準相對應和聯繫（這就是「錨定」的含義），以此為依據，對員工工作中的重要實際行為進行測評打分。

在行為錨定評分表中，有代表著從最劣到最佳典型績效的、有具體行為描述的說明詞，不但使被考評者能較深刻而信服地瞭解自身的現狀，還可找到具體的改進目標。由於錨定評分表中典型行為的說明詞數量有限（一般不大會多於 10 條），不可能涵蓋員工行為千變萬化的實際，被考核者的實際表現很少恰好與給定的描述性說明詞完全吻合；但有了量表上的這些典型行為錨定點，考核者在打分時便有了一定的分寸感，使打分的大致水平定位不會出錯。

2、行為錨定表的制定

行為錨定法的制定，通常是由公司領導、直接考核人員（一般是直線經理）、人力資源管理專業人員、被考核者的員工代表共同研究，民主協商而完成。

行為錨定法考核的關鍵，在於錨定評分表的合理性。為此，必須確定好該表的專案和標準。具體來說，該考核標準表的制定過程有以下步驟：

(1) 記錄關鍵事件。一般應當由工作執行者或者直接主管採用「工作記錄日誌」或「工作臺帳」的方式，隨時記載那些突出的、與該員工工作效果直接相關的重要事件。這種事件既包括成功的，也包括失敗的。

(2) 進行整理和描述。將所收集的關鍵事件加以歸納整理，用規範化的語言描述出來。

(3) 進行系統處理。將上述材料進行系統處理，透過對已經加以規範表述的典型事件進行全面比較，確定評價的等級，作為考核打分的依據。

(4) 繪製錨定評分表。根據對某一特定情景下不同具體工作行為的描繪，給出不同的分值，這種打分比一般量表中的「優、良、中、差、劣」之類的等級相比，要準確得多。需要注意的是，該方法的說明詞必須是行為實例，而不是對「優」、「劣」等的簡單判斷，在實施考核的描述中，雖不用精確的數值（如「92%的精度」等），但也要盡量用具體的行為去說明。

3、行為錨定法的適用性

使用行為錨定法，需要花費較多時間進行評分表的設計，其使用也比較複雜。但是，該方法具有以下突出的優點：(1)由於表中給定的關鍵事件可以為考核者提供判斷的直接依據，考核結果比較明確、客觀；(2)由關鍵事件構成的「行為錨」是由工作者與上級共同制定的，因而在評價時容易取得共識，從而取得合理的結果；(3)該方法具有良好的溝通效果，減少了考評打分理由不明確而引起的糾紛，減少了員工對考核結果的異議；(4)員工可以對照「行為錨」上的關鍵事件評價自己的行為，有利於考核反饋和改進工作，從而提高績效。

五、360 度考核法

(一) 360 度考核法的含義

360 度考核法是一種從多角度進行的比較全面的績效考核方法，也稱全方位考核法或全面評價法。這種方法是選取與被考核者聯繫緊密的人來擔任考核工作，包括上級、同事（以及外部客戶）、下級和被考核者本人，用量化考核表對被考核者進行考核，採用五分制將考核結果記錄，最後用座標圖來表示，以供分析。見下表：

表 16-6　360 度考核表

考核者	上級	同事	下級	本人
考核成績	4	3	5	4

(二) 360 度考核法的實施方法

首先，考核主持者要聽取被考核者的 3～6 名同事和 3～6 名下屬的意見，並讓被考核者進行自我評價。聽取意見和自我評價的方法，是填寫調查表。

然後，考核者根據這些調查表對被考核者的工作表現、能力狀況等方面做出評價。根據考核專案的不同對各個考核者得分規定不同的係數權重，是較合理的方法。

評價結果出來後，考核者要將所有同事和下屬的評價調查表全部銷毀，而後，考核者與被考核者見面，將評價報告拿出來與被考核者一起討論。在分析討論考核結果的基礎上，雙方一起討論，定出被考核者下年度的績效目標、評價標準和發展計劃。

（三）360 度考核法的優缺點

360 度考核法的優點在於，能夠使上級更好地瞭解下級，鼓勵員工參與管理和管理自己的職業生涯，同時也促使上級幫助下屬發展、培養責任心和改善團隊合作狀態。其缺點是花費時間太多，只適用於管理者而不適用於普通員工。此外，這種方法的實施受組織文化的影響非常大，我國實施這種方法，可能會遇到保密性、同事之間的競爭、人際關係的影響、缺少發展機會等方面的困難。

第四節　考核與績效管理一體化法

一、目標管理法（MBO 法）

（一）對於目標管理的認識

1、目標管理的含義

目標管理法（management by objectives，MBO）作為目前較為流行的考核方法，是一種綜合性的績效管理方法，而不僅僅是單純的績效考核技術手段。目標管理法是由美國著名管理學大師彼得・德魯克在《管理實踐》一書中提出的，德魯克認為：「每一項工作都必須為達到總目標而展開。」

目標管理並不僅僅是領導者制定一個目標然後要求下級去完成，其特點在於，它是一種領導者與下屬之間的雙向互動過程。在進行目標制定時，上級和下屬依據自己的經驗和手中的材料，各自確定一個目標，雙方溝通協商，找出兩者之間的差距以及差距產生的原因；然後重新確定目標，再次進行溝通協商，直至取得一致意見，即形成了目標管理的期望值。

2、目標管理的優點

目標管理法的優點較多，主要有：

第一，考核職能由主管人員轉移到直接的工作者，因而能保證員工的完全參與；

第二，員工的目標是本人設定，在實現業績目標後，員工會有一種成就感；

第三，改善授權方式，有利於促進員工的自我發展；

第四，促進良性溝通，加強上下級之間的聯繫。

總之，目標管理法是一種適用面較廣、有利於整體績效管理的考核方法。應當注意，目標管理也有一定的局限性：某些工作難於設定短期目標因而難於實行該方法；在一些情況下員工們在設定目標時偏寬鬆；一些管理者也對「放權」存在抵觸情緒。

（二）目標的量化標準

在目標管理法下，每個員工被賦予若干具體的指標，這些指標是其工作成功開展的關鍵目標，因此它們的完成情況可以作為評價員工的依據。目標管理要符合「SMART」的原則，其含義是：

S：SPECIAL（具體的、明確的）

M：MEASURABLE（可衡量的）

A：ATTAINABLE（可達到的）

R：RELATIVE（相關的）

T：TIME—BASED（有時間要求的）

　　目標管理法在管理者中十分流行，主要歸功於它對結果目標的重視。管理者通常很強調利潤、銷售額和成本這些能帶來成果的結果指標，這種趨向恰與目標管理法對工作績效定量測評的關注相一致。正因為目標管理重結果甚於重手段，因此使用該方法可使工作者得到更大的自主權，以便選擇達到目標的最好路徑。

　　使用目標管理法對員工績效的具體衡量，體現在考核的表格上[67]。

（三）目標管理法的實施步驟

1、確定工作職責範圍

　　每個員工進行工作時都有其職責範圍。員工要弄清楚自己的職責，因為這決定了他的工作具體內容。確定工作職責的常用方法是：員工和上級各自列出員工的主要職責，然後雙方把所列清單放在一起進行比較，並達成一致，最終產生雙方同意的下級工作目標的清單。

2、確定具體的目標值

　　目標為員工與主管提供了計劃和衡量業績的依據。員工以書面形式寫下自己應達到的全年的主要業績目標，目標清單既包括定量目標，也包括定性目標，並體現出責任、承諾和義務、優先順序以及實現目標的日期。目標值要重點突出、具有前瞻性，又要與相關業務範圍的需要相協調。在目標值的確定中，應注意以下幾點：

　　第一，員工的個人績效目標不是憑空產生的，而必須依據組織的戰略目標及本部門的分目標來制定，要使個人的目標與這兩個大目標盡可能一致。

　　第二，目標確定時應當考慮到員工的能力素質和以往的業績，要歷史地、發展地看問題，不可孤立地判斷、主觀地設置。

　　第三，一般而言，目標要符合以下要求：其一，目標的數目在 5～6 個左右為宜，數目不宜太多，並且要有針對性；其二，目標是可以衡量和比較的；其三，目標是成果導向型的，例如銷售人員的目標，應當側重於

---

[67] 鑒於這一問題的廣度，這裏不贅述。請參見姚裕群主編，《人力資源開發與管理》，第 289-290 頁，中國人民大學出版社，2003

銷售收入增長率、新市場開拓率等指標，對技術部門，則應當考核創新性指標。

3、審閱確定目標

設定目標後，員工將其送交上級主管進行審閱，這時主管要幫助下級對目標進行評估並最後確定指導方針。討論完畢後，即生成一致同意的目標。

4、實施目標

這一階段是目標管理的推進階段。在目標實施的過程中，執行者有充分的自主權。當然，該階段上級應當進行有效的控制，而不是放任自流。在執行中，如出現了不能克服的問題，上下級之間可以進行溝通，對目標進行適度調整。實行目標管理，是要激發員工的積極主動性，以努力多做貢獻。為此，反饋和溝通的渠道必須暢通。

在該階段，目標的執行者要定期（通常是每季一次）以及不定期向上級主管人員彙報進展情況。彙報時，目標執行者應當說明工作是否按預定計劃正在完成、存在什麼主要問題。彙報情況使上級主管深入瞭解計劃的偏離情況，給予一定的幫助，並且在必要時採取適當措施。

5、小結

在目標管理預定時間的期末，執行者要提供一份工作完成情況報告，包括所取得的主要成績、所存在的問題、對實際結果與預期結果之間偏差的陳述等。有些用人單位制定了專門的目標管理表格，供員工自我評價用。

6、考核及後續措施

運用目標管理方法考核，關鍵要看員工的目標完成情況，要找出完成目標的成功原因或者沒有達到目標的失敗原因，為下一次制定目標奠定基礎。此外，還要制定計劃，來幫助員工改進下一階段的工作。這實質上構成一種迴圈。

二、關鍵績效指標法（KPI 法）

（一）關鍵績效指標的涵義

1、基本含義

關鍵績效指標（KPI）一詞，是 Key Performance Indicators 的英文簡寫，其「關鍵」一詞的含義是指組織在某一階段戰略上要解決的最主要問題，績效管理體系則相應地針對這些問題的解決設計指標，這就是關鍵績效指標。關鍵績效指標 KPI 是用來衡量某一職位工作人員工作績效表現的具體量化指標，是對工作完成效果的最直接衡量方式。關鍵績效指標來自於對企業總體戰略目標的分解，反映最能有效影響企業價值創造的關鍵驅動因素。

KPI 法符合一個重要的管理原理──「二八原理」。在一個企業的價值創造過程中，存在著「20/80」的規律，即 20%的骨幹人員創造企業 80%的價值。抓住 20%的關鍵行為，進行分析和衡量，就能抓住業績評價的重心。因此設立關鍵績效指標的價值在於使經營管理者將精力集中在對績效有最大驅動力的經營行動上，及時診斷生產經營活動中的問題並採取提高績效水平的改進措施。

2、KPI 的特點

（1）來自於對公司戰略目標的分解

關鍵績效指標所體現的衡量內容最終取決於公司的戰略目標，KPI 是對公司戰略目標的進一步細化和發展，是對真正驅動公司戰略目標實現的具體因素的發掘，是公司戰略對每個職位工作績效要求的具體體現。因此關鍵績效指標隨公司戰略目標的發展演變而調整。

（2）是對績效構成中可控部分的衡量

企業經營活動的效果是內因外因綜合作用的結果，其中內因是各職位員工可控制和影響的部分，也是關鍵績效指標所衡量的部分。關鍵績效指標應儘量反映員工工作的直接可控效果，剔除他人或環境造成的其他方面影響。

（3）是對重點經營活動的衡量

　　　　每個職位的工作內容都涉及不同的方面，但 KPI 只對其中對公司整體戰略目標影響較大，對戰略目標實現起到不可或缺作用的工作進行衡量，而不是對所有操作過程的反映。

（4）是得到組織上下認同的

　　　　KPI 不是由上級強行確定下發的，也不是由本職職位自行制定的，它的制定過程由上級與員工共同參與完成，是雙方所達成的一致意見的體現，是組織中相關人員對職位工作績效要求的共同認識。

（二）KPI 指標體系建立流程

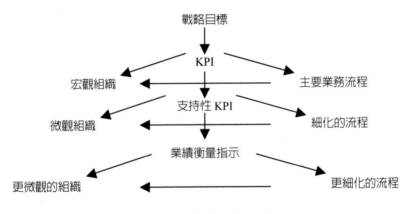

圖 16-1　KPI 指標提取總示意圖

1、分解企業戰略目標，分析並建立各子目標與主要業務流程的聯繫

　　企業的總體戰略目標在通常情況下均可以分解為幾項主要的支援性子目標，而這些支援性的更為具體的子目標本身需要企業的某些主要業務流程的支援才能在一定程度上達成。因此，在本環節上需要完成以下工作：（1）企業高層確立公司的總體戰略目標；（2）由企業（中）高層將戰略目標分解為主要的支援性子目標；（3）將企業的主要業務流程與支援性子目標之間建立關聯。

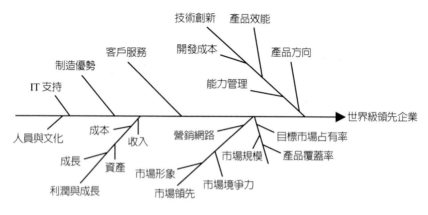

圖 16-2　戰略目標分解魚骨圖方式示例

　　把公司級的 KPI 指標逐步分解，首先分解到子公司、分公司或事業部，進而分解到部門，再由部門分解到各個職位。按此層層分解的方法，來確定各部門、各職位的關鍵業績指標，並用定量或定性的指標確定下來。

　　目前常用戰略分解的方法是「魚骨圖」分析法（如圖 16-2 所示），它可以幫助我們在實際工作中抓住主要問題，解決主要矛盾。

2、確定各支援性業務流程目標

　　在確認對各戰略子目標的支援性業務流程後，需要進一步確認各業務流程在支援戰略子目標達成的前提下流程本身的總目標，並進一步確認流程總目標在不同維度上的詳細分解內容。

3、確認各業務流程與各職能部門的聯繫

　　本環節建立流程與工作職能之間的關聯，從而在更微觀的部門層面建立流程、職能與指標之間的關聯，為企業總體戰略目標和部門績效指標建立聯繫。

4、部門級 KPI 指標的提取

　　本環節要將上述環節建立起來的流程重點、部門職責之間的聯繫中提取部門級的 KPI 指標。

（1）明確工作產出

　　　由於關鍵績效指標體現了績效對組織目標的增值的部分，所以 KPI 是根據對組織績效目標起到增值作用的工作產出來設定的。因此要項設定關鍵績效指標首先要確定組織內各個層次的工作產出。確定工作產出的基本方法是繪製客戶關係圖

（2）考核指標的建立

　　　在確定關鍵績效指標時也運用 SMART 原則。其具體做法見下表：

表 16-7　關鍵績效指標的 SMART 原則

原則	正確做法	錯誤做法
Specific： 「具體的」	切中目標； 適度細化； 隨情景變化；	抽象的； 未經細化的； 複製其他情景中的指標
Measurable： 「可度量的」	數量化的； 行為化的； 資料或資訊具有可得性；	主觀判斷； 非行為化描述； 資料或資訊無從獲得
Attainable： 「可實現的」	在付出努力的情況下可以實現； 在適度時限內可實現；	過高或過低的目標； 期限過長
Realistic： 「現實的」	可證明的； 可觀察的；	假設的； 不可觀察或證明的
Time－bound： 「有時限的」	使用時間單位； 關注效率；	不考慮時效性； 模糊的時間概念

（3）績效考核標準的設定

　　　制定績效考核標準時，要針對不同崗位的實際情況，而對不同職位制定不同的考核參數，而且儘量將考核標準量化、細化，使考核內容更加明晰，結果更為公正。同時，考核標準公佈並使之得到員工認可，避免暗箱操作。

（4）審核關鍵績效指標

　　　對關鍵績效指標的審核的目的主要是為了確認這些關鍵績效指標是否能夠全面、客觀地反映被考核對象的工作績效，以及是

否適合於考核操作，從而為適時調整工作產出、績效考核指標和具體標準提供所需資訊

5、目標、流程、職能、職位目標的統一

根據部門 KPI、業務流程以及確定的各職位職責，建立企業目標、流程、職能與職位的統一。

三、平衡計分卡（BSC 法）[68]

（一）平衡計分卡基本分析

1、平衡計分卡的含義

所謂「平衡計分卡」（BSC，Balanced Scorecard），是透過財務、客戶、內部流程及學習與發展四個方面的指標之間的相互驅動的因果關係，展現組織的戰略軌迹，從而實現績效考核（績效改進）與戰略實施的綜合管理方法。平衡計分卡是 1990 年美國諾蘭諾頓學院的專案研究開發的績效測評模式，1996 年一些在中國有業務的跨國公司得到運用，2004 年以來，平衡計分卡作為戰略管理工具的理念和方法開始在中國受到重視和運用。

傳統的績效評測往往僅限於評測財務指標。然而，財務指標是一些滯後的指標，只能說明過去的行動取得了哪些結果，至於驅動業務的一些關鍵因素有沒有改善，朝著戰略目標邁進了多少步仍然無從知曉。平衡計分卡的出現，完全改變了財務指標一統天下，績效測評指標極端失衡的狀況。平衡記分卡在傳統的財務指標的基礎上又引入了客戶，內部流程和學習與成長這三個方面的指標，這些新指標衡量的正是企業良好業績的驅動力。這四個指標合起來，構成了內部與外部，結果與驅動因素，長期與短期，定性與定量等多種平衡，從而為企業的績效評測管理，提供了立體、前瞻的評測依據。

---

[68] 畢意文、孫永玲，《平衡計分卡中國戰略實踐》，北京：機械工業出版社，2004。

2、平衡計分卡考核的四個視角

平衡記分卡從四個不同的視角，提供了一種考察價值創造的戰略方法：

(1) 財務視角：其目標是解決「股東如何看待我們？」的這類問題。

企業經營的直接目的和結果是為股東創造價值，因此從長遠角度來看，利潤始終是企業所追求的最終目標，財務方面是其他三個方面的出發點和歸宿。財務指標包括銷售額、利潤額、資產利用率等。

(2) 客戶視角：其目標是解決「顧客如何看待我們？」的這類問題。

客戶方面體現了企業對外界變化的反映。客戶角度是從質量、性能、服務等方面，考驗企業的表現。

主要包括兩個層次的績效考核指標：一是企業在客戶服務方面期望達到績效而必須完成的各項指標，包括市場份額、客戶保有率、客戶獲得率、客戶滿意等；二是針對第一層次的各項目標進行細分，形成具體的績效考核指標，如送貨準時率、客戶滿意度、產品退貨率、合同取消數等。

(3) 內部運作流程視角：其目標是解決「我們擅長什麼？」的這類問題。

這是 BSC 與傳統績效考核方法最大的區別。企業是否建立起合適的組織、流程、管理機制，在這些方面存在哪些優勢和不足？內部角度從以上方面著手，制定考核指標。關注公司內部效率，如生產率、生產周期、成本、合格品率、新產品開發速度、出勤率等。內部過程是公司改善經營業績的重點。

(4) 學習和成長角度：其目標是解決「我們是在進步嗎？」的這類問題。

企業的成長與員工能力素質的提高息息相關，企業惟有不斷學習與創新，才能實現長遠的發展。如員工士氣、員工滿意度、平均培訓時間、再培訓投資和關鍵員工流失率等。

3、平衡計分卡與企業戰略管理

平衡計分卡的最大特點是始終把戰略和願景放在核心地位，其實質是將戰略規劃落實為具體的經營行為，並對戰略的實施加以即時控制。所以

平衡記分卡是一種戰略管理的工具，它的四個維度幾乎涵蓋了企業的各個方面，在企業的組織戰略設計和執行落實戰略之間成功搭起了一座橋樑。

平衡計分卡提供了一個可以幫助企業高層管理者建立成功戰略的工具，那就是企業戰略因果圖。

戰略圖畫出了企業戰略與如何實施戰略的重要因素之間的假定關係；表明了財務目標與非財務目標之間的假定因果關係；同時也揭示了結果指標（滯後指標）和績效驅動指標（領先指標）之間的因果聯繫。戰略圖形象地表現了驅動企業績效的關鍵目標以及它們之間的重要關係。

（二）平衡計分卡的實施方法

具體說來，一個組織要建立和實行平衡計分卡，需要進行的工作是：

1、建立公司願景與戰略

企業戰略要力求滿足適合性、可衡量性、合意性、易懂性、激勵性和靈活性，並對每一部門均具有意義，使每一部門可以採用一些業績衡量指標去完成公司的願景與戰略。

2、建立組織的四類具體目標

進一步，要成立平衡計分卡小組或委員會去解釋公司的願景和戰略，並建立財務、顧客、內部流程、學習與成長四類具體的目標。

目標的衡量是 BSC 管理系統的基礎和關鍵，選擇和設計對企業運營最為恰當、有效的衡量指標至關重要。平衡計分卡體系的建立需要系統性地把一個公司的戰略與其價值定位、具體目標及具體目標的衡量指標連接起來。「因果關係分析」是平衡計分卡提供的一個有力工具，它能夠幫助企業領導層確定最適合企業戰略的具體目標。

如果要達到提高收入 25%的目標，那麼新產品的收入必須提高到總收入的 40%。開發能夠迅速占領市場的新產品對實現這個收入增長目標是至關重要的。這就要求縮短 50%的新產品開發週期。當然，達到這一預期目標的前提是必須同時達到公司其他方面的目標，如：銷售 X 噸 A 產品和為 B 產品開發 10 家新的客戶，還必須提供優質的售後服務來保持現有的客戶，以求他們將來的繼續惠顧。

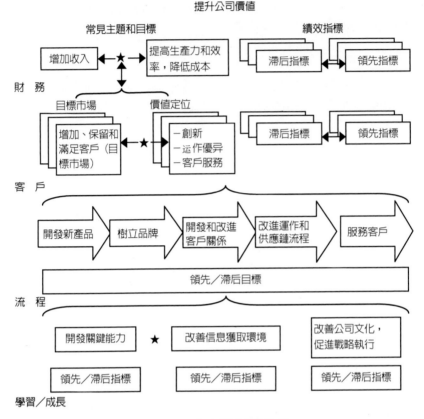

圖 16-3　常見戰略圖構架圖

3、為四類目標確定業績衡量指標

業績衡量指標的設計和選擇與目標設計和選擇同樣重要，因為績效指標能夠幫助組織檢驗戰略設想並不斷在結果中總結經驗。SMART 原則和「管理二八」原則是確定業績衡量指標的基本原則。

戰略圖描繪的因果關係分析把公司戰略思想具體化為各角度的目標，四個角度的所有目標代表著管理層實現關鍵財務目標的整體設想。戰略圖內的所有目標必須分解出具體的衡量指標。有些目標的指標可以從公司已經存在的財務或其他資訊系統中的指標庫中選擇，而有些目標的績效指標則需要特

別設計。績效指標的設計和選擇賦予管理層一個機會，去加強他們對於達到最重要的目標所需方法和手段的判斷力。

4、加強公司內部溝通與教育

有了業績目標後，就開始實施平衡計分卡。這時，要利用各種不同溝通渠道如定期的公司刊物、信件、公告欄、標語、會議等，讓各層管理人員都知道公司的願景、戰略、目標與業績衡量指標，建立起績效管理的理念。

5、實施績效指標的測量與管理

此後，要確定平衡計分卡中的年、季、月業績衡量指標的具體數位，並與公司的計劃和預算相結合。同時，注意各類指標間的因果關係、驅動關係與連接關係。

進一步，要將對考核對象的年、季、月報酬獎勵制度與平衡計分卡掛勾，從而加大績效管理的效果。

在平衡計分卡的實施過程，要互動採用員工意見，以修正平衡計分卡的衡量指標並改進公司的戰略。

（三）平衡計分卡的優缺點

1、平衡計分卡的優點

（1）以公司競爭戰略為出發點。

　　平衡計分卡將能有助於增強公司競爭力的內容，諸如顧客導向、質量提升、快速反應、團隊合作等加以整合，對公司明確工作重點、全面提高管理水平與競爭優勢意義重大。

（2）全面動態地評估。

　　相對於傳統的績效評估，平衡計分卡透過全面、動態地評估企業、部門、個人績效，達到適當運用資源，快速回應瞬息萬變的市場，逐步實現戰略發展和長遠競爭優勢的目的。

(3) 有效防止次優化行為。

　　平衡計分卡迫使管理人員把所有的重要指標放在一個系統考慮，並將注意力集中於由當前和未來績效的關鍵指標構成的一個簡短清單上，避免某一方面的改進以犧牲另一方面的效率為代價，甚至付出更高的成本，實現其有效優化工作行為的目的。

(4) 提出具體的改進目標。

　　平衡計分卡提出了企業、部門和個人的具體的改進目標及其改進時限，避免一些取得高績效的員工不再繼續努力改進自身工作。

2、平衡計分卡的限制條件

(1) 對資訊系統的靈敏性要求高。

　　資訊系統在幫助管理人員實施平衡計分卡方面作用顯著。例如，當平衡計分卡體系中出現了未預期到的信號時，管理人員可以查詢資訊系統，找出問題的根源所在。但若資訊系統不夠靈敏，它就會成為績效評估的致命弱點。

(2) 對企業管理基礎的要求較高。

　　平衡計分卡建立在對企業經營戰略的正確理解的基礎之上，要求企業管理人員不但能夠明確企業的競爭優勢與劣勢，而且能夠清楚行業特點與競爭對手的戰略，並立足長遠，提出對企業長期戰略成功密切相關的績效評估指標。同時，成功實施平衡計分卡，不僅需要各級管理者的理解和支援，還需要相當的配套措施，這一切都要求企業具備良好的管理基礎。

第五節　績效管理操作

一、控制考核誤差

為了搞好整個績效管理工作，必須首先解決好績效考核過程中容易出現的錯誤，控制考核誤差。績效考核誤差可以分為兩類：一類與考核標準有關，一類與主考人有關。

（一）考核標準方面的問題

1、考核標準不嚴謹

當考核專案設置不嚴謹、考核標準說明含糊不清時，人們打分時必然有一定的任意度，這會導致考核評價的不正確。

2、考核內容不完整

在考核體系中，如果考核內容不夠完整，尤其是關鍵績效指標有缺失，不能涵蓋主要內容，自然不能正確評價人的真實工作績效。

（二）主考人方面的問題

1、暈輪效應

暈輪效應也稱「光環效應」，是指在考察員工業績時，由於只重視一些突出的特徵而掩蓋了被考核人其他的重要內容，因而往往影響考核結果正確性的現象。例如，某經理看到某員工經常早來晚走、忙忙碌碌，對他的工作態度很有好感，在年終考核時對他的評價就較高，對他的綜合表現、甚至對其工作的主要方面卻忽視了（如重視營銷人員的服務態度好壞而忽視其銷售額）。

2、寬嚴傾向

寬嚴傾向包括「寬鬆」和「嚴格」兩個方面。寬鬆傾向指考核中所做的評價過高，嚴格傾向指考核中所做的評價過低。這兩類考核誤差的原因，主要是缺乏明確、嚴格、一致的判斷標準，不同的考核者掌握的評分標準各不相同；而往往依據自己的經驗。在評價標準主觀性很強、並要求評價者與員工討論評價結果時，很容易出現寬鬆傾向，因為評價者不願意因為給下屬過低的評價而招致其不滿並在以後的工作中變得不合作；當評價者採用的標準比組織制定的標準更加苛刻時，則會出現嚴格傾向。

3、平均傾向

平均傾向也稱調和傾向或居中趨勢，是指大多數員工的考核得分都居於「平均水平」的同一檔次，並往往是中等或良好水平。這也是考核結果具有「集中傾向」的體現。與過寬或過嚴傾向相反，考核者不願意給員工們「要嘛優秀、要嘛很差」的極端評價，無論員工的實際表現如何，統統給中間或平均水平的評價。但實際上這種中庸的態度，很少能在員工中贏得好感，反而會起「獎懶罰勤」的副作用。這種平均傾向與我國的平均主義文化有一定聯繫；也可能是管理者給自己下屬員工普遍的高評價，有助於本部門在績效薪酬預算時得利。

4、近因效應

近因效應是考核者只看到考核期末一小段時間內的情況，而對整個評估期間的工作表現缺乏瞭解和記錄，以「近」代「全」，使考核評估結果不能反映整個評估期內員工績效表現的合理結果。產生這種情況的原因，通常是因為考核者對被考核者近期表現印象深刻，或者被考核者在臨近評價時有意表現自己以留下較佳印象所致。

5、首因效應

首因效應是指考核者憑「第一印象」下判斷的問題。這與人的思維習慣有關。當被考核者的情況與考核者的「第一印象」有較大差距時，考核者就可能存在首因效應而產生偏見，在一定程度上影響考核的得分。

6、個人好惡

憑個人好惡判斷是非，是絕大多數人難以察覺的弱點，甚至是人的一種本能。在考核評價他人時，很多人都會受到「個人好惡」的影響。因此，考核者應該努力反省自己的每一個判斷是否因個人好惡而導致不公的結論。採用基於事實（如工作記錄）的客觀考評方法，由多人組成考核小組進行考核，有助於減少個人好惡所導致的考核誤差。

7、成見效應

成見效應也稱定型作用，是指考核者由於因經驗、教育、世界觀、個人背景以至人際關係等因素而形成的固定思維，對考核評價結果產生刻板化的影響，通俗的說法是「偏見」、「頑固」等。例如，一個思想保守的管理者看不慣性格外向、服飾新潮的青年人，在評估時給這樣的員工打分不自覺地降低。又如，考核者容易對老鄉、同學、同職務、戰友等產生認同，自覺和不自覺地給予好評。成見效應是績效考核中的常見問題，需要進行考核培訓以及心理輔導，使考核人員糾正可能導致不正確結果的個人錯誤觀念。

二、考核申訴與處理

（一）考核申訴產生的原因

當發生以下情況時，有可能引發考核申訴：其一，被考核員工對考核結果不滿，或者認為考核者在評價標準的掌握上不公正；其二，員工認為對考核結果的運用不當、有失公平。

無論問題出現在哪里，組織都應該對員工的考核申訴進行認真地瞭解分析和正確、合理的處理。因為透過對考核結果的處理，有助於改進組織中存在的一些問題，從而提高組織的績效。

（二）處理考核申訴的要點

1、尊重員工的申訴

在處理考核申訴的過程中，要尊重員工的個人意見，要求考核申訴處理機構認真分析員工所提出的問題，找出問題發生的原因。在處理考核申訴的過程中，應當對員工表現出耐心，如果是員工方面的問題，應當「以事實為依據、以考核標準為準繩」，對員工進行說服和幫助；如果是組織方面的問題，則必須對員工所提出的問題加以改正，並將處理結果告知員工，對其有所交代。

2、把處理考核申訴作為互動互進過程

績效考核是為了用好人力資源，是為了實現組織的經營目標、完善人力資源政策和促進員工的發展，而不是組織用來管制員工的工具，即績效考核應當是一個互動互進的過程。因此，當員工提出考核申訴時，組織應當把它當作一個完善績效管理體系、促進員工提高績效的機會，而不要簡單地認為員工申訴是「一些小問題」，甚至認為是員工在「鬧意見」。

3、注重處理結果

在處理考核申訴的問題上，應當把令申訴者信服的處理結果告訴員工。如果所申訴的問題屬於考核體系的問題，應當完善考核體系；如果是考核者方面的問題，應當將有關問題反饋給考核者，以使其改進；如果確實是員工個人的問題，就應該拿出使員工信服的證據，並要注意處理結果的合理性。

三、完善績效管理的措施

為了減少績效評價中的偏差，提供考核過程和結果的正確性，需要採取以下措施[69]：

---

[69] 參見邵沖主編，《人力資源管理概要》，中國人民大學出版社，2000。

（一）採用客觀性考核標準

在績效考核中，要儘量採用客觀性的考核標準。用於考核績效的標準，必須是與工作密切相關的。以職務說明書為依據制定考核專案和標準，是一個簡便有效的方法；如沒有現成的職務說明書，必要時可以進行專門的職務分析來確定工作資訊，制定考核標準。

需要注意的是，一些主觀性較強的品質因素（如主動性、熱情、忠誠和合作精神等）雖然很重要，但它們難於界定和計量，容易產生歧義。除非這些因素與被評價者的工作密切相關並且能夠清晰地定義，否則在評價時應當儘量少採用。

（二）合理選擇考核方法

每種考核方法都有優、缺點。例如，尺規法可以量化考核結果，但考核標準可能不夠清楚，容易發生暈輪效應、寬鬆或嚴格傾向和居中趨勢等問題；序列法和強制分配法可避免上述問題，但在所有員工事實上都較為優秀的時候非要人為區分又會造成新的不公正；關鍵事件法有助於幫助評價者確認什麼績效有效、什麼績效無效，但無法對員工之間的相對績效進行比較。

正確選擇考核方法的原則是：根據考核的內容和對象選擇不同的考核方法，使該方法在該次考核中具有較高的信度和效度，能公平地區分工作表現不同的員工。

（三）培訓考核工作人員

對考核者進行培訓，是提高考核科學性的重要手段。透過培訓，有助於減少考核者方面引起的誤差問題、特別是暈輪效應、寬嚴傾向和集中傾向誤差。

進行考核培訓，首先要讓考核評價者認識到，績效考核是每一個管理者的工作組成部分，要確保考核對象瞭解對他們的期望是什麼，因為這是與管理目標相聯繫的。進而，要讓考核者正確理解考核專案的意義和評價標準，掌握常用的考核方法，並能夠選擇合適的考核方法。透過培訓，還

要讓考核者瞭解在績效考核過程中容易出現的問題及可能帶來的後果，以避免這些問題的發生。

（四）公開考核過程和考核結果

　　績效考核必須公開，這不僅僅是考核工作民主化的反映，也是組織管理科學化的客觀要求。考核評價做出以後，要及時進行考核面談，由上級對下級逐一進行，以反饋考核評價的結果，讓員工瞭解自己的考核得分和各方面的意見，也使管理者瞭解下級工作中的問題及意見。將考核結果反饋給員工，有利於使員工更客觀地認識自己，揚長避短，搞好工作；對績效考核結果的保密，只會起到導致員工不信任與不合作的後果。

（五）進行考核面談

　　對績效考核的結果，應當透過談話的方式向每一個被考核的員工進行反饋。考核面談的核心所在，是向被考核者提供資訊和從被考核者處接受資訊，其實質是面談雙方互相進行工作本身的資訊和有關考核工作的資訊兩方面的反饋。進行反饋的技巧有：

　　第一，仔細聆聽被考核者的陳述。

　　第二，提供和接受反饋時，應當避免解釋和辯解的問題，還要留給人以思考的時間。

　　第三，要求被考核者說明有關細節，或者說明取得成績與出現問題的原因。

　　第四，考核談話要採用三段論的交流方法，即「現實→澄清→現實」。

　　第五，對被考核者提供的資訊、反映的看法和對考核工作的配合表示感謝。

（六）設置考核申訴程式

　　要設立一定的程式，處理員工因認為對其評價結果不正確和不公平所提出的申訴，以從制度上促進績效考核工作的合理化。處理考核申訴，一般是由人力資源部門負責。

【主要概念】

　　績效績效公式績效考核序列法強制分配法要素評定法工作記錄法目標管理法360度考核法平衡記分卡考核面談暈輪效應近因效應首因效應考核結果反饋考核申訴

【討論與思考題】

1、什麼是績效？什麼是考核？你認為績效考核對組織有哪些作用？

2、績效考核的原則有哪些？簡單給予解釋。

3、你認為，進行員工績效考核時應該堅持的最重要原則是什麼？

4、你認為本章各種績效考核方法的優缺點是什麼？並對它們的適用範圍做出評價。

5、以某個企業或其他組織為對象，設計一套員工績效考核的方法和程式。

6、績效考核中一般可能存在哪些問題？

7、分析各種不同角色的考核工作人員的長處和局限性。

8、如何透過績效考核與績效管理，搞好組織的工作，提高組織的運行效率？

9、如何使用平衡記分卡隊組織績效進行考核？

10、簡述績效管理流程。

第十七章

薪酬管理

【本章學習目標】

掌握薪酬與福利的主要概念

理解薪酬管理的主要學說

掌握影響薪酬水平的外部因素和內部因素

瞭解薪酬福利的結構

掌握薪酬制度的設計流程並能據此設計出薪酬制度

理解薪酬管理的原則

瞭解薪酬制度的類型

第一節　薪酬與福利基本分析

一、薪酬與福利範疇

（一）薪酬

　　薪酬一詞，英文名為「Compensation」，是指用人單位以現金或現金等值品的任何方式付出的報酬，包括員工從事勞動所得到的工資、獎金、提成、津貼以及其他形式的各項利益回報的總和。所謂「薪」，原意為草柴，是具有一定的使用價值的物品；在經濟活動中，「薪」則特指雇用勞動的代價，它一般是金錢形式的，如薪水、薪金（salary）。所謂「酬」，是給予的回報，它具有一定的褒義色彩。「薪」、「酬」二字放在一起，就有組織對於員工的勞動給予承認和褒獎的含義。

　　薪酬一詞有廣義和狹義之分。狹義的薪酬是與「勞動」直接聯繫的部分，「工資」一詞「因工作而花費的錢財」的字義正好反映了狹義薪酬的內涵。廣義的薪酬則是與上述雇用關係有關的組織各項付出或員工得到的酬勞，包括用人單位的福利和各種其他的待遇，進一步還有其他使員工獲得利益和承認、滿足個人需求的內容，例如在工作中參與決策。

（二）工資

　　從微觀意義上看，工資是指人力資源個體被一定的用人單位雇用後，完成規定的工作任務而作為勞動付出所換取的、由該用人單位支付的貨幣報酬。在一般情況下，工資構成薪酬的主體部分。

　　工資是工薪勞動者的主要經濟來源，員工自然對工資非常關注，因此，工資也就成為組織人力資源開發與管理的重要內容，並成為重要的激勵手段。

　　工資作為各種形式的勞動報酬的總稱，其主要形式有：

　　第一，計時工資

　　計時工資是按照勞動者的技術熟練程度、勞動繁重程度，以一定的工作時間長短來衡量而支付的工資。計時工資的數額由工資標準和工作時間規定。計時工資的標準，一般體現在某個系列和等級的員工的工資級別上，例如汽車製造廠的六級鉗工、經貿公司的二級營銷員。

　　第二，計件工資

　　計件工資是用人單位按照員工生產合格產品的數量或完成合格工作任務的數量（如推銷的件數或銷售額），以預先規定的計件單價為標準支付工資的形式。從一定意義上講，它是計時工資的轉化形式。

　　第三，獎金

　　獎金的性質是超額勞動的報酬，其類型多種多樣。獎金是一種靈活、有效的常用工資形式，在人力資源薪酬管理方面有著非常大的使用價值，其激勵作用有時能夠帶來巨大的經濟效益。

　　第四，津貼

　　津貼是員工工資的補充形式，是按崗位的具體條件和勞動的特殊內容（如業務出差、在醫院的傳染科工作）以及其他因素（如物價、住宿）發放的。

（三）福利

　　福利，是用人單位為改善與提高員工的生活水平，增加員工的生活便利度而對員工予以免費給付的經濟待遇。福利包括貨幣性和實物性兩種形式。其具體內容可以分為居住待遇、休養娛樂待遇、生活設施待遇和其他關懷性待遇四種類型[70]。

　　福利在組織的薪酬管理中，也具有重要的作用。實際上，福利是一個內容廣泛、性質多元和具有一定強制性的範疇。首先，它是對員工生活方面的一種平均的、滿足需要性的照顧；其次，它有著一定的社會保險和職業安全保護的強制性內容；進而，它在一些專案上實行差別性的發放，成為激勵性薪酬的一個部分，並因為一些高福利的專案而成為吸引人才和留住人才的重要手段[71]。

---

[70] 嚴誠忠，《企業人力資源管理——理論與實務》，第 220-221 頁，上海，立信會計出版社，1999。

[71] 羅旭華，《實用人力資源管理技巧》，第 231-237 頁，北京，經濟科學出版社，1998。

　　由於人的需求多樣，因此，組織在付與個人的福利報酬時，可以實行靈活福利計劃，採取員工自願選擇專案的方式。

（四）人工成本

　　從微觀意義上看，人工成本是用人單位在用人方面所有有關費用的總和。節約人工成本、提高經濟效益是人力資源開發與管理工作的重要目標。人工成本包括三大方面的內容：

(1) 員工個人所得的工資薪酬的各項內容；

(2) 用人單位支付的社會保險費用、培訓費用、住房開支等用於員工的各項開支；

(3) 從事人力資源開發與管理的各項工作成本，例如人力資源部門工作成本、招募成本等。

二、薪酬福利結構

　　人力資源的薪酬福利是組織對於人力資源所做貢獻的回報，它有不同的內容。從總體上看，薪酬福利的內容結構圖示如下。見圖 17-1：

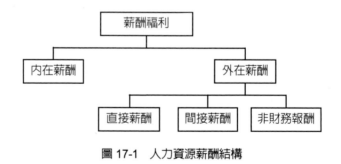

圖 17-1　人力資源薪酬結構

（一）內在薪酬

如前所述，狹義的薪酬是與「勞動」直接聯繫的部分，廣義的薪酬有著廣泛的內容，包括勞動付出所得的酬勞、福利待遇和滿足個人心理需求的內容。心理需求方面的內容不是經濟性的內容，而是非物質性的、無形的報酬。具體來說，其內容包括：工作中參與決策；較大的工作自由度；較大的責任；個人有興趣的工作；成長的機會；活動的多元化。內在薪酬是所從事「工作」的本身給員工帶來的酬勞，可以說，它是相當有效的激勵手段。

（二）外在薪酬

與內在薪酬相比，外在薪酬屬於經濟性待遇，它包括直接薪酬、間接薪酬和非財務報酬。

1、直接薪酬

直接薪酬是人們一般意義上的工資薪酬收入，這是人力資源報酬的主體。它包括基本薪酬（計時工資或計件工資）、獎金、工資性津貼、加班工資、業績工資（如營銷員底薪之外的銷售提成）、分紅、利潤分享、股權期權等等。津貼的種類較多，有的是低差異、高剛性，如地區津貼、班主任費；有的則是高差異、低剛性，如技術津貼、出差補貼。

在直接薪酬中，根本問題之一是「死」工資與「活」工資的比例，這關係著組織文化和對員工的激勵力度。

2、間接薪酬

間接薪酬包括組織的福利開支、人力資源養護費用（如醫療保險、養老保險等）和非工作時間（節假日和病假）的經濟給付。組織的福利專案諸多，如帶薪休假、住房補貼、免費午餐、員工食堂或伙食補助、交通接送或交通補貼、培訓教育資助、家庭困難補助、集體組織旅遊、節日生日禮物、優惠實物分配等。

組織的福利對於員工而言，是有享用權利差異的：有的福利專案是所有職工享有的全員福利；有的福利專案是專門福利，如對高層人員的轎車、

飛機乘坐待遇；有的福利專案屬於困難補助，針對若干處於可能的員工家庭；有的福利專案帶有一定的激勵性質。由於人們的需要眾多、差異很大，可以實行由員工選擇專案內容的自助、彈性福利計劃。自助彈性福利計劃有三種類型：

(1) 附加型，在現有的福利計劃之外，提供若干其他福利措施，供員工選擇；

(2) 「核心」加「選擇」型，核心福利部分是每個員工享有的基本福利，彈性選擇福利部分則附有價格供員工任意選擇；

(3) 套餐型，組織推出專案內容和優惠水準各不相同的若干種「福利組合」，由員工們從中選擇其一。

3、非財務報酬

非財務報酬是個人不領取款項、但需要組織給予一定經濟付出的待遇。例如，較舒適的辦公室環節和設施、特定的餐廳和停車位、配備個人秘書，以及動聽的頭銜等。

三、薪酬管理主要學說

(一) 分享理論

1、利益分享的含義

所謂利益分享，是指員工的工資不是按工作時間確定固定的工資，而是與雇主共同分享企業經營的利益，亦即員工工資占企業經營收入的一定比例。美國經濟學家馬丁‧魏茨曼主張，員工的報酬要採用「工資制」和「利益分享制」兩種模式，就是要把員工的利益與企業的經營效益掛起勾來。

20世紀30年代，凱因斯提出經濟病症的性質是「有效需求不足」，原因在於消費傾向下降、資本邊際效益下降和貨幣靈活偏好三個方面，解決的辦法是國家進行干預，創造有效需求。20世紀60年代中期以後，發達國家出現了經濟長期滯脹局面，凱因斯主義政策失靈，反滯脹成為經濟學

的首要任務。美國麻省理工學院經濟學教授、世界銀行和國際貨幣基金組織顧問馬丁‧魏茨曼針對這種經濟惡化趨勢，提出了一種勞資雙方分享企業經營利益的原則。該學說成為經濟學領域的創新理論。

2、利益分享的作用

利益分享論認為，在傳統的工資制度中，工人的工資與廠商的經濟活動、經濟效益無關，是一種固定成本。在產品市場不景氣時，廠商只能減少生產和縮減用工數量而不能降低成本、降低產品價格以適應市場，因而導致市場收縮和失業。當社會為消滅這些失業而採取擴張性財政政策和貨幣政策時，又導致了通貨膨脹。因此，工資問題成為造成整個宏觀經濟問題的根本性病因。要擺脫經濟滯脹局面，需要對其根源——工資制度動大手術，要將這種「員工勞動報酬」式的工資制度，改變為「工人與雇主共同關心勞動成本節約」的制度，使單位產品的勞動成本隨就業的增加而下降。當一個國家的全部（或大多數）企業都實行利益分享制時，經濟就會平衡擴張、順利發展。

利益分享論為現代人力資源管理提供了重要的思想方法，它在一定程度上承認了員工的主人地位，也提出了卓有成效的薪酬管理方法。經濟學者的樸素語言對此描述為「餡餅做得大一點」，就能大家都分得多。要想「大家分得多」，基礎是把餡餅做大，而「餡餅」做大的動力正在於員工們的自覺努力工作。

（二）公平理論

美國學者斯達西‧亞當斯提出公平理論。該理論指出，當一個人察覺到自己在工作上的努力（投入）對由此所得到的報酬（所獲結果）的比，與其他人的投入對結果的比相等時，就認為是公平的。這說明人們在判斷分配是否公平時，並不是比較所獲結果的絕對量多少，而是比較付出與所得的比值。該公式為：

$$\frac{自己所得}{自己付出} = \frac{他人所得}{他人付出}$$

　　在確定一個單位的工資水平和工資政策時，公平性是重要的出發點。實際上，組織必須顧及兩個方面的公平性：內部的公平性和外部的公平性。內部公平性指企業內部的職工感受公平，認為基本上做到了勞酬相符。進一步來說，內部公平是把報酬基點建立在科學的職務分析上和個人勞動得到了恰當的承認和補償的「個人公平」方面。外部公平性則是指企業的工資水平必須以市場工資率為基準，進一步來說是要在與同行業的競爭中有利於吸引和留住人才。見圖 17-2。

（三）激勵理論

　　激勵理論是非常重要的管理理論，也是非常重要的人力資源開發與管理理論。美國心理學家弗魯姆的期望理論在激勵理論中占有重要作用，它著重研究目標與激勵之間的規律。按照期望理論，人是透過選擇一定的目標，然後做出努力以實現這一目標，從而直接或間接地滿足自身的需要。人在行動之前的目標選擇時是有對行為結果的某種預期的，這種預期本身就是一種力量，它能夠激發人的動機，調動人的積極性。激勵理論的大小取決於兩個因素：一是效價，即所追求目標的價值；二是期望值，即所追求目標得以實現的可能性的大小。用公式表示即：

$$激勵力量＝\Sigma 效價 \times 期望值$$

　　這個模式說明：目標價值和期望值的不同組合，決定著不同的激勵程度，要使被激勵對象的激勵力量最大時，效價和期望值都必須高；只要效價與期望值中有一項的值很低時，對被激勵對象來說就缺乏激勵力量。例如，對月薪數萬元的高層管理人員來說，每月發放 100 元的津貼或者獎金，其效果幾乎為 0；而幾十元的津貼或者獎金對月薪數百元的打工仔來說，則具有較大的激勵作用。

　　此外，影響激勵水平的因素，還有關聯性、獎酬、能力和選擇等因素。關聯性是指工作績效與所得報酬之間的關聯程度，這一點尤其要解決好。

　　運用期望理論調動員工的積極性，需要處理好努力與成績的關係、成績與報酬的關係、報酬與滿足個人需要的關係，這是組織制定薪酬政策時需要加以遵循的。

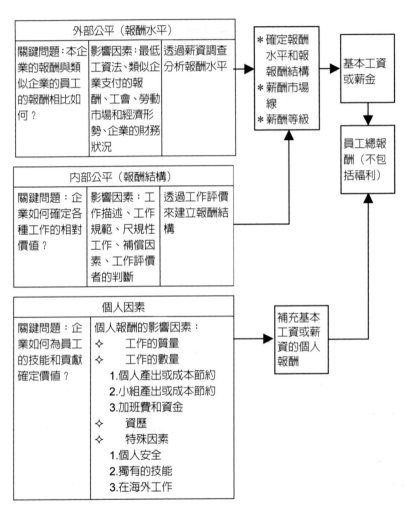

圖 17-2 公平理論的作用[72]

[72] 張一馳，《人力資源管理教程》，第 229 頁，北京大學出版社，1999。

第二節　薪酬制度方案設計

一、崗位工作評價

（一）崗位工作評價的目的

　　為了使工資薪酬達到公平性和科學性，用人單位在確立自己的工資水平時，要在組織內部進行崗位工作評價，以實現勞酬相符；還要對外部的同行單位的工資進行調查，把握和比較本組織工資水平與市場工資水平的關係，使自己具有合理的薪酬策略。這是組織薪酬管理的基礎和出發點。

　　崗位工作評價，與前面章節的工作分析和職務分析基本上是同一範疇，這裏使用「崗位工作」的概念，是側重對員工在某職務或崗位的工作中所支出的勞動量的衡量過程，即以某個職務分析結果——職務說明書為依據，衡量、判斷該工作崗位與其他崗位相比應當付與多少薪酬，這就使組織工資薪酬具有了客觀依據，從而達到薪酬分配的內部公平性。

（二）崗位相對關係的確定

　　為了達到薪酬分配的內部公平性，必須解決好組織內部各個崗位的相對關係。要從組織的職務說明書出發，並考慮工作中的勞動定額以及一些其他的因素（如工作角色的重要性、勞動環境等），確定工作崗位的等級或職級。崗位的相對關係，可以分為「縱」、「橫」兩個方面。

　　從縱向的角度看，同類型的一系列工作崗位中，有高低不同的等級，例如技術員、助理工程師、工程師、總工程師等級。一般來說，工作量付出多的崗位，就評為較高的崗位等級或職級；工作量付出少的崗位，就評為較低的崗位等級或職級。因此，反映工作付出和勞動貢獻的崗位等級（或職級），就能夠直接與工資報酬掛勾了。等級較高的崗位支付相對較高數量的工資，等級較低的崗位支付相對較低數量的工資，這就實現了組織內部

職工所付出的勞動量與所獲取報酬的比值大體相當的格局，即達到了薪酬的內部公平。

　　從橫向的角度看，在各個組織中都有不同的工作類型或工作系列，例如公司中有生產、營銷、技術、管理、後勤等系列，大學中有教師、資料、教務管理、後勤服務等系列。不同的工作系列但處於同一崗位等級的崗位，應當支付大致相等的工資量，這也體現著薪酬的內部公平。

　　崗位評價方法即職務分析的步驟方法，這裏不贅述。

二、市場薪資調查

　　崗位工作評價是對本組織的崗位工作所支出的勞動量進行衡量評價，組織根據崗位工作評價結果制定自己的基本工資標準，確定本組織的工資水平。這一標準是否符合同行業的工資行情（市值）、是否符合同行業的市場工資率，有賴於工資調查。

對同行業進行工資調查的方式，主要有以下幾種：

（一）非正式調查方式

1、電話詢問

　　對於調查小部分崗位的工資，電話詢問是收集資料的好方法。在市場競爭激烈的情況下，組織往往對自身的工資資料保密，但有時可以透過電話詢問的方式得到一定的資訊。例如，在某公司招聘會計時，可以打電話詢問其會計崗位的工資報酬情況，從而取得這一崗位的工資資料。

2、非正式討論方式

　　在各種有關的專業會議上，可以透過會下交流方式詢問同一產業、同類型單位的工資薪酬情況。

3、應聘人員

透過詢問前來應聘的人員和新錄用的員工，可以收集到他們原供職單位的工資福利資料。

4、其他方式

從一些單位的招聘廣告中，以及從本單位流出的員工處，也可以獲得其他單位薪酬福利的有關資料。

（二）正式調查方式

正式調查方式包括透過問卷和訪問方式收集有關資料。該調查方式的優點在於它可以調查得很詳細；缺點是所花費的時間較長，而且許多單位出於保密的原因，拒絕回答問題，造成訪問不能順利進行和問卷回收率低。

採用這一方式時，要注意做好以下工作：（1）確定調查範圍。調查的範圍一般應選擇同一地區、同一行業、同種規模的企業，以求工資結構大致相同。（2）選擇調查對象。調查對象應選擇具有可比性的工作崗位，即所調查的崗位同本企業的相關崗位在工作性質、工作職責、工作條件，以及所需資格條件等方面應基本一致。簡言之，所調查的崗位應該是本行業具有代表性、典型性的崗位。（3）確定調查內容。一般來說，調查的內容包括基本工資、附加工資、獎金、福利、分紅、保險和企業的工資結構等。（4）進行調查。在調查前，要努力爭取被調查單位的支援與合作，最好的方式是簽訂資源分享協定。這裏的資源分享，是指對方提供有關資訊和資料，要把調查匯總結果提供給對方。在提供的匯總材料上，不要出現各個被調查企業的名稱，而應使用企業代號。

（三）統計部門或專業機構提供

組織可以從政府統計部門或專業研究機構每年發表的調查報告和統計資料中，獲得有關行業、系統各有關職業及其級別的工資資料。例如，我國的政府勞動保障部門發佈的「勞動力市場價位」、各地人才市場的工資資訊。

在市場薪資調查之後，要把所得到的各種資料進行整理，然後匯總成表，以供制定本組織的工資薪酬方案之用。

三、繪製工資等級表

設計組織薪酬制度，比較簡便易行的方法是，根據組織崗位工作評價的結果繪製反映現行薪酬水平的工資等級表。

（一）設計職務工資類型

根據員工擔任的崗位職務支付的工資，即職務工資。職務工資有單一型和範圍型兩種類型。

1、單一型

單一型的工資類型是一職一薪，即對每一個職務（或崗位）等級僅僅設一個工資額。如，7 個職務等級有 7 個工資額，或 7 個崗等有 7 個工資額。顯見，這是一種很簡單的工資類型。對於單一工資在實施中過於簡單、劃一的問題，在具體的薪酬管理中一般可以採取獎金、津貼等方法加以彌補。

2、範圍型

範圍型是一職多薪即一個職務（崗位）等級內設若干工資級或薪階，從而一個職務等級內具有若干工資額。實行職務工資制的組織，多採用範圍型。美國聯邦政府的薪俸表和我國公務員的工資等級表都屬於一職多薪的類型。從範圍型職務工資來看，由於一職多薪，使每一個職務等級即工資等級都有一個最高點（頂薪點）和最低點（起薪點）工資額，它們之間的差額叫做工資幅度（或薪幅），這個幅度表示每個工資等級可能支付的範圍。

由於範圍型工資設定了工資幅度，因而具有以下兩個優點：（1）具有靈活性。組織可以根據勞動市場的變化，適當地對工資待遇進行調整。為了吸引人才，組織還可以選擇某個職務等級內的較高級別工資待遇。（2）在同一職務（崗位）等級內，組織可以根據員工的績效優劣和工齡長短等不同情況給予差別待遇。這可以成為對人力資源進行長期管理的手段。

（二）確定職務工資級差

範圍型職務工資在工資級差設計中有兩種類型——無覆蓋式和覆蓋式。

1、無覆蓋式工資

即上一個職務等級（或崗等）的最低一級工資大於或等於下一個職務等級（或崗等）的最高一級工資（如圖 17-3 所示）。

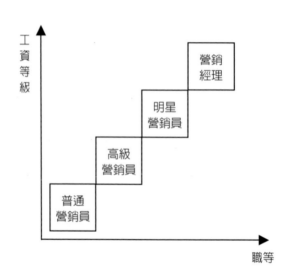

圖 17-3　　　　　　　　　　　　　　　　　　　　　　　　　營銷人員

無覆蓋式工資

例如，營銷員工資為 500～1200；
　　　　高級營銷員工資為 1200～2500（或 1300～2500）；
　　　　明星營銷員工資為 2500～5000（或 2600～7000）；
　　　　營銷經理工資為 5000～7000（或 5100～7000）。

2、覆蓋式工資

即上一個職務等級的最低一級工資等於下一職務等級的中間級工資。也就是說，在兩個相鄰職務等級之間工資有部分重疊。與無覆蓋式工資相

比，一般說覆蓋式工資成本低，具有較強的靈活性，而且使那些職責程度差別不太大的崗位，工資差距不致過分懸殊。

例如，營銷員工資為 500 元～1800 元；

高級營銷員工資為 1200 元～3000 元；

明星營銷員工資為 2600 元～5000 元；

營銷經理工資為 4000 元～8000 元。

詳見圖 17－4。

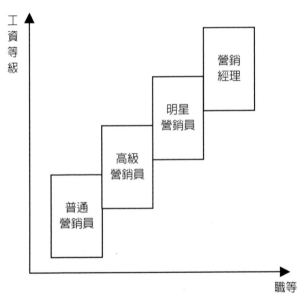

圖 17-4　營銷人員覆蓋式工資

（三）繪製工資等級表

在明確了職務工資類型與級差方式以後，就可以製作規定一個組織各種工資水平的完整的工資等級表了。

透過崗位工作評價，各個崗位間都取得了相對價值，每個崗位也都具有了分值。在此基礎上，要根據工作量的相近程度統一劃分了崗等。例如，200 分以下的崗位為第一崗等，200～400 分的崗位為第二崗等，400 分～

600 分的崗位為第三崗等，600～800 分的崗位為第四崗等，800～1000 分
的崗位為第五崗等，1000～1200 分的崗位為第六崗等……至此，一個崗等
就是一個工資等級，也是一個職務等級。工資等級表就是根據崗位工作評
價的結果繪製的。

（四）協調不同職務類型之間的關係

將本組織的工資等級表與對社會薪資調查的結果比較，可以發現二者
在對應的職務等級工資之間的差別。

如果二者大致擬合，或者處於差別不大且可以解釋、亦或有理由存在
相當差異的情況下，就可以參照社會水平制定或修訂自己的各個系列、各
個等級的工資數額，最後形成本組織的等級表。

如果二者偏離太大，就需要進行分析，對差異明顯的修改工資等級曲
線的工資數額進行調整。

四、薪酬水平的社會定位

這裏的薪酬水平定位，是指本組織的薪酬水平與社會同行業的薪酬水
平比較。

（一）趨同政策

如果本組織的薪酬政策是要趨同於社會同行業的薪酬水平，該組織就
要根據同行業工資水平來確定自己的工資水平。從理論上講，對低於市值
的崗位，要增加工資以達到市場水平；對高於市值的崗位，則應相應降低
現行工資以符合市場水平。

但是在現實生活中，如果調低員工的工資，會極大地挫傷員工的積極
性。為了避免這一問題，一般的做法有三種：其一，暫時凍結增資或減緩
日後的增資幅度，使偏高的工資在一段時間後回落到市值水平；其二，在
可行的情況下，增加員工的崗位工作量，提高員工的工作效率，使其勞動
貢獻與工資待遇相符合；其三，對具備資格條件的員工予以調職或晉升。

（二）高工資政策

在組織具有經濟能力的情況下，也可以實行高於或低於市場薪酬水平的政策。應當注意的是，如果組織的工資水平增加過多，則會增加人工成本、縮小利潤空間，使產品失去競爭力。

在實行高工資政策的情況下，如果員工因獲得較高工資而受到激勵提高了工作效率，則可能是另一情況：工資雖然偏高，但提高了利潤，從而獲得經濟效益。同時，高工資能吸引外界優秀人才和保留內部優秀人才，可能取得極好的經濟效益。

（三）低工資政策

如果組織的規模小、財力有限，並且經營不善，則只能採用低工資政策。需注意，工資水平過低，是無法吸引優秀人才的，原有的人才也會逐漸「跳槽」、另謀高就。

第三節　薪酬管理實施

一、薪酬管理原則

（一）薪績一致

薪績一致，是現代薪酬管理的基本理念和首要原則。薪績一致，也體現在「獎罰有據」上。為了達到這一原則，要求組織的薪酬制度比較完善，在日常管理中加強工作考核，以此為依據來計算和發放工資。

（二）業績優先

在組織的薪酬制度中，要貫徹「業績優先」的原則。業績優先，也就是要注重工資的激勵作用。

(1) 對於結構工資，應加強其中效益工資的比重，以加強效益工資的調節力度；

(2) 對於計件工資或類似的銷售工資，應認真核定計件單價，並採取業績係數遞增制；

(3) 對有重大貢獻者要給予重獎；

(4) 對工資水平固定的計時工資，在工作者優秀地完成了工作任務後，應給予一定的獎勵。

（三）分享利益

隨著組織的發展和經濟效益的提高，員工應當分享企業發展的部分利益。這體現為獎金發放、年底分紅、工資升級等方面。優異地完成了經營目標任務、對組織做出傑出貢獻的高級經營管理人員，更應當獲得一定的利潤分享。應當認識到，這種「分享」的支出，會換取員工很大的工作動力，因而可能帶來相當高的經濟回報。利益分享的形式與水平，要經過董事會審核、批准。

（四）目標管理

目標管理主要體現在高層經營管理人員的年薪制業績目標和分部門經營管理者的工作任務承包上。其實質，是管理人員對於企業生產經營的全面承包，並得到合理的經濟回報。年薪制既可以給予經營承包人比較穩定的高工資，承認其企業家的角色，又能根據其業績給予相當的回報，較好地實現按勞付酬，從而調動經營者創造效益的才能，達到激勵和約束的作用。

（五）合乎法律

這包括國家勞動法、地方勞動法規、勞動行政部門頒佈的管理規定。

二、薪酬基本類型

從微觀層面的薪酬，是指企業內部的工資管理的標準與規定。企業的薪酬可以分為以下四個基本類型。

（一）績效型工資

績效工資是主要根據員工的動態業績來決定支付報酬數量的工資薪酬類型。績效工資的前身是計件工資，計件工資制是一種依據工人生產合格產品數量或工作量按預定單價標準計算支付勞動報酬的最常見形式。需要注意的是，不要把績效工資簡單地理解為工資與產品數量掛鈎的工資形式，它實際上是建立在科學工資標準和管理程式基礎上的工資體系，其基本特徵是將員工的薪酬收入與個人業績掛鈎。

績效工資制的優點，是有利於員工薪酬與可變化的個人業績掛鈎，將激勵機制融於企業目標和個人業績關係之中；有利於薪酬向業績優秀者傾斜，提高企業效率和節省人力成本，有利於突出團隊精神和企業形象，增大激勵力度和員工的凝聚力。其缺點，是容易導致員工短期行為，同時也不利於員工綜合素質的提高和開發職工的潛能。

（二）技能型工資

技能工資是以勞動技能等級為依據，以勞動者實際勞動質量和數量確定報酬的多元組合的工資類型。企業定出員工工作的技術等級及考核標準，要求員工具有一技之長，並按其已顯現出來的能力確定其薪酬等級，支付相應報酬。如果員工具備了更高的能力，可以向企業提出升級的請求，而高職位是有限的，人人都要努力爭取，經過優勝劣汰後能上升一級。因此，技能型工資制度有利於員工的自覺進步。

　　技能工資制也有不足之處，即有些工作比較艱苦，與績效計量也不直接掛鉤，這容易造成企業的一些崗位留不住人才的問題。

（三）資歷型工資

　　資歷型工資是以職工個人的年齡、工齡、學歷、本專業工作年限等因素為依據的薪酬類型，可以看作是一種勞動積累的工資。這種工資制度起源於第二次世界大戰，20 世紀 50 年代在日本頗為流行，它與終身雇傭制一起，構成了獨具特色的日本企業的薪酬管理制度。

　　這種工資制度的顯著優點是最大限度地穩定了企業員工，增強員工對企業的認同感和歸屬感。但隨著社會的進步和經濟的發展，這種強調資歷、不直接與績效掛鉤的工資制度弊端日益顯露，帶來的後果是員工年齡結構老化、企業工資成本急劇增加、企業負擔加重等。

（四）結構工資制

　　結構工資制是一種複合型的工資制度，是將員工工作的職務與績效，同其技能、資歷等因素複合後作為構成薪酬的不同組成部分來加以考慮的一種薪酬制度。把員工的工資分解成哪幾個部分，目前尚不統一，一般分解為固定工資（基礎工資、年功工資）和變動工資（技能工資、崗位或職務工資、超額工資）兩大部分。

　　結構工資制度較好地體現了工資的幾種不同功能：工齡、學歷、職務，主要反映了勞動的潛在形態；勞動工作態度、勞動條件，主要反映勞動的流動形態；勞動成果、貢獻（積累貢獻）主要反映勞動的凝固形態；而員工的最低工資則保障了勞動者的基本生活需要，結構工資不僅全面地反映了這些因素，而且還有利於克服組織中的平均主義。實行結構工資制需要特別注意的是，要把握好各部分工資占工資總量的比例關係。

三、常見的員工薪酬制度

（一）崗位薪點工資制

　　崗位薪點工資制是在崗位勞動評價「四要素」（崗位責任、崗位技能、工作強度、工作條件）的基礎上，用點數和點值來確定員工實際勞動報酬的一種工資制度。員工的點數透過一系列量化考核指標來確定，點值與企業和部門效益掛勾。其主要特點是：工資標準不是以金額表示，而是以薪點數表示；點值取決於經濟效益。崗位薪點工資制的內涵和基本操作過程類似於崗位工資，但在實際操作過程中更為靈活。

（二）等級工資制

1、崗位等級工資制

　　崗位等級工資制，簡稱崗位工資制，是按照員工在生產中的工作崗位確定工資等級和工資標準的一種工資制度。崗位工資制與職務等級工資制的性質基本相同，區別在於我國主要將前者應用于企業工人，後者應用於行政管理人員和專業技術人員。

　　崗位等級工資制是根據工作職務或崗位對任職人員在知識、技能和體力等方面的要求及勞動環境因素來確定員工的工作報酬。員工工資與崗位和職務要求掛勾，不考慮超出崗位要求之外的個人能力。崗位等級工資制主要有一崗一薪制、一崗數薪制和複合崗薪制三種形式。

2、職能等級工資制

　　職能等級工資制是根據職工所具備的與完成某一特定職位等級工作所要求的工作能力等級確定工資等級的一種工資制度。其特點是：職位與工資並不直接掛勾，決定個人工資等級的最主要因素是個人相關技能和工作能力；職能等級及與其相應的工資等級數目較少；要有嚴格的考核制度配套；人員調整靈活，有很強的適應性。

　　按照每一職能等級內是否再細劃檔次，職能等級工資制可以分為一級一薪制、一級數薪制和複合崗薪制三種形式；按員工工資是否主要由職能工資決定，可以分為單一型職能工資和多元化職能工資兩種形式。

（三）寬帶薪酬

　　這是一種新型的薪酬管理制度，正逐漸被導入企業。所謂「寬帶薪酬」，就是企業將原來眾多的薪酬等級壓縮成簡單的幾個級別，同時將每一個薪酬級別所對應的薪酬浮動範圍拉大，從而形成一種新的薪酬管理系統及操作流程。在這種薪酬體系設計中，員工不是沿著公司中唯一的薪酬等級層次垂直往上走，相反，有的時間裏他們可能都只是處於同一個薪酬寬帶之中，他們在企業中的流動是橫向的，員工即使是被安排到低層次的崗位上工作，也一樣有機會獲得較高的報酬。

（四）提成工資制

　　提成工資制是企業實際銷售收入減去成本開支和應繳納的各種稅費以後，剩餘部分在企業和職工之間按不同比例分成。它有創值提成、除本分成、「保本開支，見利分成」等形式，在飲食服務業多有採用。實行此制度的三要素是：確定適當的提成指標；確定恰當的提成方式，主要有全額提成和超額提成兩種形式；確定合理的提成比例，有固定提成比例和分檔累進或累退的提成率兩種比例方式。

（五）談判工資制

　　談判工資制是一種靈活反映企業經營狀況和勞務市場供求狀況，並對員工的工資收入實行保密的工資制度。職工的工資額由企業根據操作的技術複雜程度與員工當面談判協商確定，其工資額的高低取決於勞務市場的供求狀況和企業經營狀況。當某一工種人員緊缺或企業經營狀況較好時，工資額就上升，反之就下降。只有當企業和職工雙方就工資額達成一致，工資關係才能建立。企業和員工都必須對工資收入嚴格保密，不得向他人洩露。

談判工資制的優點是有利於減少員工之間工資上的攀比現象，減少矛盾。工資是由企業和員工共同談判確定，雙方都可以接受，一般都比較滿意，有利於調動職工的積極性。其弊端在於與勞、資雙方的談判能力、人際關係等有關，彈性較大，容易出現同工不同酬的問題。

四、經營者薪酬制度

（一）經營者年薪制

年薪制是以年度為單位決定工資薪金的制度，經營者年薪制是指企業以年度為單位確定經營者的報酬，並視其經營成果發放風險收入的工資制度。其特點表現在：以企業一個生產經營週期（一年）為單位發放；年薪與經營者工作責任、決策奉獻、經濟效益相聯繫；在構成上，固定收入與浮動收入相結合，前者水平取決於「經營者市場」形成的市場工資率，後者取決於本企業的經營狀況。

經營者年薪制具體由 5 個方面構成：

1、薪水

薪水為固定收入，主要是根據市場工資率、經營規模等因素而定；

2、激勵工資

它是工資中隨經營者工作努力程度和經營成果的變化而變化的部分。包括用獎金對經營者經營業績的短期（1～2 年）的激勵和以股票期權對經營者經營業績的長期（3～5 年）激勵；

3、成就工資

成就工資不同於激勵工資，首先，它是對經營者過去經營成就的追認，不是以現時的工作表現而激勵；其次，成就工資是加入固定收入中的永久收入，而不是一次或短期增加的工資。成就工資的增加會提升經營者的薪水；

4、福利

經營者除享有所有員工所具有的福利外，還有特殊福利，如無償使用交通工具、免費停車位、娛樂費、高額離職補償、公司提供無息或低息貸款等；

5、津貼

津貼支付的主要目的，是為提供良好的工作與生活條件等。

（二）經營者股權激勵

股權激勵就是讓經營者持有股票或股票期權，使之成為企業股東，將經營者的個人利益與企業利益聯繫在一起，以激發經營者透過提升企業長期價值來增加自己的財富，是一種經營者長期激勵方式。

經營者股權激勵的類型，按其性質，經營者股權激勵方式可以分為股票購買、股票獎勵、後配股、虛擬股票、業績單位等 5 種類型。每種類型的股權激勵方式又可劃分為若干種股權激勵方式。

（三）經營者股票期權

股票期權就是給予經營者在未來一段時間內按預定的價格（行權價）購買一定數量本公司股票的權利。股票期權並不是股票，其特徵如下：

1、股票期權是一種權力而非義務。股票期權的受益人在規定時間內，可以買也可以不買公司股票。若受益人決定購買股票，則公司必須賣給他們；若他們決定不購買股票，則公司或其他人不能強迫他們購買。

2、股票期權只有在行權價低於行權時本公司股票的市場價時才有價值。若行權價格位 10 元，公司股票的市場價為 8 元，則該股票期權一文不值，成為負數；若公司股票的市場價為 18 元，則受益人行使期權的每股收益為市場價與行權價的差額即每股收益為 8 元。

3、股票期權是公司無償贈予經營者的。經營者獲得股票期權是免費的，但實施股票期權時，必須按行權價購買股票。

【主要概念】

　　薪酬工資獎金津貼人工成本利益分享內在報酬外在報酬直接報酬非財務報酬薪資調查工資等級表績效工資制結構工資制談判工資制寬帶薪酬經營者年薪

【討論與思考題】

1、薪酬、工資、福利和人工成本的含義各是什麼？各有什麼特點？

2、簡要介紹在薪酬管理方面的三個學說。試運用分享理論、公平理論、激勵理論分析現實的工資薪酬管理問題。

3、內在和外在薪酬都有哪些內容和專案，其各部分應當有哪些職能？如何發揮其作用？

4、找一家企業，對其薪酬制度進行調查，分析其哪些工資薪酬條款反映薪酬管理理念和原則。

5、以某個企業或事業單位、社團組織為對象，或虛擬一個單位，設計一套員工薪酬管理方案。

6、薪酬制度設計的流程包括哪些步驟？

7、試結合某一單位的實際，分析一種薪酬制度類型。

第十八章

職業生涯規劃

【本章學習目標】

掌握職業和職業生涯的概念

瞭解職業生涯的分期和影響職業生涯的因素

掌握職業生涯的 5 個關鍵點

瞭解兩種職業生涯規劃視角

瞭解組織的職業生涯管理平臺

瞭解組織的職業生涯階梯

掌握職業生涯規劃的實施

瞭解日常的職業生涯工作

第一節　職業生涯基本分析

一、職業概念

（一）職業的定義

　　所謂職業，是指人們從事的相對穩定的、有收入的、專門類別的工作。職業一詞，「職」字的含義是職責、權力和工作的位置，「業」字的含義是事情、技術和工作本身。進一步來說，職業是對人們的生活方式、經濟狀況、文化水平、行為模式、思想情操的綜合性反映；也是一個人的權利、義務、權力、職責，從而是一個人社會地位的一般性表徵。由此，也可以說，職業是人的社會角色的一個極為重要的層面。

　　美國學者泰勒（Lee Taylor）則指出：「職業的社會學概念，可以解釋為一套成為模式的與特殊工作經驗有關的人群關係。這種成為模式的工作關係的整合，促進了職業結構的發展和職業意識形態的顯現。」[73]

　　現代管理學的發展趨勢是，越來越講求組織運行中的社會層和文化內容，這使得組織成員「人」的地位逐步回歸。在現代管理活動中，組織也就日益注意員工個人的職業問題，而不僅僅是從「組織分工」的單一角度出發進行人力資源的開發與管理，在最具有現代理念的組織中，甚至是從員工的個人意願和生涯出發進行人力資源的開發與管理。

（二）職業的內涵

　　美國社會學家塞爾茲認為，職業是一個人為了不斷取得個人收入而連續從事的具有市場價值的特殊活動。這種活動決定著從業者的社會地位。塞爾茲還指出，構成「職業」範疇的有三要點，即技術性、經濟性和社會性。

---

[73] 〔美〕李・泰勒，《職業社會學》，第 10 頁，國立編譯館，1972。

　　日本勞動問題專家保谷六郎認為，職業是有勞動能力的人為了生活所得而發揮個人能力，向社會做貢獻的連續活動，職業具有五個特性：其一，經濟性，即從中取得收入；其二，技術性，即某種職業的獨特的技術含量，可以發揮個人才能與專長；其三，社會性，即承擔社會的生產任務（社會分工），履行公民義務；其四，倫理性，即符合社會需要，為社會提供有用的服務；其五，連續性，即所從事的勞動相對穩定，是非中斷性的。

二、職業生涯範疇

（一）職業生涯概念

　　「生涯」一詞，在英文中為「career」，有人生經歷、生活道路和職業、專業、事業的含義。在人的一生中，有少年、成年、老年幾部分，成年階段無疑是最重要的時期。這一時期之所以重要，正因為這是人們從事職業生活的時期，是人生全部生活的主體。因此，人的一生在職業方面的發展歷程就是職業生涯。

　　麥克‧法蘭德（McFarland）指出：生涯是指一個人依據心中的長期目標所形成的一系列工作選擇及相關的教育或訓練活動，是有計劃的職業發展歷程。

　　美國著名職業問題專家薩帕（Super）指出：生涯是生活中各種事件的演進方向和歷程，是整合人一生中的各種職業和生活角色，由此表現出個人獨特的自我發展組型；它也是人自青春期開始直至退休之後，一連串有酬或無酬職位的綜合，甚至包括了副業、家庭和公民的角色。

（二）職業生涯分期

1、職業準備期

　　職業準備期是一個人就業前從事專業、職業技能學習的時期。這是人生生涯的起點，也是素質形成的主要時期。但是，對於這個生涯起點，許多人是盲目的，甚至是由別人代替（主要是父母）而走過的。

2、職業選擇期

在這一時期，人要根據社會需要、個人的素質與意願，做出職業選擇，走上工作崗位。這是職業生涯的關鍵步驟，也是個人的職業素質與社會「見面」、碰撞和獲得承認的時期。如果這時的選擇行為失誤，會帶來生涯的不順利、前途的不光明，抑或以後浪費光陰的再次選擇，還可能丟掉別的好機會而「後悔莫及」。

3、職業適應期

人們走上職業崗位從事勞動，是對人的素質的實際檢驗。在這一時期，基本具備工作崗位要求的人，能夠順利適應某一職業；素質較差者、素質特點與職業要求相異者，可能需要透過教育、培訓來達到職業適應；自身的職業能力、人格特點與工作崗位的要求差距較大者，難於達到職業適應，可能重新進行其他類別職業的選擇；而個人素質超過崗位要求很多者，可能重新進行高層次職業的選擇。

4、職業穩定期

這一時期是人的職業生涯的主體，從時間上看也占據職業生活期的絕大部分，一般是在人的成年、壯年時期。這一時期不僅是人們勞動效果最好的時期，也是人們養兒育女、擔負繁重家庭責任的時期，因此，成年人在該時期往往穩定在某種職業、甚至某一特定崗位上。在職業穩定時期，如果從業者的素質能夠得到發揮和提高，潛力得以體現，穩紮穩打，就可能抓住機會，逐步取得成果、獲得生涯的成功和成就。

在職業穩定期，經過長期的職業活動，還能夠使自己的素質狀況有較大的提高，成為在某一領域的行家裏手、專家權威，得到晉升，獲得巨大的成就，進而達到成功的巔峰，「一覽眾山小」。

5、職業衰退期

這一時期是人們進入老年的時期。由於人的生理條件的變化，職業能力發生了緩慢的、不可逆轉的減退，因而心理上趨向於求穩妥，其生涯則一般是維持現狀。

一些老年人，其智力並沒有明顯的減退，知識和經驗還有著越來越多的積累，有的學者稱之為「晶態智力」。這種晶態智力的發揮，能夠使他們的素質進一步提高，出現第二次創造高峰，再一次獲得成功。

6、職業退出期

即由於年老或其他原因，結束職業生活歷程的短暫過渡時期。

（三）工作三階段

在人生漫長的職業生涯各個時期中，從人在工作崗位的角度，又可以分為早期、中期、後期三個時期，它們基本上與上面的「職業適應期、職業穩定期、職業衰退期」相同。這三個時期，人們的職業生涯有著不同的、特定的任務。詳見表18-1。

表 18-1　各個工作時期的工作把握

階段	所關心的問題	應開發的工作
早期職業生涯	1、第一位是要得到工作 2、學會如何處理和調整日常工作中所遇到的各種麻煩 3、要為成功地完成所分派的任務而承擔責任 4、要做出改變職業和調換工作單位的決定	1、瞭解和評價職業和工作單位的資訊 2、瞭解工作和職位的任務、職責 3、瞭解如何與上級、同事和其他人搞好（工作方面的）關係 4、開發某一方面或更多方面的專門知識
中期職業生涯	1、擇專業和決定承擔義務的程度 2、確定從事的專業，並落實到工作單位 3、確定生涯發展的行程和目標等 4、在幾種可供選擇的生涯方案中，做出選擇（如技術工作還是管理職位）	1、開闢更寬的職業出路 2、瞭解如何自我評價的資訊（例如工作的成績效果） 3、瞭解如何正確解決工作、家庭和其他利益之間的矛盾
後期職業生涯	1、取得更大的責任或縮減在某一點上所承擔的責任 2、培養關鍵性的下屬和接班人 3、退休	1、擴大個人對工作的興趣，擴大所掌握技術的廣度 2、瞭解工作和單位的其他綜合性成果 3、瞭解合理安排生活之道，避免完全被工作所控制

三、影響職業生涯的因素

人們的職業道路選擇、職業發展和事業成功，受到個人、家庭和社會多方面的影響。總的來看，影響生涯成功的因素包括以下幾個方面：

（一）教育背景

教育是賦予個人才能、塑造個人人格、促進個人發展的社會活動，它奠定了一個人的基本素質，對人的生涯產生巨大的影響。

首先，獲得不同教育程度的人在個人職業選擇與被選擇時，具有不同的能量，這種能量關係著職業生涯的開端與適應期是否良好，還關係著其以後的發展、晉升是否順利。

其次，人們所接受教育的專業、職業種類，對於其生涯有著決定性的影響，往往成為其生涯的前半部分以至一生的職業類別。即使人們轉換職業，也往往與其所學的專業有一定聯繫；或者以所學的專業知識技能為基礎，流動到其他職業崗位上。

此外，人們所接受的不同等級教育、所學的不同學科門類、所在院校的不同教育思想，會帶來受教育者的不同思維模式與意識形態，從而使人們以不同的態度對待自己，對待社會，對待職業的選擇與生涯的發展。

（二）家庭影響

一個人的家庭也是造就人的素質和影響人的生涯的主要因素。人在幼年時期就開始受到家庭的深刻影響，長期潛移默化的結果會使人形成一定的價值觀和行為模式；人還會受到家庭中父兄的教誨和各種影響，自覺、不自覺地習得一定的職業知識和職業技能。這種價值觀、行為模式、職業知識和職業技能，必然從根本上影響著一個人的職業理想和職業目標，影響著其職業選擇的方向、選擇中的冒險與妥協程度、對職業崗位的態度、工作中的行為等。

（三）個人需求與心理動機

人們在就業時出於對不同職業的評價和價值取向，要從社會眾多的職業中選擇其一；就業後也要從若干個人發展機會中進一步做出生涯的調整，從而使自身獲得好的歸宿，取得他人與社會的承認，取得自己的成功。為了達到自己的目標和取得成功，人們要付出各種努力，包括做出一定的犧牲。

就一般情況而言，人在年輕時意氣風發，成功的目標和擇業的標準都較高。人到成年，特別是人過中年，就越來越現實。因為不論是一般的勞動者，還是事業上有成就的人，在有了相當多的職業實踐、有了各種閱歷以後，都更容易看到社會環境的約束，其成功的目標和擇業、轉職的標準就都非常實際，從而適合社會與所在組織的情況。

（四）機會

機會是一種隨機出現的、具有偶然性的事物。這種機會，既包括社會各種就業崗位對於一個人而言的隨機性崗位，也包括所在的組織給個人提供的培訓機會、發展條件和向上流動的職業情境。

（五）社會環境

社會環境通常是指社會的政治經濟形勢、涉及人們職業權利的管理體制、社會文化與習俗、職業的社會評價及時尚等等大環境。這些環境因素決定著社會職業崗位的數量、結構，決定著其出現的隨機性與波動性，從而決定了人們對不同職業的認定和步入職業生涯、調整職業生涯的決策。

進而言之，社會環境決定著社會職業結構的變遷，從而也決定了人的生涯不可抗拒、不可逆轉的變動規律性。

除了宏觀的內容外，「社會環境」還指個人所在的學校、社區、家族關係、個人交際圈子等較小的環境。這些小的社會環境因素，決定著一個人具體的社會活動範圍、內容及其所受到的限制，從而也決定了個人生涯的具體際遇。

第二節　職業生涯的關鍵點

一、走上職業崗位

人與職業，是相互關聯的一對範疇，個人進行職業選擇的同時，也就是職業對於個人的選擇。要較好地完成職業選擇，要獲得職業生涯的成功，必須做到人職兩者的相互適應和相互匹配[74]。

但是，在現實的職業選擇中，尤其是在人的生涯發展過程的初期，個人往往存在不知道「如何進行職業選擇」的問題，即職業選擇的能力較差，因而盲目地、被動地接受一個自己並不瞭解、並不認同的職業。這一問題在青年的心理斷乳時期[75]特別突出。隨著人對社會瞭解的增加，特別是在自身也進行了一定的職業活動後，其職業閱歷在增長，其職業技能在提高，其對社會職業資訊的瞭解在積累，因而他們的職業選擇能力在逐步提高。

二、全面適應職業

（一）完成職業崗位的適應

一個人走上工作崗位從事某一項職業的勞動，要透過一定的試用期，對自己所任職的崗位逐步熟悉，最後達到勝任的狀態。

職業適應的內容，以所在工作崗位的職務說明書或者職業環境為依據，要達到職務說明書所規定的各項內容的要求。包括：本職業崗位的工作技能、本職業所需的業務知識、一定的專業背景知識和理論（自己已掌握的知識、理論這時還要實踐化，缺乏的應給予有針對性的補充）、瞭解和

---

[74] 〔美〕愛德加・薛恩，《組織心理學》，第 104-107 頁，經濟管理出版社，1987。
[75] 〔日〕依田新主編，《青年心理學》，第 11 頁，知識出版社，1981。

組織中的各方面工作聯繫、組織的各項管理制度諸多方面。職業適應最基本、最突出的體現是工作技能的熟練。

達到上述職業適應方面內容的要求，需要透過自身的學習、模仿和工作單位對於自己的入職教育、實習安排、工作實踐、「師傅」指導、上崗培訓、技能訓練等途徑來達到。

（二）完成組織文化的適應

文化問題涉及經濟社會發展道路與模式，是當代許多學科高度關注的重大研究領域。組織文化也已成為當代管理學高度重視的問題。

一個人走上一個職業崗位，就是加入一個組織，他（她）就要受到組織的約束和指揮、得到組織的引導和塑造。每一個組織都有自己的文化，這種文化的核心是組織的價值觀，其表現是組織做事的風格、模式，也大量表現在人與人的關係上。

人在一個組織中從業，必然要被組織「社會化」，即被組織所認同和被組織中的成員們所認同。個人要對自己的行為和思想進行一定的調整和改造，才能達到組織的要求和期望，達到組織成員對自己的接納。

（三）完成職業心理的轉換

青年人第一次進入工作崗位，自食其力，掙得工資，真正成為在社會中生存的獨立的人。這是徹底完成心理斷乳的人生階段，它意味著人的社會心理的巨大轉變。即使是有了一定的職業生涯履歷的青年人和成年人，在轉換工作、走上新崗位時，不論是轉換職業種類、級別還是工作地區遷移，或是僅僅變動工作單位，都有面對新情境而進行心理轉換和適應的問題。

三、建立心理契約

所謂心理契約，是指員工個人與用人單位對雙方彼此權利與義務的一種主觀認同和承諾。作為組織員工的個人會認為，如果企業承諾將對自己的貢獻給以某種形式的回報，那麼只要自己為企業做出貢獻，企業就有義

務兌現自己的承諾；而企業認為，如果企業給予員工相應的報酬和發展機會，員工也就應該為企業做出貢獻[76]。員工和企業雙方在這個問題上就達成了默契。雖然這種心理契約不是正式的、有形的，沒有體現為文本，但它是比一般的工作合同契約更加重要的契約，因為這對雙方來說都是自覺的。

在人力資源個體與用人的組織之間形成心理契約的情況下，往往會出現員工對組織的認同，包括與組織在情感方面的認同、對組織依存的認同和對組織規範的認同[77]。

在現代高科技企業，員工大多數都是人力資本含量高的知識型員工，他們更加注重與企業的這種心理契約。他們一般都會遵守與企業的心理契約。如果企業違背了雙方的這種默契，導致心理契約被破壞，這些知識型員工的反應就會比較強烈，輕則降低工作積極性，重則憤而離職。很多高科技企業的員工流失率居高不下的原因，就是因為這些企業沒有意識到心理契約的重要性，沒有採取對員工負責任的做法，甚至不兌現已經承諾的事情。

四、確定生涯方向

美國管理學家薛恩（E. H. Schein）綜合了職業發展氛圍的各種不同因素，提出了一個職業發展圓錐型趨勢的三維結構理論。薛恩指出，職業生涯道路包括縱、橫、向心三個方向。

（一）縱向發展道路

縱向發展道路即企業內職工個人職位等級的升降。在企業中，個人的職業發展絕大多數是沿著一定的等級通道發展的，也就是員工得到一系列的提升和發展。當然，只有極少數人可能提升到企業的最高職位上，實現他們最初確定的職業計劃目標。

---

[76] Denise M Rousseau，"Psychological Contracts in Organizations"，7，Sage Publications，Inc，1995.

[77] 〔美〕羅伯特・L・馬希斯、約翰・H・傑克遜，《人力資源管理培訓教程》，第 41-41 頁，機械工業出版社，1999。

　　以某公司營銷人員的生涯為例，這種縱向發展道路的階梯圖示如下（見圖 18-1）：

總經理
副總經理
銷售總監
大區市場經理
市場部經理
銷售主任
銷售業務員
實習銷售員

圖 18-1　職位階梯圖

（二）橫向發展道路

　　橫向發展道路即企業中各平行部門和單位間個人職務的調動，例如由工程技術轉到採購、供應、市場銷售等。這種情況也叫工作職務轉換。

　　橫向發展的道路，在中層管理人員中較多採用，這有助於擴大他們的專業技術知識與豐富經歷，以便將來再提升到掌管全局的全面性管理行列中。

（三）向心發展道路

　　向心發展道路即由企業周邊逐步向企業的核心方向發展。當發生核心方向工作變動時，員工對企業情況就會瞭解得更多，擔負的責任也會更大，並且經常有機會參加重大問題的討論和決策。沿著核心方向發展與沿著縱向方面發展是相關的。那些具有專業知識、資訊和特長的人，易於向企業核心發展。

　　一個人在某個特定的職業崗位上工作，是向該等級職業的核心處發展的，這是一種水平的運動。他能夠進入該等級的核心，是透過獲得更多的責任和上層人物的信任而實現的。進入了核心，就意味著其職權的增長。

（四）三維道路結構

　　上述三種道路的整合，即構成人的職業生涯變動的三維結構。薛恩繪製了全面反映三維結構的模型，見圖 18-2。

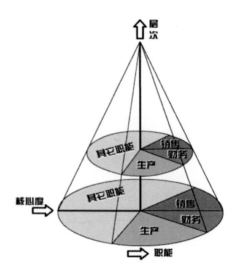

圖 18-2　職業生涯變動的三維結構

五、認定終身職業

（一）職業生涯歸宿——繫留點

　　薛恩的職業生涯繫留點理論，是職業生涯發展理論中的重要內容。該理論反映人們在有了相當豐富的工作閱歷以後，真正樂於從事某種職業，並把它作為自己終身職業歸宿的思想原因。或者說，某種因素把人「繫」在一種職業上。在經過長期的職業實踐後，人們對個人的「需要與動機」、「才能」、「價值觀」有了真正的認識，即尋找到了職業方面的「自我」與適合自我的職業，這就形成人們終身所認定的、假定的再一次職業選擇時

最不肯捨棄的因素,即「職業生涯繫留點」(career anchor)[78]。我國學者又把這一理論稱為「職業錨」理論,亦即人們選中了一種職業,就此「拋錨」、安身。

該理論是薛恩等人對麻省理工學院的一批管理系畢業生進行了長達十幾年的追蹤研究,進行了大量採訪、面談和態度測量,並根據這些資料進行研究分析得出的。研究表明,這批人在畢業時所持有的就業動機與職業價值觀,與十多年後的心理需求和職業價值觀都有一定的出入。職業價值觀在十多年後有所變化的原因在於:大學畢業生對自己的認識和對外界的認識有盲目之處、不準確之處,工作長時間後受到客觀實踐的矯正。薛恩指出,作為「自我概念」中最重要的內容:「人對自身才能的感知」是真正有了職業經歷、工作體驗後,才能夠正確、清楚地估測出來的。

(二)管理人才的繫留點

薛恩把麻省理工學院管理系畢業生的繫留點劃分為五種類別:

1、技術性能力

這種人的整個職業生涯核心,是追求自己擅長的技術才能和職能方面的工作能力的發揮。其價值觀是願意從事以某種特殊技能為核心的挑戰性工作。這批校友最後從事的是技術性職員、職能部門領導等各種職業。

2、管理能力

這種人的整個職業生涯核心,是追求某一單位中的高職位。他們沿著一個單位的權力階梯逐步攀升,直到全面執掌權力的高位。這種管理能力體現為分析問題、與人們周旋應付和在不確定情況下做出難度大的決策。他們追求的目標為總裁、常務副總裁等。

3、創造力

這種人的整個職業生涯核心,是圍繞著某種創造性努力而組織的。這種努力的結果是他們創造了新產品、新的服務業務,或者搞出什麼發明,

---

[78] 職業生涯繫留點也被翻譯為「職業錨」、「職業著眼點」。

或者開拓建立了自己的某項事業。這批校友中，有的人在所奮鬥的事業、創造、發明中已經成功；有的人仍然在奮鬥和探索著。

4、安全與穩定

這種人的整個職業生涯核心，是尋求一個組織機構中安穩的職位。這種職位能長期的就業、有穩定的前途，能夠使個人達到一定的經濟地位從而充裕地供養家庭。

5、自主性

這種人的整個職業生涯核心，是尋求「自由」和自主地工作。具體來說，是能夠自己安排時間，能夠按照自己的意願安排工作方式和生活方式。他們最可能離開常規性的公司、企業，但是其活動與工商企業活動及管理工作仍然保持著一定的聯繫。其職業如教書、搞諮詢、寫作、經營一家店鋪等。

（三）其他職業的繫留點

薛恩的上述研究結論是對明星大學管理專業畢業生的研究，其結論的適應性有著一定的範圍。鑒於社會職業的廣泛性，薛恩還提出了四種不同於明星大學管理系科畢業生的社會從業人員可能具有的職業生涯繫留點。

這包括：其一，基本認同，其含義是在一些社會階層較低的職業層面，一個人的頭銜、制服和其他職務標記可以成為「自我」定義的基本根據，例如哈佛大學的校工不說自己是校工職業而強調自己「在哈佛工作」的身份；其二，服務，亦即勞務；其三，權力欲及擴展；其四，工作中的多樣性追求。

第三節 組織職業生涯規劃基本內容

一、組織的職業生涯規劃

（一）組織的職業生涯理念

人，歷來是組織的重要構成要素，是組織管理工作的主要對象。從人類社會管理活動發展歷史的角度看，人從一種附屬於機械、類似於機械的對象（泰羅制階段），變為組織之中具有情感性的管理對象（行為科學階段），其後變為社會經濟系統中的一種複雜因素（管理科學叢林時代），進而又變為造就組織財富源泉甚至造就組織本身的資源。

當今世界，組織的人力資源管理理念產生著進一步的變化。諸多組織都認識到：要搞好自己的經營，要在競爭中取勝，就要充分開發和利用人力資源，就要從「人」出發。因此，當今組織的人力資源理念是把人放在中心，把人的職業生涯規劃與管理作為人力資源開發與管理工作和整個管理工作必不可少的內容，甚至是作為吸引人才、造就人才、成就組織大業的重要手段。

（二）組織的職業生涯規劃視角

每個組織都有自己的運轉目標，每個組織都有自己的組織結構，每個組織也都有自己的用人需要，這就必須基於成員們的能力、人格、需要、動機，對員工進行規劃。

近年來，發達國家的經濟組織對於員工的規劃，已經從「選拔組織所需人員」的規劃進入到「職業生涯規劃」（career planning）階段。其立意已經不僅是把「對員工前途的提供與幫助」作為員工激勵的手段，而且也成為組織管理工作的新思路，其「新」處在於組織發展與員工發展的一致化和互相促進。因此，職業生涯規劃成為現代組織的用人和長期發展的戰

略性任務。從人力資源開發與管理的角度看，組織的職業生涯規劃也構成現代人力資源管理的重要內容。

這裏進一步將組織的職業生涯規劃和個人的職業生涯規劃進行比較對照[79]。詳見表 18-2。

表 18-2　職業生涯規劃比較

組織職業生涯規劃的視角	個人職業生涯規劃的視角
✧ 確定組織未來的人員需要 ✧ 安排職業階梯 ✧ 評估每個員工的潛能與培訓需要 ✧ 在嚴密檢查的基礎上，為組織建立一個職業生涯規劃體系	✧ 確認個人的能力與興趣 ✧ 計劃生活和工作目標 ✧ 評估組織內外可供選擇的路徑 ✧ 關注隨著職業與生命階段的變化，在興趣和目標方面的變化

二、組織的職位階梯

從組織的角度看，凡招收聘用了一個人，他就進入本組織而成為自己的成員，也就被置於組織結構中的某一工作的「位子」上。個人進入該組織結構之中，也就加入了組織角色與工作的分工體系。但是，在科層制即等級制組織中，工作分工往往意味著一個人在組織的職位階梯中的不同位置。

社會學告訴我們，人的社會地位的流動分為垂直流動和水平流動。對於一個人來說，他的垂直流動包括職業階層的上升和下降（這相對少見），上述圖 10-1 的銷售人員的晉升階梯圖，就是垂直流動的上升路徑。一個人的水平流動則是同等地位的職業的變換，例如從技術工人變為營業員、從工程師轉行當大學講師、從外科的科主任調任醫院某處的處長。這種職業流動的總和，就是一個人職業生涯所走的路。

就一個人而言，他在組織的職位階梯中一步一步向上攀登的努力，是在組織考慮自身具有的人力資源以至從社會可能獲得的許多同類資源要素環境中進行的。組織應當在員工的組織目標的大前提下，充分把員工的個

---

[79] 〔美〕羅伯特・L・馬希斯、約翰・H・傑克遜，《人力資源管理培訓教程》，第 162 頁，機械工業出版社，1999。

人職業生涯發展納入組織管理的範圍，透過實現發展目標來取得更加優異的組織目標。

三、技術道路與管理道路

在任何組織中，員工都有從事技術性工作和從事管理性工作的兩種可能，即走技術專家和管理者兩條不同的職業生涯發展道路。這兩條路對於人們所從事的職業崗位來說，有著工作性質的差別。應當指出，「技術」道路在這裏是廣義的，它不僅僅是指「工程師」、「研發人員」等職業，還包括「會計師」、「廣告師」、「營銷師」、「測評師」等業務精英的職業。

根據工作性質的不同組織合理地選拔人員，根據個人的素質潛能幫助其尋找合適的工作目標並進行培訓，是組織對員工進行職業生涯設計的重要工作內容。究竟選擇哪一條道路，最終要根據員工的能力專長、人格特徵條件和個人意願。下面對管理者與技術專家兩種工作任務進行分析。詳見表 18-3：

表 18-3　管理者與技術專家的工作比較[80]

管理者的任務	技術專家的任務
✧ 勸導、指導、指揮他人	✧ 好為人師
✧ 對情感和態度很敏感	✧ 富有直覺和創造性
✧ 評價他人的工作	✧ 評價資料系統或方法
✧ 預算、分析和控制成本費用	✧ 技術工作不惜代價
✧ 有很好的表達能力	✧ 有高超的分析能力
✧ 傳達上級意圖，實施組織政策	✧ 善於邏輯推理，不喜歡照搬照抄
✧ 指出使用什麼方法	✧ 確定具體方法
✧ 根據不充足的材料做出決策	✧ 收集的資料多多益善
✧ 承認組織機構的等級制	✧ 承認客觀事實的層次性
✧ 尋求各種經營目標之間的關係	✧ 尋求各種技術之間的關係

---

[80] 資料來源：〔美〕M·K·巴達維，《開發科技人員的管理才能》，第 85 頁，北京，經濟管理出版社，1987。

第四節　組織職業生涯規劃的操作

一、組織職業生涯規劃的目標

（一）員工的組織化

1、基本目標——組織人

　　一般來說，員工的組織化即員工在一個組織中完成其社會化、成為合格員工的過程。人力資源管理學者對於個人初入單位的被接納與塑造成為合格員工的過程即組織化過程，給予了高度的重視。在這一過程中，個人要實現對職業崗位的適應、組織文化的適應和職業心理的轉換，組織則要把沒有職業閱歷或者有其他單位職業經歷的新招聘人員，塑造成為基本符合本單位需要的員工，即在本組織中被認同，能夠完成組織工作，具有與老成員類似特徵的人。

2、有價值的文化人

　　于中寧指出，發達國家是從「機器人」、「經濟人」的理念，到承認人的社會性、滿足員工的成就感和提升要求等的「社會人」觀念，20世紀90年代進一步發展為承認人的教育和文化背景、承認人的不同觀點和思考方式，即把員工看作有價值的「文化人」[81]。

3、合理自利的企業人

　　戴昌鈞則把組織中的人的轉變，定位為「企業人」，提出了「有限工作欲望假設」、「有限理性假設」和「合理自利假設」，並分析了工作的內容與性質、工作的目的、人員素質狀況與工作適應性關係三個方面的內容，還闡述了「將企業目標、社會規範內化到員工的價值體系中，引導員工自覺

---

[81] 程社明，《你的職業——職業生涯開發與管理》，第16頁，改革出版社，1999。

地在合理的範圍內去追求其自身利益，從而使個人利益與企業目標達到和諧統一的很高境界」[82]。

4、完成社會化的全面人

吳國存認為，個人進入組織是「學會工作、擔任好角色、譯解組織文化、融入組織」的特定社會化過程，從而成為「全面人」[83]，這樣，組織對員工的職業生涯以至其他個人生活問題也應當給予關心。

（二）協調組織與員工的關係

任何組織都是由從上到下各層級的一個個員工所組成，組織與員工之間的協調至關重要。協調組織和員工的關係，一般說即是承認員工個人的利益和目標，這能夠使員工的個人能力和潛能得到較大的發揮，使他們努力為組織完成生產經營任務，達到「雙贏」的目標。推行職業生涯規劃，正是協調組織與員工關係，對員工產生巨大的激勵作用並使組織目標和員工目標達到統一的重要途徑。

（三）為員工提供發展機會

人力資源是一種能動性的資源，發揮其能力與潛能至關重要。透過職業生涯規劃，可以使組織更加瞭解員工的能力，從而恰當地使用這一資源。尊重人、尊重員工，也是現代管理的理念。在組織正常發展的情況下，實行職業生涯規劃和管理措施，盡量考慮員工的個人意願，為員工提供發展機會，也是組織發揮員工主動精神的重要手段。

（四）促進組織事業的發展

實行職業生涯規劃的目的，還有利於大大提高員工的綜合素質，進而提高組織的效益和對外部變化的應變能力。從根本上說，是要促進組織事

---

[82] 戴昌鈞主編，《人力資源管理》，第 33-36 頁，南開大學出版社，2001。
[83] 吳國存，《企業職業管理與雇員發展》，第 35 頁、131 頁，經濟管理出版社，1999。

業的發展。要做到這一點，必須靠組織之中各方面人員的努力，包括睿智的領導者、認真負責的各層次管理者和員工們的團結協作。

二、職業生涯規劃的實施

（一）制定職業生涯規劃表

職業生涯規劃表，是組織對於員工實施職業生涯規劃與管理的主要方法之一，也是設計、實施和觀察職業生涯規劃與管理的重要工具。

職業生涯規劃表可以有不同的內容和多種模式，要根據一個組織的具體情況和職業生涯規劃與管理需要來選擇和制定。馬士斌基於職業類別、生涯目標體系內容和生涯通道的綜合考慮，對人生各個規劃時期的目標與實施內容列項，設計了生涯計劃表。這裏對該表格的內容介紹如下（表18-4）[84]：

（二）員工自我分析

員工首先應對自己的基本情況（包括個人的優勢、弱點、經驗、績效、喜惡等）有較為清醒的認識，然後在本人價值觀的指導下，確定自己近期與長期的發展目標，並進而擬訂具體的職業發展計劃。此計劃應有一定的靈活性，以便根據自己的實際情況進行調整。

進行正確的自我分析和自我評價並不是一件簡單的事情，要經過較長時期的自我觀察、自我體驗和自我剖析。其中，員工自我評價就是透過對一系列問題的回答來分析自己的能力、興趣和愛好等的方法。

（三）組織對員工的評估

組織評估是組織指導員工制定職業計劃的關鍵。組織評估的方法主要有三種：

---

[84] 馬士斌，《生涯管理》，第 60-63 頁，人民日報出版社，2001。

表 18-4 職業生涯規劃表

第　　次生涯計劃，上次計劃時間：　　年　　月　　日

姓名		員工編號	
年齡		性別	
所學專業		學歷	
目前任職崗位		崗位編號	
目前所在部門		部門編號	
計劃制定時間	年　月　日	部門負責人	

職 業 類 型

（在選定種類的題號上畫勾，可選擇兩個或以上）
1、管理　2、技術　3、營銷　4、操作　5、輔助
如選擇的職業類別更具體、細化，請進一步說明：

人 生 目 標

人生目標結構：
1、崗位目標：
2、技術等級目標：
3、收入目標：
4、社會影響目標：
5、重大成果目標：
6、其他目標：

人生通道：
　（1）圖示（簡略）：

　（2）簡要文字說明：

實現人生目標的戰略要點：

長 期 目 標（通常在 10 年以上）

長期目標結構：
長期通道：
實現長期目標的戰略要點：

中 期 目 標（通常在 3 年以上）

中期目標結構：
中期通道：
實現中期目標的戰略要點：

短 期 目 標（通常在 1 年以上）

短期目標結構：
短期通道：
實現短期目標的戰略要點：

第一，從選擇員工的過程中收集有關的資訊資料（包括能力測試，員工做出評估填寫的有關教育、工作經歷的表格以及人才資訊庫中的有關資料）做出評估；

第二，收集員工在目前工作崗位上表現的資訊資料（包括工作績效評估資料，有關晉升、推薦或工資提級等方面的情況）做出評估；

第三，透過心理測試和評價中心方法做出評估。發達國家的許多大企業組織都設有評價中心，有一支經過特別培訓的測評人員。透過員工自我評估以及評價中心的測評，能較確切地測評出員工的能力和潛質，對員工制定自己切實可行的職業計劃具有重要的指導作用。

（四）提供職業崗位資訊

員工進入企業後，要想制定一個切實可行的、符合企業需要的個人職業發展計劃，就必須獲得企業內有關職業選擇、職業變動和空缺崗位等方面的資訊。同樣，從企業的角度說，為了使員工的個人職業計劃制定得符合實際和有助於實現，就必須將有關員工職業發展方向、職業發展途徑以及有關職位候選人在技能、知識等方面的要求及時地利用企業內部報刊、公告或口頭傳達等形式傳遞給廣大員工，以便使那些對該職位感興趣、又符合自己職業發展方向的員工參與公平的競爭。

與預測相關的是，企業組織還要創造更多的崗位或新的職位，以使更多的員工職業目標得以實現。

（五）進行職業生涯發展諮詢

在制定職業生涯發展規劃時，員工往往有下列問題需要諮詢幫助：

1、我現在掌握了哪些技能？我的技能水平如何？我如何去發展和學習新的技能？發展與學習哪些方面的新技能最為可行？

2、我在目前工作崗位上真正的需要是什麼？如何才能在目前的工作崗位上既達到使上司滿意，又使自己滿意的程度？

3、根據我目前的知識與技能，我是否可以或有可能從事更高一級的工作？

4、我下一步朝哪個職位（或工作）發展為好？如何去實現這個目標？

5、我的計劃目標是否符合本組織的情況？如我要在本組織實現我的職業計劃目標，應接受哪些方面的培訓？

企業的人力資源開發與管理部門及各級管理人員，應協助員工回答這些問題。要搞好諮詢或指導，就要從各方面的資訊資料分析中，對員工的能力和潛能做出正確評價，並根據本企業的實際情況，協助員工制定出切實可行的職業計劃，並對其職業計劃目標的實現和途徑進行具體指導和必要支援。

三、職業生涯規劃評價

年度評價，是職業生涯規劃與管理的一項重要手段。從基本意義上說，年度評價是周期性地對組織職業生涯規劃與管理進行「盤點」，它有利於組織檢查職業生涯規劃與管理工作的效果，發現存在的問題，根據組織及環境的變化及時調整職業生涯規劃工作，而且還可以使職業生涯規劃與管理的對象瞭解情況，積極參與並及時做出調整。

職業生涯規劃年度評價的具體方法，包括自我評價、直線經理評估和全員評估幾種。一般來說，自我評估是自主和自覺的評估，也是能夠取得實效的評估；直線經理評估比較詳細，能夠與組織的工作有機地結合，而且容易跟進組織的職業生涯管理措施；全員評估類似于人力資源績效評價中的360度考核，評估結果比較全面和客觀。

在年度評價之後，往往要進行談話，並採取一定的職業生涯規劃調整措施。

四、日常的職業生涯工作

（一）招聘

在一個組織中進行職業生涯管理，對於選拔合格分子是極為重要的。為此，用人單位在招聘方面，要對組織政策進行調整。這包括在兩個主要方面：其一，在招聘過程中，突出對應聘者價值觀、人性和潛力的選擇，要選拔具有「自我實現人」特徵和與組織文化、價值觀相同的求職者。其二，招聘對象的定位在「初級崗位空缺」，而許多中高級崗位要留給員工的進一步發展。

（二）職務調配

晉升和調配，是人力資源管理中的經常性工作，這些工作大量涉及員工的個人前途與發展，因而應當在職業生涯規劃與管理中給予高度關注。在現代人力資源管理中，員工工作崗位的調配應當是具有職業生涯導向的，它強調根據員工的職業生涯發展需要進行。除了職業崗位的晉升外，在同一層次、不同職業或職務崗位上的橫向移動，也具有工作再設計的功能，它能夠對員工起到增加第二崗位以至第三、第四崗位的工作能力，增強職業適應能力，增加資訊和開闊眼界，建立比較廣泛的聯繫的作用。其結果，不僅為以後的晉升積累一定的條件和創造一定的機遇，而且也拓寬了員工的職業生涯發展道路。

（三）培訓

培訓工作是組織人力資源管理的重要內容。在組織從事職業生涯規劃與管理的情況下，培訓工作不僅目標明確、具體，而且很容易和員工的需求相結合，從而取得較好的培訓效果。在該方面應當注意的是，培訓要有超前意識，並要與職業生涯規劃有機地結合。

職業生涯培訓，可以分為內部培訓和外部培訓。一般來說，內部培訓和日常工作結合較緊，對職業生涯規劃工作的支援面也大；外部培訓則與

未來的生涯晉升聯繫更加密切，儘管其投入較大，但其激勵效果更好。這兩種方法應根據具體情況選擇使用。

（四）績效考評

　　人力資源管理中的績效考評，主要目的在於幫助員工尋找績效方面的問題及其原因，進而採取改進績效的行動。在推行職業生涯規劃的情況下，績效考評既可以幫助員工改進績效，達到修正生涯發展偏差的作用，也是修改或調整生涯計劃的重要依據。

【主要概念】

　　職業　職業生涯　職業生涯規劃　心理契約　職業生涯繫留點　職業錨　管理人才繫留點　三維道路　組織化

【討論與思考題】

1、職業生涯的含義是什麼？職業生涯的主要理論有哪些？

2、人的職業生涯如何劃分？影響因素有哪些？

3、工作三階段的內容分別包括什麼？

4、個人職業生涯發展的關鍵點有哪些？

5、如何在職業生涯發展中處理好工作三階段的任務？你認為哪階段的工作比較困難？應如何解決？

6、組織在人力資源管理中進行職業生涯規劃的原則和方法是什麼？請分析職業生涯規劃在組織管理中的地位。

7、假定你是一家跨國公司人力資源管理專業人才，你對你公司的經理層、技術人員、業務工作人員和一線操作人員如何進行職業生涯規劃？請設計一套工作方案。

附錄一　討論案例十則

案例一：聯創集團公司的人力資源戰略問題

　　聯創模具加工廠是一家鄉鎮企業，1989年成立於某省的一個小鎮，註冊資金10萬元。經過近二十年的發展，如今該廠已經初具規模，成為下屬5家境內獨資或控股公司、3家境外獨資公司的大型綜合性鋼材加工企業集團——聯創公司。

　　聯創公司是由一個企業作為核心，在此基礎上經過多元化戰略擴散發展起來的，產權紐帶緊密，實質上屬於一種較典型的母子控股公司。集團對下屬子公司的經營戰略、重大投資決策和人事任免均有絕對控制權。在職能部門設置方面，董事會下只有董事會辦公室是實體，但其職能未與董事會的需求相吻合；理事會的一個辦公室和四個部門是最近才設立的，職能未明確界定。從人員配置上看，理事會各部部長都是由對應的主管副總兼任，實質上是職能式組織模式，即職能部門除了能實際協助所在層級的領導人工作外，還有權在自己的職能範圍內向下層人員下達指令。

　　丁先生既是集團公司的董事長兼總經理，又是二級控股公司的董事長、法人代表。集團董事會是最高權力和決策機構。由集團正、副總和各二級公司總經理組成的理事會實質上是協商和執行機構，無決策權。

　　最近，丁總經理遇到了一些難題。

　　首先是跟隨丁總經理一起打天下的一班老功臣。他們歷盡艱辛，勞苦功高，但大多文化水平低，又居功自傲，排斥外來人才和年輕人，導致矛盾時有發生，很令人頭疼。

　　其次是公司的管理層。丁總經理雖然只有小學文化，但思維敏捷、個性堅毅、精力充沛、行事果敢，且十分健談。因此，管理層普遍感到難以跟上丁總的跳躍思維、難以溝通，但也基本形成了一個共識：按丁總意見辦，准成。

再次，從丁總自身的角度，他感到聯創公司主要存在三個方面的問題。

第一，是集權分權問題。自聯創公司發生了兩起員工攜款外逃事件後，現在公司上下所有報銷的財務票據都要由他簽審，導致他常常疲勞過度。丁總曾有兩次暈倒在辦公室。

第二是風險決策問題。現在公司越做越大，但大小決策都集中在丁總一個人身上。

第三是控制問題。過去給員工發個小紅包、拜個年什麼的就會得到員工真誠的回報。但自從有關部門界定丁總個人資產占 90％，鎮政府只占 10％後，員工心理發生了悄悄地變化。過去最親密的戰友與他疏遠了，工作表面上努力，但實際上是在應付。雖然工資待遇一加再加，但他們還是提不起精神。

如何解決這些問題？丁總很為難。

討論題：

1、聯創集團公司在組織結構方面存在哪些問題？應當採取什麼措施加以解決？

2、如果你是丁總經理，對於公司的一班老功臣的所作所為你將如何處理？

3、丁總經理在集團公司內實際上成為了唯一的決策者，這樣對公司的發展有何影響？

4、針對丁總經理認識到的公司目前存在的問題，從戰略人力資源管理的角度提出解決方案。

5、你認為聯創公司在企業管理創新和溝通協作方面還需要注意哪些問題？如何解決這些問題？

案例二：這樣的工作說明書合格嗎？

　　X 寬帶數位技術有限公司（以下簡稱 X 公司）成立於 1993 年，是行內稍有名氣的一家從事機頂盒研究開發的高新企業。公司員工雖然不到200 人，但是組織結構安排得井井有條，從機頂盒的產品規劃到研究開發再到生產最後走上數位電視的大市場，公司都配備了一套良好的人馬班子。

　　去年，在機頂盒行業並不十分景氣的情況下，X 公司憑著獨特的經營方式，強有力的人力資源後盾創下了年銷售量 6 萬台的佳績，在行內遙遙領先。

　　今年為了迎接更好的機遇更大的挑戰，以管理顧問為首的公司領導班子決定進行深度改革，首先從組織架構著手，把市場部提到了新的高度，重整了原來的系統軟體部、應用軟體部、硬體部等，同時也引進了一批更專業的人才。

　　然而，正當公司準備大展鴻圖時，卻出現了這樣的問題。由於組織架構的變動，有些崗位名稱變了，有些部門名稱變了，也有一些員工的部門隸屬關係變了，部門主要職能變了。因此有些員工開始迷茫：我現在該做什麼呀，什麼叫做「專案管理總經理」呀？

　　公司為了解決員工的迷茫，請來了諮詢公司的顧問張先生為公司進行崗位分析。張先生拿起公司原有的工作分析，在《管理責任程式》後的附件二《部門職責說明》之後就是公司的《工作說明書》，可是當他細看之後，翻了幾頁，皺起了眉頭。

　　現從公司的《工作說明書》中選一例供大家討論。

　　例：人力資源部工作說明書

　　人力資源部經理：

　　1、負責公司的勞資管理，並按績效考評情況實施獎罰；

　　2、負責統計、評估公司人力資源需求情況，制定人員招聘計劃並按計劃招聘公司員工；

　　3、按實際情況完善公司的員工工作績效考核制度；

　　4、負責向總經理提交人員鑒定、評價的結果；

　　5、負責管理人事檔案；

　　6、負責本部門員工工作績效考核；

7、負責完成總經理交待的其他任務。

培訓考核崗位：
1、負責按月收集各部門績效考核表，並按公司的員工工作績效考核制度進行人員績效考核，按時上報人力資源部經理。
2、負責收集各部門的培訓需求，制定培訓計劃。
3、負責執行經審批的培訓計劃，並進行培訓考核，撰寫培訓總結。
4、完成人力資源部經理交待的其他工作。

　　張先生看完後仔細思考了一下，雖然不知道這份工作分析是怎麼做出來的（據說這是經過深思熟慮，反覆推敲後成文的），但是他覺得這裏面存在的問題很多。

討論題：
1、仔細閱讀 X 公司的《工作說明書》，你認為在格式和內容方面都存在哪些問題？
2、根據案例中的資訊和必要的假設，對案例中給出的《工作說明書》提出框架性的修改意見。
3、《工作說明書》執行後，是否需要更新維護還是就這樣不再變動？如果需要更新維護的話，依靠什麼、由誰來做呢？是人力資源部嗎？
4、在《工作說明書》執行的過程中，如果員工有異議，或者說跟根本就不同意你對他所在崗位下的規定，那麼人力資源部該怎麼做？

案例三：安南的「全球協定」

　　聯合國為了應對全球化出現的有關人權、勞工標準和環境保護等方面的問題，1999 年 1 月在瑞士達沃斯展開了世界經濟論壇，論壇上聯合國秘書長科安南提出了一項計劃，該計劃被稱作「全球協定」（Global Compact）。「全球協定」要求各公司在各自具有影響的範圍內，遵守、支援和施行一套在人權，勞工標準及環境方面的基本原則。這些原則共分為三個方面，9 個條款。

　　第一、人權方面：
　　　　第一款：企業應該尊重和維護國際公認的各項人權。
　　　　第二款：企業絕不參與任何漠視與踐踏人權的行為。

　　第二、勞工標準方面：
　　　　第三款：企業應該維護結社自由；承認勞資集體談判的權利。
　　　　第四款：企業徹底消除各種形式的強制勞動。
　　　　第五款：企業禁止使用童工。
　　　　第六款：企業杜絕任何在就業和職業方面的歧視行為。

　　第三、環境方面：
　　　　第七款：企業應對環境挑戰未雨綢繆。
　　　　第八款：企業應主動增加對環保所承擔的責任。
　　　　第九款：企業鼓勵無害環境技術的發展與推廣。

　　對於以上述九項基本原則為主的全球協定，聯合國秘書長安南說了這樣令人深思的話：「我提議彙集在達沃斯的工商界領袖們，與聯合國一道就公認的價值和原則達成全球協定，給世界市場以人道的面貌。」「讓我們聯合起市場力量和環球理念的威力，連接起私營企業的創造力和弱勢人群的需求，以及我們人類未來的要求吧。」

討論題：

1、上述「全球協定」給了你什麼啓迪？用人單位在使用員工時應當遵守哪些國際勞工標準和當地法律？

2、你如何看待勞工的權益問題？公司的社會責任包括不包括對員工的責任？

3、你如何看待大陸出現的「民工潮」和「民工荒」問題？

4、如果你是某公司的總裁或者人力資源總監，你如何看待上述全球協定？應當如何思考你公司的人力資源管理工作？

5、你認為，知識型員工的價值是什麼？普通人力資源是不是公司的財富？為什麼？

案例四：人才測評能測出什麼？

近幾年隨著就業形式的嚴峻，大學生求職越來越難，形式也越來越多。一些畢業生在求職時手頭除了簡歷和各種榮譽證書之外，還不忘附帶一張人才測評報告。人才測評過去大多是白領跳槽想重新進行職業定位時才會選擇的一種自測方式，而如今有些尚未工作的在校大學生也開始做了，人才測評呈現低齡化趨勢。那麼人才測評在大學生求職中究竟扮演者什麼樣的角色？我們來看幾個例子。

1、王曉婷 22 歲應屆畢業生——走自己的路，讓「測評」去說吧

平時我一直很喜歡做心理測試之類的題目，但我不會去做職業測評。因為測試在我看來只是一種遊戲，如果要讓它決定我的職業方向，它還不夠格。因為最終作出決定的還是我自己。

雖然在各種選擇面前我也會猶豫和彷徨，但其實還是有傾向性的，畢竟自己最瞭解自己。就像當年大學畢業前我向朋友訴苦，說自己不知道是要讀研還是工作的時候，其實我內心已經有了讀研的傾向，我需要朋友的肯定，而不是她來幫我選擇。

現在臨近畢業找工作的我，內心也已經有了職業方向，所以即便做了職業測評也沒有用場，如果測試結果認為我不適合做這方面的工作，我想我還是會固執地朝我所選擇的方向走下去。

2、張立娜 29 歲已畢業大學生——測評讓我下定決心做好醫生

我是某大學醫學院的本科畢業生，經過數年的苦讀我終於可以在醫院開始了真正的工作。雖然工資不低，但我並不快樂。因為，醫院的工作又苦又累又枯燥。看到很多跟我一同畢業的同學都做了醫藥銷售，且薪資可觀，我羨慕不已，但我不知道自己是否適合這份工作。帶著能否做醫藥銷售和如何讓自己更勝任醫院工作這兩個問題我走進了一家諮詢公司。

在做了一個半小時的測試題之後，諮詢師對我進行了深入訪談。測試結果是我並不適合做銷售工作，因為我是一個比較文學氣的女孩子，內心充滿幻想，不太適合做競爭激烈的工作，而且我的人際關係處理能力並不是很強。諮詢師的建議是，我比較適合做醫生。他建議多向醫院內的著名大夫學習，單位需要的是成熟的社

會人，所以希望我能表現出成熟的一面，這並不是從打扮上來說，而是希望我能有責任心和恒心。

諮詢師最後再三強調，他只是給我建議而並不是要幫我作決定，但我覺得他的建議還是比較中肯的，而且和我自己以及別人對我的認識差不多，所以現在我決定做好這份工作，而且要做得比以前更認真。對於曾經羨慕過的醫藥銷售工作，現在我已決定放棄了。

3、徐青強 22 歲應屆畢業生——測評讓我「義無反顧」

我是經濟學專業的大四學生，面臨畢業和就業，心中著實沒底。去年因為我和大四師兄同住一間寢室，他們找工作時的情形我很清楚，四處散發簡歷，痛苦地等候回音……這樣的場景仍然歷歷在目，我怎麼能不著急？

我這個專業今後的發展方向很廣。可我最適合做什麼？我還不太確定，自我感覺可能更擅長做市場。這時候，我想到了課本上曾經介紹過的人才測評。我對測評並不陌生也不懼怕，很坦然地做完了題目。測試結果清清楚楚地顯示：溝通能力強、服務意識不錯。我覺得這挺符合我的特質，也更加堅定了我去做市場的決心。投簡歷時，我再也不瞻前顧後了，方向只有一個，就是做市場。現在，已有兩家單位給了我面試通知。我很有信心在這個領域裏找到一份自己滿意的工作。

……

討論題：

1、假如你現在面臨擇業，你願意去做類似的人才測評嗎？測試結果在你的擇業中分量有多少？

2、案例中三位大學生對人才測評的看法各不同，人才測評結果在其各自擇業過程中發揮的作用也不同，試分別作出評述。

3、你認為人才測評在個人的擇業過程中應當發揮什麼樣的作用？不同的人群，人才測評發揮的作用相同嗎？為什麼？

4、你對大學生作人才測評的看法是什麼？

5、現在人才測評中還存在著哪些不足？需要怎麼改進？

案例五：DY 集團業績考核中的問題

　　DY 集團是世界著名的跨國公司，在 66 個國家擁有 20 多萬名員工和 300 多個辦事機構，其業務包括電子、機械、航空、通訊、商業、化學、金融和汽車等領域。該公司在中國各地投資興建了幾十家生產和銷售公司。由於各個公司投產的時間都不長，內部管理制度的建設還不完善，因此在業績考核中採用設計和實施相對比較簡單的「強制分配法」。各個公司的生產員工和管理人員都是每個月進行一次業績考核，考核的結果對員工的獎金分配和日後的晉升都有重要的影響。但是這家公司的最高管理層很快就發現這種業績考核方法存在著許多問題，但是又無法確定問題的具體表現及其產生的原因，於是他們請北京的一家管理諮詢公司對企業的員工業績考核系統進行診斷和改進。

　　諮詢公司的調查人員在實驗性調查中發現，該外資企業在中國的各個分公司都要求在員工業績考核中將員工劃分為 A、B、C、D、E 五個等級，A 代表最高水準，而 E 代表最低水平。按照公司的規定，每次業績考核中要保證員工總體的 4%～5%得到 A 等評價，20%的員工得到 B 等評價，4%～5%得到 D 或 E 等評價，餘下的大多數員工得到 C 等評價。員工業績考核的依據是工作態度占 30%，業績占 40%～50%，遵守法紀和其他方面的權重是 20%~30%。被調查的員工們認為，在業績評價過程中存在著輪流坐莊的現象，並受員工與負責評價工作主管的人際關係的影響，結果使評價過程與員工的工作業績之間聯繫不夠緊密，因此，業績考核雖然有一定的激勵作用，但是不太強烈。而且評價的對象強調員工個人，而不考慮各個部門之間業績的差別。此外，在一個整體業績一般的部門工作，工作能力一般的員工可以得到 A 或 B；而在一個整體業績好的部門，即使員工非常努力，也很難得到 A 甚至 B。員工還指出，他們認為員工的績效考核是一個非常重要的問題，這不僅是因為考核的結果將影響到自己的獎金數額，更主要的是員工需要得到一個對自己工作成績的客觀公正的評價。員工認為：業績評價的標準比較模糊、不明確。銷售公司人員抱怨，銷售業績不理想在很多情況下都是由於市場不景氣、自己所負責銷售的產品在市場上的競爭力不高造成的，這些都是自己的能力和努力無法克服的，但是在評價中卻被評為 C 甚至 D，所以覺得目前這種業績考核方法很不合理。

現在，諮詢公司已經結束了實驗性調查，下一步需要諮詢公司向這家公司的管理總部提交一份工作報告，來指出公司業績考核體系中存在的主要問題和今後的改進方向。

討論題：

1、設你是 DY 集團聘請的諮詢公司的負責人，你認為這家公司的業績考核體系中存在的主要問題是什麼？今後將如何改進？

2、在業績評價過程中，如何做才能避免人為性因素（如：員工與評價主管的人際關係）對評價結果的影響？

3、假如你是一家公司的人力資源經理，當你發現公司的業績考核系統存在問題時，你會採取哪些方法來解決？

案例六：人力資源部門的困境

　　藍天公司人力資源部有 30 名雇員，總監是希爾。目前，希爾手下有五名二級經理，分別管理薪資福利、勞動關係、招聘錄用及離職管理、培訓與能力開發、績效與工作適應性。希爾的前任是格林，在公司中她一直以「鐵腕」著稱，人力資源部的員工言行謹慎，盡量同格林的看法保持一致；有時一些「不懂規矩」的新員工建議做出某些變革，格林會告訴他們：「工作一直都是這樣開展的」，「這就是我們部門的文化」。人力資源部幾乎每一項職能都有嚴格的規則和標準程式，很少有重疊之處。

　　人力資源部的員工，僅有一半的人員具有人力資源管理方面的有關學歷，僅有四分之一的人具有其他公司的相關經歷，他們中的大多數是從普通職員中提升上來的。格林以前擔任執行秘書，使她獲得提升的原因不是由於工作出色或者經驗豐富，而是僅僅因為她剛剛獲得了人力資源管理方面的本科文憑。五個分部門經理中，勞工關係部經理是圖書管理員出身的，雇傭關係部經理以前是位元秘書，另三位雖以前都從事人事工作，但都沒有本科以上的專業學歷，而他們的下屬，以前從事的職業更是五花八門。在其他部門中，大家公認專業學歷和相關經驗帶來「資歷」，資深員工對新員工負有「傳、幫、帶」的責任。但在人力資源部，沒有人認為自己具有這種資歷，所以很少對新員工提供指導和幫助。

　　人力資源部很少能對公司的政策，比如報酬政策，施加影響。在格林三年任職期間，員工工資漲幅不大，公司中層雇員對他們的報酬水平越來越不滿。格林曾多次向總裁提出調整工資並修改報酬制度，但很難取得信任與支援。在其他部門許多員工看來，人力資源部不僅無足輕重，而且其中的人員顯得過於小心冀翼、秘而不宣甚至非常無能。希爾無意中曾聽到另一部門經理責罵其下屬：「你看你怎麼辦事的，連連出錯，你這種人，我看到人力資源部去別人都不會要你！」

討論題：

1、什麼是管理？你認為群體規範會對群體成員行為產生什麼樣的影響？具體實行到藍天公司會是怎樣的情況呢？

2、面對人力資源部的「有規則」、「無能力」狀況，人力資源部門在整個公司中應處於何種地位，擁有什麼樣的管理職能？

3、現代管理的特點是什麼？人力資源部門應當在現代管理中起什麼作用？

4、請你幫希爾對未來人力資源部的整體定位、組織改革、職能形象轉換和工作安排提出意見和建議。

案例七：關係決定士氣

李克林取得工商碩士學位後才 3 天，便來到欣榮有限公司上班，就職於政策問題部門，該部門的工作是文書性，並不需要什麼很高的精度和專業知識，鑒於這種工作的重覆性和平凡性，要想做下去，就要持之以恆，並安心於機械的文字工作。

李克林被雇來作一名管理實習生，一年內將從事主管工作，但由於管理部門重組，僅 6 週後，他就被派去主管一個 8 人小組。

重組將大規模使用電腦，旨在使工作流程流水化，合併後使文字工作升級，這將大大有利於原來的工作方式，在文秘人員中引起巨大的焦慮和不滿。

管理當局意識到，若想沒有大規模的人員辭職就順利實現重組，必須要有一種靈活的管理風格，所以他們就放手讓主管們按他們認為合適的方式運作各自單位。

李克林充分利用了行動自由，在他們單位內實行群體會議和舉辦培訓課程，他向員工承諾，只要努力工作就給他們加薪，經過每天時間工作，和他人一起去做冗長的任務，再加上他靈活的管理風格，他與員工漸漸打成了一片，而同時團隊的工作效率提高了，錯誤減少了，浪費時間的現象也很少出現，形勢迅速好轉，他引起了高層人士的注意，儘管有人認為他太過散漫和不合正統，但他還是獲得了「超級明星」的美譽，給人的感覺就是他那鬆散的，以人為中心的管理風格之所以被容忍，是因為成績突出。

後來，東方公司出現了一些變化，其中最大的變化就是新聘用了分部高級副總經理張成，張成全權處理分部一切事務。張成嚴厲正直，在他手下做事，人們得按他的方式行事並把工作做好。

原來那種輕鬆自在的氛圍已不復存在，先行是一種嚴格的以任務為中心的管理信條。不僅張成與員工的關係降到冰點，員工的士氣也下降到警戒水平，公司業績急劇下降，張成成為分部及周圍主要話題。

討論題：

1、結合案例分析李克林與張成二人在管理風格上的差異。

2、為什麼管理者與員工的關係不同，會導致員工士氣的不同？結合案例分析，管理者與勞動者之間的關係對公司人力資源利用效率的影響。

3、假設你受東方公司董事會之托，面對公司的低士氣、低績效進行管理診斷，並提出建議，你將給出什麼樣的診斷建議書？

4、結合實例分析，企業等用人單位與員工的關係應當是什麼？

案例八：松下鼓勵員工創業的激勵機制

　　松下電器公司為了給企業發展注入更多的活力，最近開始建立起鼓勵員工創業的支援和激勵機制——「Panasonic Spinup Fund」（PSUF：松下創業基金），公司設立了金額達 100 億日元的創業基金，專門用於培養創業人才，松下力圖通過這一措施，既為立志創業的松下員工提供自我發展的空間，同時也為企業開拓更廣泛的事業領域，為松下今後的發展夯實基礎，增添活力。

　　與其他公司類似的制度相比，松下為鼓勵員工獨立創業提供了十分優厚的條件。

　　首先，松下電器公司一開始就拿出了 100 億日元資金設立松下創業基金，明確表示用於支援松下員工的創業。在這基礎上，松下公司提出，在今後的 3 年內，將每年進行 3 次員工創業計劃的徵集活動，從資金上保證公司內部創業家的培養和支援。在這方面，松下吸取了日本其他大企業的教訓。日本有許多建立鼓勵員工創業制度的企業，當在公司內征得有發展潛力的創業計劃時便全力出資提攜，但一旦遇到挫失便失去扶持熱情，最後不了了之。

　　第二，松下公司還為立志創業的員工準備了一個較長時期的培訓計劃，意在消除創業者存在的「我有創業的點子，但我真的能成為企業家嗎」這一顧慮。松下員工立志創業，從報名申請 PSUF 到實際創業，可以有半年以上的準備期。比如通過了書面審查和第一次面試的候選人（第一屆有 8 人），要學習成為經營者最起碼的基礎知識。他們必須連續 3 個星期，從上午 9 點到下午 5 點進修包括了經營學、會計學、企業案例等，名為「頂尖 MBA 訓練」的課程，隨後進行為時一個月的名為「Brushup」創業計劃修煉作業。其實在學習「頂尖 MBA 訓練」課程期間，晚上就已開始進行「Brushup」的活動，所以，完善創業計劃的時間實際上要花費一個半月。

　　第三，松下公司規定，對於員工創建的獨立企業，本人的出資比例可在30%以下，松下公司出資在51%以上。以後如果事業進展順利，可通過股票上市或者從松下公司購回股份，獲得回報。而且，從新公司建立後的 5 年內，根據事業的成果，創業者還可獲得松下公司的特別獎金。因此，如果從一開始事業發展就很順利的話，員工創業家可以有雙重的獲利。

　　第四，為徹底解除有創業意向員工的後顧之憂，使他們能將自己優秀的創業計劃變成現實，松下公司還建立了一個「Safetynet」（安全網）。通過審查，並被認可創業的員工，創建新公司以後，可以仍是松下公司員工的身份，領取基本工資等待遇都不變，當然，也可以辭職後成為合同員工（企業家員工）。選擇合同員工後，5年後根據事業的發展情況，如果本人提出希望，仍可恢復成為松下公司的正式員工，這就為創業的員工萬一失敗留下了退路——大不了今後仍是一個松下的普通員工。

　　松下鼓勵員工創業的最終目的是讓組織恢復活力。

　　松下公司在其經營中是存在著許多問題的。如何在經濟不景氣中讓被稱為已「沉滯呆重」的組織恢復活力是松下的燃眉之急。為此，把埋沒在公司裏的有創新精神的優秀人才發掘出來，推翻公司內部的那種只顧及臉面，拘泥于傳統工作方式的企業風氣是當務之急。

　　正是基於這種思想，松下公司才會提出這許多讓其他公司看來，簡直要寵壞員工的各種鼓勵內部創業的優厚待遇，由此我們也明白松下公司推出 PSUF 的苦心所在。

　　此外，松下公司為創業的員工創造這樣優厚的條件還有一個用意，即向公司員工透出這樣一個資訊：勇於向新事物挑戰的人比安於現狀的人更能得到公司的器重。從公司為走出松下自主創業的員工準備的「安全網」的背後，似乎也可以看到松下更深層次的用意，即培育具有勇於向新事物挑戰的開拓性人才，並盡可能地留下他們，讓他們成為下一代敢於挑起松下事業重擔的精英人才。

討論題：

1、松下電器公司鼓勵員工創業，會不會造成公司優秀員工的流失？

2、結合案例談一下，松下電器公司建立激勵機制鼓勵員工創業，能夠達到恢復組織活力的目的嗎？

3、結合案例並站在組織的角度，評價一下松下電器公司鼓勵員工創業的激勵機制。

4、如果你是松下電器公司的員工，並且你已經擁有了一個很好的創業點子，你會選擇參加 PSUF（松下創業基金）嗎？為什麼？

案例九：創造價值的人力資源管理

聯合利華成立於 1930 年，是一家歷史悠久、享有盛譽的世界級大公司。聯合利華在業務方面實行多樣化戰略，共建立了四個大業務單位，即食品、洗滌產品、個人用品和特種化工產品。聯合利華的業務和分支機構遍佈全球，每年盈利上億元，該公司將自身的發展歸結於企業內部出色的人力資源管理。

聯合利華人力資源管理的重心是在產品單位之間建立橫向的協調關係，以及培養一種適宜橫向協調的文化氛圍。聯合利華的人事部負責制定公司整體的政策，比如要求經理們必須具有在一個以上國家或產品線的工作經驗；所有的經理均須經過評價鑒定；組織大規模的管理培訓活動，每年有來自世界各地的四百名經理聚集一堂進行交流和探討；參與工資和薪酬的管理，使其處於一個合理的可比較的狀態；負責協調職業生涯規劃過程並影響所有跨產品業務單位的人員任命。

聯合利華對人力資源管理的特色是在錄用大學畢業生工作的最初階段就開始介入管理。在這些畢業生進入管理人員序列之後，聯合利華的母公司負責四個級別的管理人員考評。最低一級包括全球大約 15000 名經理；第二級 4000 名；第三級 1400 名；最高一級包括所有銷售額在 5 億英鎊以上的業務部門的總經理和較小公司的總裁。人事部掌握著每一級經理的名單，並注明有潛力進入上一級的人員。對於每一個職位需要什麼類型的跨地區和跨職能部門的經驗都有相應的標準，並幫助那些可能晉升更高一級職位的經理們的發展。聯合利華特別關注品牌主管或營銷經理的任命。如果某業務單位內部沒有適當的繼任者，那麼就要列出來自其他國家和產品單位的候選人名單。當地經理對這份名單最具影響力。但是，總部人事部也有權在這份名單上填寫自己的候選人。然後，高級人事管理經理們每三週就所有的空缺討論一次，並有可能在這份名單上填寫新的候選人。最後，每六週，地區總部的董事們再審核這份名單並有可能填上別的候選人。這種晉升制度促使聯合利華的每一名員工都在為公司的發展貢獻者自己全部的力量。

此外，聯合利華建立了人力資源管理系統，通過向其業務單位提供適當的管理人才創造了直接的聯接利益。它也是推動其他聯結的一種機制。通過培養一種共同的文化、形成網路和使經理們獲得更廣泛的經驗，聯合

利華的人力資源管理系統加快了產品知識和最佳實踐的傳播速度，也實現了企業內部的協調，使得聯合利華朝著更大的目標前進。

討論題：

1、聯合利華有哪些成功的人力資源管理經驗？

2、結合此案例，闡述人力資源開發與管理對經濟和社會發展有何重大意義？

3、聯合利華在人力資源開發與管理方面有哪些做法值得我們學習？

4、假如你的志向是成為一名出色的人力資源管理專家，從現在起你需要做哪些準備工作？

5、現代的人力資源開發與管理與傳統的人力資源開發與管理有何不同？其發展的新趨勢是什麼？

案例十：去還是留──規劃好你的職業生涯

2000 年，王明正值大學四年級，通過父母的關係，他到了一家名為海天公司的軟體企業進行畢業實習。後來，海天公司的老總通過學校的招生部門瞭解到王明的情況，對他很感興趣，希望他畢業後能夠來公司，幫忙建設企業網路，公司正在投資六千萬建設廠房和辦公大樓。王明感覺這個機會很難得，正可以實現自己的理想，便欣然應允。

隨後，王明就幫忙負責設計網路、招標、採購設備。海天公司的老總很滿意他的表現，他也覺得非常充實、愉快。儘管工資不高，但工作比較充實，是負責弱電工程（網路、電話、監控、catv）的具體實施。

當時，王明就立志將來做一個 CIO，要為這家公司的資訊化建設做出點成績。後來，王明滿腔熱情地報名參加了「助理企業資訊管理師」考試，並拿到了證書。

經過兩年的鍛煉，王明漸漸成了 IT 部門的骨幹，相當於 IT 部門的主管。儘管部門的人不多，但工作比較充實。王明的日常工作主要負責維護弱電系統、網路維護、電腦維修、軟體安裝，以及有關資訊化專案的鑒定驗收資料。偶爾，還給個老總做個演講文件等。但是，至今沒有實施過任何資訊系統。

海天公司一名副總經理曾對王明說，他很看重王明，王明很受領導器重。

又過了兩年，王明慢慢就覺得心裏有些不平衡了：現在公司的資訊化一直沒有新進展，缺乏鍛煉機會。另外，作為傳統企業的 IT 部門，雖然幹了不少事，可薪水不高，遠沒有一些軟體公司的工資高。

王明很困惑，目前，IT 部門的職能就是維護系統和網路，僅僅是「修理工」的角色。想提高技術吧，缺少實踐機會；想深入行業中，涉足管理，使 IT 部門日後成為資訊化實施的主導吧，又覺得沒有那個能力，特別是，資訊化戰略規劃一般是由專業諮詢公司才能做的工作，IT 部門怎麼能做得好呢？

當前，王明還遇到了一個跳槽的機會，有一家軟體公司要挖他，想讓他做一些具體的軟體發展工作，薪水比現在要高。

王明很困惑，到底是去，還是留？如果留下，是不是一輩子就幹「修理工」的活兒呢？如果跳槽，又背離了自己朝「企業資訊化」發展的初衷。

一般，IT 部門在企業中的地位，往往決定了該部門人員的職業發展走向。一些資訊化做得好的企業，IT 部門的地位相對較高，IT 人員的發展前景比較好。相反，資訊化起步比較晚的企業，IT 人員的職業前景相對黯淡。

王明徘徊不定，十分苦悶。

討論題：

1、假如你是王明，面對這種情況，你是留在現在的公司呢？還是選擇跳槽？為什麼？

2、IT 人員該如何規劃自己的職業發展方向呢？

3、結合案例，海天公司的人力資源部門的工作存在什麼問題？如何解決？

4、時下，有不少像案例中王明一樣的人，對社會上類似「企業資訊管理師」之類的資格認證很感興趣，你對此的看法是什麼？假如你是公司的招聘人員，你對持有類似資格認證書的人，有何看法？

國家圖書館出版品預行編目

人力資源開發與管理總論 / 姚裕群著. -- 一版.
. -- 臺北市：秀威資訊科技, 2008. 05
面； 公分. --（商業企管類；AI0007）

ISBN 978-986-221-014-7（平裝）

1. 人力資源發展 2. 人力資源管理

494.3 97007355

 商業企管類 AI0007

人力資源開發與管理總論

作　　者 / 姚裕群
主　　編 / 彭思舟
發 行 人 / 宋政坤
執行編輯 / 詹靚秋
圖文排版 / 鄭維心
封面設計 / 李孟瑾
數位轉譯 / 徐真玉　沈裕閔
圖書銷售 / 林怡君
法律顧問 / 毛國樑　律師
出版印製 / 秀威資訊科技股份有限公司
　　　　　台北市內湖區瑞光路 583 巷 25 號 1 樓
　　　　　電話：02-2657-9211　　傳真：02-2657-9106
　　　　　E-mail：service@showwe.com.tw
經 銷 商 / 紅螞蟻圖書有限公司
　　　　　台北市內湖區舊宗路二段 121 巷 28、32 號 4 樓
　　　　　電話：02-2795-3656　　傳真：02-2795-4100
　　　　　http://www.e-redant.com

2008 年 5 月 BOD 一版
定價：480 元

讀 者 回 函 卡

感謝您購買本書，為提升服務品質，煩請填寫以下問卷，收到您的寶貴意見後，我們會仔細收藏記錄並回贈紀念品，謝謝！

1. 您購買的書名：_____

2. 您從何得知本書的消息？

　　□網路書店　□部落格　□資料庫搜尋　□書訊　□電子報　□書店

　　□平面媒體　□ 朋友推薦　□網站推薦 □其他_____

3. 您對本書的評價：(請填代號　1.非常滿意 2.滿意 3.尚可 4.再改進)

　　封面設計____　版面編排____　內容____　文/譯筆____　價格____

4. 讀完書後您覺得：

　　□很有收獲　□有收獲　□收獲不多　□沒收獲

5. 您會推薦本書給朋友嗎？

　　□會　□不會，為什麼？_____

6. 其他寶貴的意見：_____

_____

_____

_____

讀者基本資料

姓名：_____　年齡：_____　性別：□女 □男

聯絡電話：_____　E-mail：_____

地址：_____

學歷：□高中(含)以下　　□高中　　□專科學校　　□大學

　　　□研究所(含)以上 □其他_____

職業：□製造業 □金融業 □資訊業 □軍警 □傳播業 □自由業

　　　□服務業 □公務員 □教職　□學生 □其他_____

秀威與 BOD

BOD（Books On Demand）是數位出版的大趨勢，秀威資訊率先運用 POD 數位印刷設備來生產書籍，並提供作者全程數位出版服務，致使書籍產銷零庫存，知識傳承不絕版，目前已開闢以下書系：

一、BOD 學術著作—專業論述的閱讀延伸
二、BOD 個人著作—分享生命的心路歷程
三、BOD 旅遊著作—個人深度旅遊文學創作
四、BOD 大陸學者—大陸專業學者學術出版
五、POD 獨家經銷—數位產製的代發行書籍

BOD 秀威網路書店：www.showwe.com.tw
政府出版品網路書店：www.govbooks.com.tw

永不絕版的故事·自己寫·永不休止的音符·自己唱